Dirk Frosch-Wilke
Christian Raith (Hrsg.)

Marketing-Kommunikation im Internet

Dirk Frosch-Wilke
Christian Raith (Hrsg.)

Marketing-Kommunikation im Internet

Theorie, Methoden und Praxisbeispiele vom One-to-One bis zum Viral-Marketing

vieweg

Die Deutsche Bibliothek – CIP-Einheitsaufnahme
Ein Titeldatensatz für diese Publikation ist bei
Der Deutschen Bibliothek erhältlich.

1. Auflage Juli 2002

Höchste inhaltliche und technische Qualität unserer Produkte ist unser Ziel. Bei der Produktion und
Auslieferung unserer Bücher wollen wir die Umwelt schonen: Dieses Buch ist auf säurefreiem und
chlorfrei gebleichtem Papier gedruckt. Die Einschweißfolie besteht aus Polyäthylen und damit aus
organischen Grundstoffen, die weder bei der Herstellung noch bei der Verbrennung Schadstoffe frei-
setzen.

Konzeption und Layout des Umschlags: Ulrike Weigel, www.CorporateDesignGroup.de
Umschlagbild: Nina Faber de.sign, Wiesbaden

ISBN-13: 978-3-322-84976-2   e-ISBN-13: 978-3-322-84975-5
DOI: 10.1007/978-3-322-84975-5

Vorwort

Ob das Internet Einfluss auf die Marketingstrategien und Marketingkonzepte der Unternehmen haben wird, ist heute keine Frage mehr. Es geht vielmehr um das Wie, ein Punkt bei dem noch große Unsicherheit herrscht. Die Gründe für diese Unsicherheiten sind sicherlich vielfältig.

So hat man es mit einem sehr technologisch geprägten Medium zu tun, das darüber hinaus teilweise sogar eigene kulturelle Eigenschaften besitzt. Die neuen Technologien bieten einerseits nicht nur den Unternehmen neue Chancen und bergen andererseits auch Risiken im Bereich des Marketings, sondern sie beeinflussen auch das Individuum. Digitale Technologien haben Einfluss auf die Beziehung des Endverbrauchers zu Produkten, Dienstleistungen, Marken und Unternehmen. Diese haben andere Erwartungen an die Art und Weise, in der Unternehmen mit ihnen kommunizieren, an die Verfügbarkeit von Produkten und Dienstleistungen, an die Berücksichtigung individueller Präferenzen bei der Produkt- und Dienstleistungsgestaltung und an die Preisbildung, um nur einige Aspekte zu nennen.

Eine weitere wichtige Eigenschaft im Zusammenhang mit dem Internet ist die Interaktivität, da diese den Unternehmen die Möglichkeit eröffnet, einen direkten Dialog mit einer Vielzahl ihrer Kunden zu führen. Im Internet ist der Konsument nicht länger passiver Empfänger der Kommunikationsaktivitäten von Unternehmen. Der Internetnutzer besitzt hier die Möglichkeit selbständig zu entscheiden, wann und in welchem Umfang er sich einer Beeinflussung durch kommunikative Instrumentarien der Unternehmen aussetzen will. Gleichzeitig will er die Möglichkeit haben mit dem Unternehmen in Kontakt zu treten, sei es, um weitere Informationen zu erhalten oder um das Produkt unmittelbar zu bestellen oder die Dienstleistung in Anspruch zu nehmen. Die Unternehmen können somit einen direkten Response auf den Einsatz ihrer Kommunikationsinstrumentarien erhalten.

Das Marketing der Zukunft wird erheblich von der Möglichkeit zur Interaktivität im Internet beeinflusst werden. Der Aufbau eines kontinuierlichen Dialogs mit dem Kunden wird nicht nur neue Strategien und Instrumentarien im Bereich der Marketingkommunikation bedürfen, sondern wird sowohl Einfluss auf die übrigen Bestandteile des Marketing-Mixes haben als auch auf die

Marketingorganisation in den Unternehmen und die Wertschöpfungsketten im Bereich der Kommunikation.

Das vorliegende Buch beschäftigt sich daher mit der Kommunikation im Rahmen des Marketing-Mix von Unternehmen, da diesem Bereich zukünftig eine große Bedeutung im Marketing zukommt. Es kann hierbei nicht um eine vollständige systematische Darstellung aller relevanter Aspekte gehen. Vielmehr sollen angesichts einer sehr dynamischen Entwicklung wesentliche Gesichtspunkte betrachten werden, die – trotz aller Unsicherheit, die in der Dynamik und Neuartigkeit begründet ist – auch zukünftig von Bedeutung sein werden, und es soll ein Ausblick auf die zukünftigen Veränderungen gegeben werden. Hierbei werden vor allem betriebswirtschaftliche, aber auch technologische und rechtliche Aspekte betrachtet.

In den Beiträgen namhafter Autoren werden, nach einer grundsätzlichen Darstellung des Einflusses des Internets auf das Marketing, anhand eines Modells die Veränderungen in der Online- gegenüber der Offline-Welt und die daraus resultierenden Veränderungen für die Marketing-Kommunikation erklärt. In den weiteren Kapiteln werden die Themen Cross-Mediakommunikation, Werbung und Public Relation im Internet, sowie die Möglichkeiten zur Personalisierung der Kommunikation und das Virus-Marketing betrachtet.

Neben den Marketingverantwortlichen in den Unternehmen, den Mediaplanern und Konzeptionierern in den Medienagenturen sollen auch Studierende angesprochen werden, damit sie diese Entwicklung in der Zukunft mitgestalten können.

Unserer Dank gilt allen Autoren, die trotz ihrer starken beruflichen Beanspruchung sich diesem Buch neben ihrem Tagesgeschäft gewidmet haben. Namentlich möchten wir an dieser Stelle Birger Schnepp, Wolfgang Bscheid und Stefan Wattendorf nennen, die nicht nur Beiträge verfasst, sondern durch zahlreiche Diskussionen auch wesentlichen Einfluss auf die konzeptionelle Ausgestaltung genommen haben. Gedankt sei auch Dr. Klockenbusch vom Vieweg-Verlag für seine fachliche Beratung und seine Geduld.

Wir wünschen allen Lesern vielfältige Anregungen und Erkenntnisse und freuen uns auf Ihre Reaktionen zu diesem Buch.

Kiel, im April 2002   *Dirk Frosch-Wilke, Christian Raith*

Geleitwort

Von Kai Hiemstra

Liebe Leser,

das letzte Jahrhundert des zweiten Jahrtausends unserer Zeitrechnung war unter anderem dadurch geprägt, dass die technische Entwicklung in vielfältigsten Formen Massenproduktion von Gütern und Waren erlaubte, die manuell erstellt für Ihre möglichen Käufer sonst preislich unerschwingbar geblieben wären. Die Tatsache, Güter technisch gestützt in Mengen produzieren und somit zu vernünftigen Preisen den Verbrauchern verkaufen zu können, hätte allein aber nicht ausgereicht, dieses auch in die Praxis umzusetzen. Es war vielmehr erforderlich, dass sich parallel zu dieser Produktionsmöglichkeit auch ein Absatzinstrumentarium entwickelte. Ein Instrumentarium, welches es erlaubte, die Produktionsmengen am Markt so an die Käufer heranzutragen, dass sie auf diese Angebote aufmerksam wurden und sie demzufolge auch dem Hersteller als Käufer dann abnahmen. Dieses Instrumentarium definierte man Jahrzehnte hindurch vereinfacht als das sogenannte Absatzpolitische Instrumentarium des Marketing und verstand hier die Bereiche Produkt, Verpackung, Verkaufspreis, Distribution und Werbung.

In Konsequenz definierte sich die Hauptaufgabe des Marketing dann ebenfalls jahrzehntelang damit, dass es diese fünf Einzelinstrumentarien so miteinander kombinieren sollte, dass für einen gegebenen Aufwand ein Maximum an Ertrag herauskommen würde. Später, als das Ertragsdenken zu dominieren begann, hieß dieses Postulat dann kombiniere die fünf Instrumentarien so, dass ein geplantes und somit festgelegtes Gesamtergebnis mit einem Minimum an Aufwand erreicht wird.

War noch am Anfang dieses Entwicklungsprozesses das jeweils produzierte Gut selbst das wichtigste Element für den Erfolg im absatzpolitischen Instrumentarium und die Werbung mehr oder weniger ein, nicht einmal immer benötigtes, Sprachrohr für die Bekanntmachung der käuflichen Produkte, steigerte sich der Stellenwert der Werbung im Laufe der Zeit ganz beträchtlich.

Je mehr nämlich gleichartige Produkte im Laufe der Jahre auf den Markt kamen und in Form von klassischer oder nichtklassischer Werbung wie TV-Spots, Anzeigenkampagnen, Verkaufsförderungsaktionen und anderen Maßnahmen beworben wurden, desto weniger begannen die potentiellen Käufer in der Lage zu sein, die beworbenen Produkte noch eindeutig in ihrem jeweils für sie besonderen Nutzen auseinander halten zu können. Eine Situation, die für die Anbieter von Produkten sehr gefährlich zu werden drohte. Da war es dann, so in der Mitte des letzten Jahrzehnts die Werbung in den USA, die den Ausweg aufwies. Man erkannte nämlich, dass Werbung unverzichtbar wurde für den Erfolg von Unternehmen, aber nicht mehr in erster Linie als Bewerbung der jeweiligen Produkte selbst, sondern Bewerbung der Marke, die über den Produkten stand. Die Marke, die ein Hersteller verkörpert, umgesetzt und interpretiert als Lebensphilosophie, als Idee, als Ruf, ja als Kult zu kreieren und in der Öffentlichkeit zu profilieren, wurde Hauptaufgabe der Werbung. Dies ging so weit, dass es dann letztlich gar nicht mehr darauf ankommen musste, ob ein Anbieter von Produkten diese auch unbedingt selbst und in eigenen Produktionsstätten herstellte, oder ob er sie oder die Zutaten dazu weltweit irgendwo erstellen ließ. Der Hersteller, respektive sein Marketing, hatte nun die Aufgabe, diese Produkte unter seiner "Marke" auf dem Markt abzusetzen. Die Käufer kaufen somit nicht mehr nur die Produkte dieses Namens, sondern fast ein wenig spirituell zu verstehen, gleich die ganze Lebensphilosophie mit ein und identifizieren sich mit ihr.

Da nun aber die Marke, unter der ein Produkt oder auch eine Dienstleistung verstanden werden kann, etwas sehr Sensibles ist und da das Bild über eine Marke in der Öffentlichkeit letztlich von der Art und Weise geprägt, ja reflektiert wird, in der die Marke der Öffentlichkeit in verschiedenster Form gegenübertritt, wird verständlich, wenn parallel in den letzten Jahren in der Werbebranche, moderner Kommunikation, der Ruf nach sorgfältigster Vernetzung aller einzelnen Instrumentarien der Kommunikationsbranche immer lauter wird. Klassische Werbung, Public Relations, Sponsoring, Event-Marketing, Sales-Promotion und andere Möglichkeiten des klassischen und nicht-klassischen Kommunikationsbereiches sind hier die Tools, die nun vernetzt werden müssen. Dabei ist zur Stunde noch unklar, ob dies über den Weg geschehen soll, dass die Hersteller selbst in ihrer bisherigen Organisation neben dem tradierten Marketingbereich auch noch eine spezielle Marketing-Kommunikation etablieren, oder ob die externen Werbeagenturen und ihre Organisationen in der Lage sein werden, diese Leistungserfordernisse anbieten zu können.

In dieser Zeit des kommunikativen "Alles ist im Fluss" kommt nun, wieder einmal durch die Entwicklung der Technik bestimmt und verursacht, das Instrumentarium des Internet als neueste Herausforderung hinzu. Zudem, und dies zu beachten ist sehr wichtig, kontrastiert das Internet insofern zu allen bisherigen Mechanismen der Kommunikationswelt ganz extrem, als es die Möglichkeit des direkten Dialoges anbietet. Bisher, egal was auch immer an kommunikativen Instrumentarien eingesetzt wurde, ein Charakteristikum war allen von kleinen Abweichungen abgesehen mehr oder weniger gemeinsam: es handelte sich überwiegend um "passive Aktivitäten". Passiv insofern, aus Sicht des Herstellers, als er nur hoffen konnte, dass die von ihm in die Kommunikation investierten Gelder bei den umworbenen Käuferpotentialen etwas bewirken konnten, ob es aber dann tatsächlich die einzelne Anzeige war oder ein bestimmter TV-Spot, das Ergebnis der Public Relations oder die Summe der Wirkung verschiedenster Kommunikations-Tools im Kommunikations-Mix oder ob die Erfolge auf die Wirkungsbeiträge der anderen Instrumentarien zurückzuführen waren, blieb weit-gehend im Dunkeln. Schließlich lag es ja an dem Verbraucher selbst, ob er überhaupt willens war, einen geschalteten Spot sich anzuschauen und über seinen Inhalt nachzudenken, oder ob er eine Anzeige richtig und intensiv durchlas und ihren Inhalt verinnerlichte und so weiter. Er konnte sich dieser Beeinflussung ja stets entziehen, wobei noch hinzu kam, dass alle Kommunikationsaktivitäten letztlich durch ein werbliches tägliches Feuerwerk überlagert werden, das inzwischen die Größenordnung von über dreitausend täglichen Begegnungen mit Werbung verschiedenster Art angenommen hat.

Nun aber, mit dem Internet, bietet sich ein Medium an als Träger für Aktivitäten, die die direkte und unmittelbare Reaktion beim Internet-Nutzer bewirken kann. Er kann sofort auf das, was er sieht, eingehen. Er kann nachfragen, er kann sich weitere Informationen holen und, wenn er will und ihm das Angebot gefällt, kann er auch gleich handeln, bzw. seine Einkaufsbestellung abgeben. Noch sind der vollen Wirkungsentfaltung der Dialog-Kommunikation über das Internet gewisse Grenzen gesetzt. Seien sie in der technischen Entwicklung selbstliegend und der noch relativ schwierigen Bedienbarkeit. Seien sie zurückzuführen auf die technisch unterschiedlichen Qualifikationen der Menschen, bedingt durch Alter, Angst vor Neuem oder was auch immer. Hier gibt es vielfältigste Gründe. Eines aber ist so sicher wie der Wechsel vom Tag auf die Nacht, es ist nur noch eine reine Zeitfrage, bis das Internet seine volle Wirkung entfalten wird und in welche Richtung das alles abzielt, kann zur Stunde niemand bemessen. Ebenso sicher aber ist auch, dass es einen bedeutsamen Platz im Bereich der Kommunikation einnehmen wird. Ansätze hierzu sind heute schon vielfältigst erkennbar. Ob als Intranet angewendet und so beispielsweise als Informations- und Schulungsbasis innerhalb von Unternehmen selbst, oder eingesetzt als Online-Medium für dialogorientierte Werbung von Produkten, Verkaufsförderungsmaßnahmen, Public Relations, Sales-Promotions, Virus-Marketing oder was auch immer. Auch wo hier die Grenzen eines Tages liegen werden, kann zur Stunde niemand voraussehen. Sicher erscheint nur auch, dass das Internet mit seinen derzeitigen und in Zukunft erahnbaren Auswirkungen erheblichen Einfluss haben wird auf die Denk- und Arbeitsweise des heutigen Marketingbereiches auf Seiten der Hersteller ebenso wie die Dienstleister der Kommunikation betreffend, und dass es daher in jedem Falle begrüßenswert ist, wenn mit einem Projekt wie dem vorliegenden Buch versucht wird, zumindest einen Teil der bislang im Markt im Umgang mit dem Internet gewonnenen Erfahrungen zusammenzustellen und Interessierten weiterzugeben. Informiert zu sein, gehört heute zu den wichtigsten Grundforderungen unserer Gesellschaft und gilt vor allem für alle, die im aktiven Wirtschaftsleben stehen. Dies gilt insbesondere wenn es sich um ein Medium von für unsere Zukunft so enormer Bedeutung handelt, wie es das Internet darzustellen scheint. Das vorliegende Buch liefert hierzu einen interessanten und lesenswerten Beitrag.

Inhaltsverzeichnis

Das Internet als Marketingmedium

Von Dirk Frosch-Wilke

Die „digitale Revolution", die durch das Internet und E-Commerce repräsentiert wird, verändert das Verhältnis zwischen Unternehmen, deren Kunden und Endverbrauchern zunehmend.

Zum Beispiel dadurch, dass Kunden selbst Preise vorschlagen können, die sie bereit sind, für ein Produkt oder eine Dienstleistung zu bezahlen (z.B. http://www.priceline.com); dass Verbraucher in Diskussionsforen oder sonstigen virtuellen Gemeinschaften, Produktinformationen schnell und unkompliziert mit anderen Verbrauchern austauschen; dass Kunden neue Produkte oder Dienstleistungen im Internet angeboten werden können (wie z.B. die Möglichkeit des Day-Trading auf Wertpapierbörsen http://www.etrade.de).

Dieses kann und wird nicht ohne Konsequenzen für das Marketing bleiben. So müssen die Marketingverantwortlichen in den Unternehmen ihre bisherigen Strategien dahingehend überdenken, ob diese bei zunehmender Bedeutung der digitalen Ökonomie, noch erfolgreich sein können. Vieles, wie noch gezeigt wird, spricht dafür, dass Letzteres nicht der Fall sein wird. Aber auch die Wissenschaft ist aufgefordert, ihre traditionellen Konzepte und Methoden einer kritischen Prüfung zu unterziehen. Darüber hinaus kann ihr Beitrag darin bestehen, die Vielzahl von Vorschlägen, die derzeit zum Themenbereich „digitales Marketing" publiziert werden, zu evaluieren und einer kritischen Bewertung zu unterziehen.

Zu Beginn der „digitalen Revolution" Anfang der 90er Jahre hat man das Internet in den Marketingabteilungen oftmals – wenn man es überhaupt wahrgenommen hat - nur als ein weiteres Werbemedium oder einen zusätzlichen Distributionskanal angesehen, ohne aber sich mit den Besonderheiten und den damit verbundenen Möglichkeiten, Chancen und Risiken des Internets zu beschäftigen. Man adaptierte Marketingkonzepte, die in den traditionellen Medien funktionierten, weitgehend ohne Anpassung in die digitale Welt des Internets.

Mit der rasant anwachsenden Zahl von Internetnutzern und der zunehmenden weltweiten Bedeutung des E-Commerce rückten verstärkt auch die Konsequenzen dieser Entwicklung insbesondere für das Konsumgüter-Marketing in das Blickfeld von Wirtschaft und Wissenschaft. Hierbei zeigte sich, dass das Internet Implikationen für alle vier Bereiche des Marketing-Mix besitzt, wie die folgenden Ausführungen verdeutlichen.

1.1   Kommunikationspolitik

Pull-Prinzip

Im Gegensatz zu anderen Instrumentarien des Media-Mix dominiert im Internet das „Pull-Prinzip", das heißt, es bedarf eines aktiven Nachfragers. Dieser bestimmt selber, welche Websites er besucht und welche der angebotenen Informationsinhalte er weiter verfolgt. Dieses stellt spezifische Anforderungen an die Website-Promotion als auch an die Navigationsstruktur auf der Website selber.

Content als kritischer Erfolgsfaktor

Auch der Content auf der Website wird zunehmend zu einem kritischen Erfolgsfaktor, da die Bereitstellung von interessanten Informationen einen Anreiz für wiederholte, kontinuierliche Website-Besuche bietet und damit letztendlich zu einer verstärkten Kundenbindung beitragen kann. Wobei dieses schließlich nur dann gelingen kann, wenn der Content mit den Produkten und Dienstleistungen des Unternehmens korreliert bzw. einen exklusiven Informationsgehalt hat, und sich somit von der Vielzahl von Informationen, die im Internet zur Verfügung stehen, dadurch unterscheidet, dass er einen Mehrwert für den Internetnutzer besitzt.

Dieser zusätzliche Mehrwert kann für den Kunden dann generiert werden, wenn es gelingt, die dargebotenen Informationsinhalte zu einem spezifischen, auf den individuellen Kunden hin ausgerichtetem Informationspaket zu „schnüren". Somit rückt im Internet die Individualkommunikation in den Vordergrund. Diese setzt aber voraus, dass Unternehmen Informationen über ihre Kunden sammeln, auswerten und für die individualisierte Kundenansprache nutzen.

Personalisierung

Ein solches „customization" in der Kommunikation führt zu der Renaissance eines „alten" Marketingkonzepts, dem One-to-One-Marketing („Tante-Emma-Prinzip"), also der Einstellung des Anbieters auf die individuellen Nachfragerpräferenzen seiner Kunden.

Die Individualisierung in der Kundenkommunikation wird nicht zuletzt durch eine weitere Besonderheit des Mediums Internet begünstigt – der Interaktivität. Das Internet bietet ein umfassendes Potential zur Interaktion zwischen Unternehmen und Kunden, das nicht nur weit über das Potential traditioneller Medien, sondern auch über andere digitale Medien hinausgeht (siehe Abb.1).

Kontinuierli-
cher Dialog mit
dem Kunden

Die Möglichkeit des interaktiven Kundendialogs erfordert gänzlich andere Kommunikationsstrategien als in traditionellen Massenmedien. Hierbei bedeutet Interaktivität im Dialog mit dem
Kunden aber mehr als nur das Einholen und das Sammeln von
Kundenfeedback mittels in Websites integrierten Formularen. Es
bietet vielmehr die Chance, in einen kontinuierlichen Dialog mit
dem Kunden zu treten. Wenn es den Unternehmen gelingt,
einen solchen Prozess des Dialoges mit ihren Kunden in Gang
zu setzen und dauerhaft zu führen, so können hierüber Informationen gewonnen werden, die mit den klassischen Instrumentarien wie Zielgruppenbestimmung, Marktforschung oder Verbrau-
cherumfragen allein nicht möglich wären.

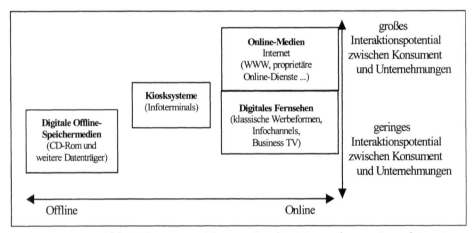

Abb. 1 Die Potentiale zur Kunden-Unternehmens-Interaktion in
digitalen Medien

Die Nutzung der Interaktivität des Mediums Internet stellt somit
die Abkehr von der traditionellen Massenansprache im Marketing
hin zu einem kontinuierlichen Dialog dar. Die technologischen
Möglichkeiten, die niedrigen Transaktionskosten, die kontinuierliche Verfügbarkeit, die hohen Internetnutzerzahlen und nicht
zuletzt der Umgang der Nutzer mit dem Medium Internet bieten
dem Marketing hierbei Chancen, die weit über das klassische Direktmarketing hinausgehen.

Individual-
kunden-
segmente

Beim Direktmarketing basiert die Personalisierung eher auf ver-
muteten Zusammenhängen von bestimmten sozio-demograph-
ischen Faktoren in definierten Kundensegmenten. Die Nutzung
des interaktiven Kommunikationsprozesses und fortgeschrittener

Methoden des Data-Mining gestatten nun die Betrachtung und Bearbeitung von Kundensegmenten der Größe Eins, also des individuellen Kunden. Dies stellt neue Anforderungen an das Marketingmanagement, das Strategien und Konzepte zur Führung eines Dialoges mit dem Kunden erarbeiten muss. Manche Autoren sprechen in diesem Zusammenhang auch gerne von einem Paradigmawechsel im Marketing: weg vom transaktionsbasierten Marketing, welches nur vordergründig auf Kaufabschlüsse abzielt, hin zum Management von Kundenbeziehungen.

Das Internet ist für die Verwirklichung einer solchen Marketingstrategie gut geeignet, da die Kosten für einen beständigen Dialog mit dem Kunden relativ niedrig sind; dies gilt vor allem für die E-Mail-Kommunikation. Weiterhin kommt die vorteilhafte Kostenstruktur digitaler Informationsprodukte dieser Form des Kundendialogs unter Zuhilfenahme des Internets sehr entgegen.

Beziehungs-marketing

Zu einem kritischen Erfolgsfaktor beim Aufbau einer solchen – oftmals als „Beziehungsmarketing" bezeichneten – Kommunikationsstrategie wird die Integration aller Kommunikationszugänge zum Kunden. Dieses betrifft zum einen die Kommunikationsschnittstellen wie Internet, Telefon, persönliche Gespräche etc. und zum anderen aber auch die Marketinginstrumentarien, wie z.B. Werbung, Public Relation und Service, bei denen das Unternehmen mit seinen Kunden in Kontakt kommt. Erst diese umfassende Integration versetzt das Unternehmen in die Lage, unter Nutzung neuerer Soft- und Hardwaretechnologien wie z.B. Database-Marketing oder CRM-Systeme, an jeder Kommunikationsschnittstelle zum Kunden mit diesem in einen individualisierten und kontinuierlichen Dialog zu treten.

Medien-konvergenz

Diese Entwicklung wird zugleich durch die zunehmende Tendenz zur Medienkonvergenz in der Kundenansprache verstärkt. Unter Medienkonvergenz wird die Verbindung verschiedener Medien wie Print, TV und World Wide Web sowie von Informations- und Kommunikationssystemen verstanden. Somit lässt sich hierbei zwischen einer Konvergenz auf inhaltlicher Ebene (Cross-Media) und auf technischer Ebene (z.B. Zugang zu Internet und TV mit dem gleichen Breitbandgerät) unterscheiden.

Im Cross-Media-Bereich sind mit der Vermarktung von BigBrother (siehe Kapitel 3.4) oder der Renault Clio Kampagne erfolgreiche Beispiele integrativer Kommunikationskonzepte bekannt.

Das Beispiel: Clio-Duell

So startete Renault im September 2000 den ersten „interaktiven" Fernsehspot: In diesem Spot wurde eine actionreiche Handlung (ein Renault Clio wird von einer Rakete verfolgt) dargestellt. Der Spot endete unmittelbar vor einem möglichen Einschlag der Rakete. An dieser Stelle wurde der Zuschauer nun in das Geschehen integriert, denn er konnte im Internet den weiteren Fortgang der Handlung in einer Mischung aus Film und Computerspiel als Fahrer des Renault Clio selber bestimmen (siehe Abb. 2). Dabei wurde im Sinne eines echten integrativen Kommunikationskonzeptes das Clio-Duell im Fernsehen und im Internet unterstützt durch begleitende PR- und Print-Maßnahmen.

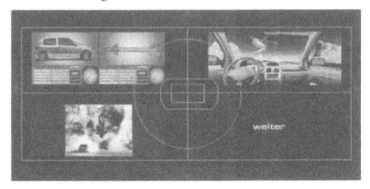

Abb. 2 Szenen aus dem TV-Spot und der interaktiven Erlebniswelt im Internet der Renault Clio Kampagne

Darüber hinaus wird die technische Medienkonvergenz die Konvergenz auf Inhalts- und Formatebene verstärken und gleichzeitig neue Geschäftsmodelle und Kommunikationsstrategien entstehen lassen.

*Kunden-
akzeptanz bei
One-to-One-
Marketing-
strategien?*

Bei all diesen Möglichkeiten zur Personalisierung und zum kontinuierlichen Kunde- Unternehmens-Dialog stellt sich aus heutiger Perspektive aber auch (noch) die Frage, wie es mit der Akzeptanz auf Seiten des Kunden aussieht, wenn nun eine Vielzahl von Unternehmen bei Verfolgung einer One-to-One-Marketingstrategie versuchen, eine enge und nachhaltige Beziehung mit ihm aufzubauen.

Sicherlich wird es hier aufgrund der Heterogenität der Märkte nicht nur eine Antwort geben. Andererseits zeigt sich aber bei einer näheren Betrachtung von Konsumenten, die das Internet sehr stark zur Befriedung ihrer konsumtiven Bedürfnisse nutzen, dass bei diesen die Anforderungen an „customization" signifikant

6

hoch sind. Sie wollen nicht nur passive Empfänger von Marketingnachrichten sein, sondern sie wollen aktiv über den ihnen angebotenen Website-Content bestimmen.

Permission Marketing

Von Seiten des Marketings müssen dem (potentiellen) Kunden Anreize geboten werden, seine Erlaubnis zur Kommunikation und Interaktion mit dem Unternehmen zu erteilen (Permission Marketing). Wenn diese Erlaubnis einmal erteilt wurde, so bedarf es aber weiterer Anreize, um die Erlaubnis aufrecht zu erhalten und sie zu vertiefen[1]. Erst wenn der Dialog mit dem Kunden über einen längeren Zeitraum geführt wird, kann man die Loyalität des Kunden zum Anbieter erzeugen, die letztendlich in einen Kaufabschluss münden kann.

Die Erlaubnis wird nur dann erteilt, wenn die Kommunikation mit dem Unternehmen für den (potentiellen) Kunden einen Mehrwert bietet. Dieser Mehrwert wird dann erreicht, wenn der Beworbene für sich als individuelle Person nützliche Informationen erhält. Was eine Information für den Beworbenen zu einer „nützlichen Information" macht, kann vielschichtig sein: aktueller, eng begrenzter Themenbereich, lokaler Bezug, Zeitpunkt der Bereitstellung, Unterhaltungscharakter etc.. Insgesamt stellt der Tausch „Aufmerksamkeit gegen nutzbringende Informationen" den „Königsweg" im Permission-Marketing dar.

Permission-Marketing macht aber den Einsatz traditioneller Maßnahmen der Marketing-Kommunikation, wie der Werbung in Massenmedien, nicht hinfällig. Deren Zweck liegt insbesondere in der Herstellung des Erstkontaktes, in dem der Anbieter den Empfänger der Werbebotschaft einlädt, an seinem Permission-Marketing-Programm teilzuhaben und um Erlaubnis für weitere Kommunikation bittet.

Virtuelle Gemeinschaften

Neben der Etablierung eines kontinuierlichen Dialoges mit dem Kunden stellt die Bildung virtueller Gemeinschaften ein weiteres, häufig diskutiertes Marketingkonzept dar, das im folgenden in seinen Grundzügen dargestellt werden soll.

Die Idee der virtuellen Gemeinschaft ist aus Sicht eines Unternehmens, durch die Bereitstellung einer Interaktionsplattform, auf der nicht nur die Kunden mit dem Unternehmen sondern auch die Kunden miteinander interaktiv kommunizieren können,

---

[1] Godin, S. Permission Marketing. Kunden wollen wählen können. Finanzbuch Verlag, 2001

neue und vertiefte Beziehungen zu seinen Kunden zu knüpfen. Virtuelle Gemeinschaften können vielfältige soziale und kommerzielle Bedürfnisse befriedigen.

Virus-
Marketing;
Krisenkommu-
nikation

Gleichzeitig bedeuten virtuelle Gemeinschaften eine erhebliche Veränderung in der Dynamik des Marketings. Das Ausmaß und die Geschwindigkeit, mit der sich Informationen im Sinne einer Mund-zu-Mund-Propaganda in solchen Gemeinschaften verbreiten, ist erheblich. Dieses Potential kann einerseits gezielt von den Unternehmen zu Marketingzwecken genutzt werden (Virus-Marketing, siehe Kapitel 6). Andererseits können sich hierüber aber auch – außerhalb der Kontrolle durch das Unternehmen – negative Nachrichten über das Unternehmen oder seine Produkte in Windeseile weltweit verbreiten. Dieses macht ein Monitoring von Gemeinschaften notwendig sowie die Fähigkeit zur schnellen Krisenkommunikation (vgl. Kapitel 4.5).

Maßgeblich gehen die Überlegungen zur Bedeutung virtueller Gemeinschaften in der Marketing-Kommunikation zurück auf die beiden (ehemaligen) McKinsey-Berater John Hagel und Arthur G. Armstrong, die 1997 ein Buch veröffentlichten, in dem sie das ökonomische Konzept der Virtual-Communities entwickelten und die Potentiale, die dadurch (theoretisch) möglich sind, am fiktiven Beispiel eines Online-Reiseveranstalters deutlich machten.

Eine virtuelle Gemeinschaft ist nicht bloß eine Website, die einen Themenschwerpunkt hat und die den Surfern auf der Website Chats, Diskussionsforen und Download-Bereiche bietet. Eine solche Website wäre lediglich eine Themensite mit interaktiven Elementen, wie es sie zuhauf gibt.

Das Konzept der virtuellen Gemeinschaft geht weiter, wobei die Konzentration auf einen Themenschwerpunkt Grundvoraussetzung ist. Hagel/Armstrong nennen fünf Merkmale, die eine virtuelle Gemeinschaft auszeichnen:

1. Ein spezifischer Interessensschwerpunkt

2. Das Vermögen, Inhalt und Kommunikation zu integrieren

3. Die Verwendung von Informationen, die die Mitglieder bereitstellen

4. Der Zugang zu konkurrierenden Anbietern

5. Eine kommerzielle Orientierung

Damit soll folgendes Ziel erreicht werden: die Besucher werden zu loyalen Mitgliedern durch Aufbau persönlicher Beziehungen in der Gemeinschaft. Diese außergewöhnliche Kundenloyalität macht „virtuelle Gemeinschaften zu einem Magneten für Kunden mit gleichen Kaufprofilen" (Hagel/Armstrong). Die Bindung an die virtuelle Gemeinschaft entsteht also in erster Linie durch persönliche Beziehungen der Mitglieder untereinander.

Für den Betreiber einer virtuellen Gemeinschaft ist es aufgrund der Nähe der Konkurrenz – der einmal Mausklick – notwendig, einen sogenannten „Lock-in" zu schaffen. Darunter versteht man den Aufbau von Hürden, die dem Mitglied den Wechsel in eine andere Gemeinschaft schwer machen, da sie mit dem Verlust von sozialen Beziehungen, dem Zugriff auf exklusive Informationen oder kommerzielle Angebote verbunden sind.

McKinsey & Company hat bei einer empirischen Untersuchung zur Messung der Effizienz von Online-Geschäftsmodellen in B2C-Märkten festgestellt, dass virtuelle Gemeinschaften anderen Modellen (wie z.B. reinen Transaktions-Websites oder reinen Content-Anbietern) bei der Konversion von Besuchen auf ihrer Website hin zum Kunden weit überlegen sind. Beträgt diese Konversionsrate bei reinen Transaktionsseiten im Durchschnitt lediglich zwischen 1% und 3 %, so liegt diese Rate bei Websites mit ausgeprägten virtuellen Gemeinschaften bei ca. 8 %. Wenn man nun noch berücksichtigt, dass diese 1 bis 3 % regelmäßig die Seite besuchender Kunden ca. 40 % des Online-Umsatzes von Transaktionsseiten ausmachen, lässt sich das ökonomische Potential, das in funktionierenden virtuellen Gemeinschaften steckt, leicht erkennen und sollte daher prinzipiell auch verstärkte Aufmerksamkeit bei der Konzeption von Marketingstrategien erhalten.

Allerdings sollte an dieser Stelle auch nicht die Schwierigkeit beim Aufbau solcher virtuellen Gemeinschaften verhehlt werden. Denn trotz dieser operationalen Leistungspotentiale von virtuellen Gemeinschaften zeigt sich derzeit (noch), dass die Profitabilität von Websites mit starken Gemeinschaftsmerkmalen negativ ist.

Die Ursache hierfür ist zunächst einmal in der Höhe der getätigten Marketingausgaben zu sehen. So sehen Hagel/Armstrong durchaus die Schwierigkeiten beim Aufbau einer virtuellen Gemeinschaft. Sie betonen die besondere Herausforderung an die Organisatoren (Betreiber), die entstehende Gemeinschaft im Wachstum zu managen. Doch bereits das Erreichen einer kritischen Masse an Mitgliedern ist schwierig und ein Teufelskreis. Ohne genügend Mitglieder und damit Aktivitäten entsteht die Gemeinschaft erst gar nicht und entwickelt nicht ihr Wachstums-potential.

Um diesen Teufelskreis zu entgehen, haben viele – insbesondere Start-up-Unternehmen, hohe Marketingausgaben zum Aufbau der Gemeinschaft getätigt. Dabei verfolgten sie oftmals die Strategie, nicht nur schnell eine hinreichend große Mitgliederbasis aufzu-bauen, die notwendig für das Funktionieren der Gemeinschaft ist, sondern über diese kritische Masse an Mitgliedern hinaus, ein weiteres starkes Wachstum der Mitgliederzahl zu ge-nerieren.

Netzwerkeffekt   Dabei können - bei einem gezielten Management der Gemein-schaft - nach dem Erreichen der kritischen Masse sich vier selbst-verstärkende Mechanismen (Netzwerkeffekt) zu einem progressi-ven Wachstum und letztlich zur Rentabilität führen (vgl. Abb. 3)

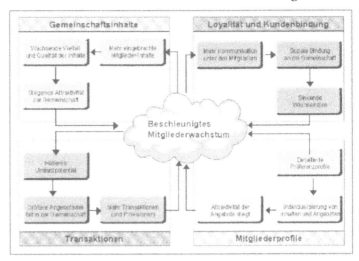

Abb. 3 Selbstverstärkende Mechanismen bei der Gemeinschafts-bildung (in Anlehnung an Hagel/Armstrong, 1997)[2]

---

[2] Hagel, J., Armstrong, A. G. Net Gain. Harvard Business Scholl Press, 1997.

Insbesondere die Mechanismen Transaktionen und Mitgliederprofile bedürfen entsprechender Marketingaktivitäten, während
die beiden übrigen Mechanismen meist – zumindest nach der
Anlaufphase - ohne Steuerung durch den Gemeinschaftsbetreiber
wirken.

Gerade im Bereich der Mitgliederprofile können die bereits oben
angesprochen Möglichkeiten der Individualisierung sinnvoll genutzt werden. Gleichzeitig muss aber den Mitgliedern der Gemeinschaft ein auf das Gemeinschaftsthema und die Mitglieder-
präferenzen hin ausgerichtetes Angebot an Waren und Dienstleistungen geboten werden.

Eine virtuelle Gemeinschaft wirft erst nach einer längeren Einfüh-
rungs- und Wachstumsphase einen Profit ab. Hagel/Armstrong
teilen die Mitgliederentwicklung in vier Stufen ein, wobei erst in
der letzten Stufe ein Profit ersichtlich wird:

Stufe 1 - Locke Mitglieder an	Stufe 3 - Baue Loyalität auf
• Marketing • Attraktiver Inhalt • Keine Mitglieds- und Benutzungsgebühren	• Beziehungen zwischen den Mitgliedern • Beziehungen zwischen den Mitgliedern und dem Host der Gemeinschaft • Kundenspezifische Inter-aktion
Stufe 2 - Fördere die Beteiligung	**Stufe 4 - Fahre Profit ein**
• Mitglieder zur Erstellung eigener Inhalte anregen • Veröffentlichungen Herausgebermaterial • Gastredner	• Geschäftsmöglichkeiten • Gezielte Werbung • Gebühren für Sonderdienste/Content

Abb. 4 Stufen der Mitgliederentwicklung

Integrierte Kommunikati-on

Die zunehmende Ausrichtung der Unternehmen auf einen kontinuierlichen und weitgehend persönlichen Dialog mit dem Kunden wird die seit einigen Jahren zu beobachtende Entwicklung
zur integrierten Kommunikation verstärken. Dieses liegt zum
einen, wie bereits oben gezeigt wurde, in den Möglichkeiten des

Mediums Internet – auch in Kombination mit traditionellen Medien (Stichwort: Medienkonvergenz). Zum anderen dürfte aber auch in der zunehmenden bzw. latent vorhandenen Unzufriedenheit der Unternehmen mit dem klassischen Instrument der Werbung liegen (z.B. auf Grund von Streuverlusten, unzureichende Möglichkeiten der Erfolgsmessung)..

Konsequenzen   Im Agenturbereich hat dieses schon zu ersten Konsequenzen geführt. So fusionieren Direktmarketing-, Werbe- und Internet-Agenturen oder gehen zumindest strategische Kooperationen ein. Andere Agenturen, die sich schon länger als Full-Service-Agenturen positioniert haben, können selbst in Zeiten rückläufiger Werbeaufwendungen ihren Umsatz halten bzw. sogar steigern.

Wahrscheinlich wird diese Entwicklung auch Folgen für die Marketingorganisation in den Unternehmen haben. So prognostiziert Prof. Hanson von der Stanford School of Business, dass sich im Marketing die bisherige Verantwortlichkeit für ein Produktportfolio oder eine Marke verändern wird hin zu Verantwortlichkeiten für einzelne Kundenportfolios: „Rather than having a marketing agent in charge of fiction books or non-fiction books, an online bookseller may have a marketing manager responsible for college students or housewives in book clubs"[3]

Die Aufgaben der Marketing-Kommunikation werden durch die zunehmende Verbreitung und Verwendung digitaler Medien nicht einfacher. Um ein neues Produkt erfolgreich am Markt zu platzieren oder um eine Marke aufzubauen, bedarf es weiterhin großer kommunikativer Anstrengungen. Jedoch werden sich die Strategien und Methoden verändern, indem sie zum einen die Potentiale der neuen Technologien nutzen und andererseits den veränderten Ansprüchen und Erwartungen auf Seiten der Konsumenten Rechnung tragen.

---

[3] Hanson, W. A. Internet Marketing: Building Brand, Personalization and Distribution. Stanford Graduate School of Business Report, 2000.

1.2 Produktpolitik

Das bereits im vorherigen Abschnitt beschriebene Prinzip des „customization" wird in zunehmendem Maße auch die Produktpolitik der Unternehmen bestimmen. Dieses wird sowohl Konsequenzen für die Produktentwicklung, die Produktkonfiguration und den Servicebereich haben, wie im Folgenden noch zu zeigen ist.

Beispiel für Customization: Dell Computer Co.

Als Einstieg soll – ohne es überstrapazieren zu wollen - das oft zitierte Beispiel der Firma Dell Computer Co. dienen. Dell bringt in den Prozess der Fertigung und des Vertriebs von Hardware sein Know-how bezüglich Hardwarekomponenten und Hardwarekonfiguration ein. Ferner stellt Dell im Internet eine Plattform zum „mass customization" für seine Kunden bereit. Diese sind aufgefordert, mit Hilfe dieser Plattform die Produkte nach ihren individuellen Präferenzen zu konstruieren.

Abb. 5 Fiat Punto – ein Beispiel für kundenorientiertes Design

Das Beispiel Fiat

Ein anderes Beispiel dafür, wie Anforderungen und Wünsche von Kunden über das Internet in die Produktentwicklung einfließen können, lieferte der Automobilhersteller Fiat. Als Ende der 90er Jahre eine neue Generation des Fiat Punto auf den Markt gebracht werden sollte, führte Fiat zunächst eine externe Erprobung durch, bei der die Kunden verschiedene Konzepte bewerten sollten. Über eine Verknüpfung auf der Website von Fiat konnten Kunden ihre Wünsche im Hinblick auf das Design und die Ausstattungsmerkmale des Fahrzeuges artikulieren. Darüber hinaus wurden sie sogar mit Hilfe eines über das Internet zur Verfügung gestellten Programms in die Lage versetzt, ein

Fahrzeug durch Auswahl von verschiedenen Karosserien, Front- und Heckpartien etc. selbst zu entwerfen. Die Ergebnisse dieser Kundenentwürfe wurden ebenso wie die Reihenfolge, in der Kunden Einzeloptionen auswählten und bewerteten, gespeichert. Diese Daten lieferten für die Designer bei Fiat wertvolle Hinweise über die „Denkweise" der Kunden bei der Bewertung des Designs und der Ausstattung eines Fahrzeuges.

Veränderte Prozesse im Produktdesign

Das Beispiel Fiat deutet auf eine generelle Entwicklung hin, die sich durch die Möglichkeiten der Informations- und Kommunikationstechnologie, aber auch durch die Veränderungen der Ansprüche auf Kundenseite zukünftig noch verstärken wird: Die Veränderung der Prozesse im Produktdesign durch eine ausgeprägtere Involvierung des Kunden in den Produktentwurfsprozess – den Kunden zum Partner in diesem Prozess zu machen. So prognostiziert der kaufmännische Direktor des Instituts für Medien und Kommunikationsmanagement an der Universität St. Gallen, Prof. Beat Schmid, dass „...the new digital interactive medium allows and asks for a renovation of the product design process. At this point, the scepter is passed to the client."[4].

Die Eigenschaft der Interaktivität des Mediums Internet gestattet hierbei noch viel „subtilere" Möglichkeiten der Berücksichtigung von Kundenwünschen im Produktentwurf als dieses im Fiat-Beispiel mit der Einzelbefragung der Fall war, die im wesentlichen die Adaption eines „traditionellen" Marktforschungsinstrumentariums in ein Online-Medium war (vgl. Fallbeispiel Bscheid Kapitel 2.4). Über den bereits im vorherigen Kapitel erläuterten kontinuierlichen Kundendialog oder über die Schaffung virtueller Gemeinschaften kann das Unternehmen eine Vielzahl von Informationen vom Kunden erhalten, die in das Produktdesign einfließen können. So kann das kreative Potential der Mitglieder einer Gemeinschaft genutzt werden, indem Produktideen in das Forum eingebracht werden, die dann in der Gemeinschaft fortentwickelt werden. Ist die Bereitschaft hierzu bei den Mitgliedern vorhanden, führt dieses zu einem exponentiellen Wachstum an Wissen über die Produktidee durch die Kommunikation innerhalb der Gemeinschaft (im Sinne eines Virus-Marketing, vgl. Kapitel 6) und zu einer Vielzahl von Vorschlägen zur Produktgestaltung.

---

[4] Schmid, B.F. What is New About the Digital Economy ?. In: The International Journal of Electronic Commerce & Business Media, 11(1), 2001, S. 44 – 51

Bei einer Integration des Kunden in den Prozess des Produkt-
entwurfs ist aber zum einen darauf zu achten, diesen nicht zu
überfordern. Zum anderen müssen auf der Unternehmensseite
Intermediäre definiert werden, die sowohl die Anforderungen
und Wünsche des Kunden kennen, verstehen und mit diesem
kommunizieren können, als auch Kenntnisse über die Notwen-
digkeiten und Restriktionen der Produktion besitzen. So kann
auch verhindert werden, dass im Verlauf dieses Prozesses der
zunehmenden „customization", das Unternehmen beim Kunden
nicht Hoffnungen weckt, die es aufgrund seiner Fähigkeiten und
Kapazitäten gar nicht erfüllen kann.

Mass-
Customization

Darüber hinaus ist nicht davon auszugehen, dass alle Kunden
einen Bedarf an individualisierten Produkten haben, so dass Unternehmen auch aus diesem Grund bestrebt sein müssen, das
wirtschaftlich sinnvolle Verhältnis zwischen Massen- und „custo-
mized" Produkten zu finden, wie es Gegenstand der sogenannten „mass customization" in der Produktion ist.

Kommunika-
tionsmanage-
ment
gewinnt an
Bedeutung

Durch die zunehmende Digitalisierung der Ökonomie zeichnet
sich somit eine Verschiebung des Fokus vom Produktions- hin
zum Kommunikationsmanagement ab. Dieses soll nicht heißen,
dass dem Produktionsmanagement nicht weiterhin eine wichtige
Bedeutung zukommt; jedoch werden zusehends Unternehmen
sich die Fähigkeiten aneignen müssen, um die Bedürfnisse des
Marktes zu erfahren und diese in kommunizierbare Produkte zu
übertragen und erfolgreich in (virtuellen) Gemeinschaften zu
platzieren. Dieses alles wird nicht ohne Folgen für die Marketing-
Organisation bleiben, und auch die (wissenschafts-)theoretische
Behandlung dieser Thematik hat gerade erst begonnen.

1.3   Preispolitik

Die Frage, wie sich die Preise im E-Commerce entwickeln, und somit, ob Kunden oder Unternehmen diesbezüglich vom Internet profitieren können, ist auch heute noch offen.

Bei homogenen, standardisierten Produkten wird sich der Preiswettbewerb im Internet sicherlich verschärfen und somit gehören hier die Kunden zu denjenigen, die am meisten profitieren werden. Die Gründe für ein niedrigeres Preisniveau sind hier unter anderem in der durch das Internet geschaffenen Markttransparenz und die mögliche Weitergabe eingesparter Transaktionskosten durch die Unternehmen an die Nachfrager zu sehen.

Preis als eine einfach zu kommunizierende Größe

Darüber hinaus ist der Preis im Gegensatz zu dem Wert eines Produktes eine einfach zu kommunizierende Größe. Während der Preis eine Zahl ist, die unabhängig vom speziellen Produkt oder Anbieter dieselbe digitale Repräsentation hat, ist der Wert eines Produktes ein relativ komplexes Konstrukt, für das keine einheitliche digitale Darstellung existiert. Somit lassen sich Preise von Produkten durch Programme oder Software-Agenten einfach abfragen und vergleichen, während dieses für den Wert eines Produktes nicht ohne weiteres möglich ist. In Online-Massenmärkten kann sich somit ein Anbieter kommunizierbar zunächst einmal nur über den Preis nicht aber über den Wert des Produktes differenzieren.

Virtuelle Einkaufs-gemeinschaften

Ferner hat die Verwendung von Internet- und Softwaretechnologien dazu geführt, das die Konsumenten oftmals eine stärkere Position im Prozess der Preisfindung besitzen. Gestattet doch das Internet einer Vielzahl von Personen, sich zu virtuellen Einkaufsgemeinschaften zusammenzuschließen, ohne dass diese sich kennen müssen. Diese Gemeinschaften besitzen eine höhere Nachfragemacht gegenüber den Produzenten als jedes einzelne ihrer Mitglieder und können daher niedrigerer Preise für die Gemeinschaft insgesamt realisieren.

Abb. 6 Priceline.com als Beispiel einer konsumentengesteuerten Preisfindung

Konsumenten-gesteuerte Preis-findung

Ein extremes Beispiel für konsumentengesteuerte Preisfindung ist Priceline.com (siehe Abb. 6) Hier können Konsumenten angeben, welchen Preis sie bereit, sind für ein Flugticket, eine Hotelübernachtung, einen Mietwagen etc. zu zahlen. Die Anbieter können dann entscheiden, ob sie diesen Preis akzeptieren. Dieses bedeutet auf diesen Märkten eine vollständige Umkehrung des Preisfindungsprozesses.

Auktion

Zu einem immer populäreren Instrument der Preisfindung entwickelt sich die Auktion. Der Anreiz zur „Schnäppchenjagd" und der Unterhaltungswert haben zu relativ hohen registrierten Benutzerzahlen bei Internet-Auktionshäusern wie z.B. http://www.ebay.de geführt. Allerdings ist die Auktion keine Preisfindungsmethode, die zwangsläufig den Bieter bevorteilt. Eher eröffnet der Auktionsmechanismus des Konkurrierens mehrerer Nachfrager um ein Produkt und die Bietergefechte kurz vor Ablauf der Auktionsfrist um die als knapp erscheinende Ware die Chance, höhere Preise für ein Produkt zu erzielen, als dies sonst im Online- oder auch Offline-Handel möglich wäre

Customization

Ein weiteres Argument, das für das Erzielen höherer Preise im E-Commerce spricht, ist, dass Konsumenten anscheinend bereit sind, für die bequeme, jederzeit mögliche Art des Einkaufens im World Wide Web und für einen höheren Grad der Individualisierung eines Produktes einen höheren Preis zu bezahlen. Wenn Anbieter in der Lage sind, auf die individuellen Bedürfnisse der Kunden hin ausgerichtete Produkte oder Produktbündel anzubieten, so dürfte bei diesen aufgrund der höheren wahrnehmbaren Nutzenstiftung die Zahlungsbereitschaft steigen, da die Preissensitivität der Kunden in diesem Fall geringer ist. Ein weiterer Effekt einer zunehmenden „customization" von Produkten und Dienstleistungen liegt in der sinkenden Preistransparenz.

Die Anonymität der Transaktionsbeziehungen zwischen einem Unternehmen und einem Kunden gegenüber Dritten (z.B. weiteren Kunden des Unternehmens) und die spezifischen Informationen (z.B. Informationsstand des Kunden, vermutete Zahlungsbereitschaft etc.), die das Unternehmen über den Kunden besitzt, lassen vermuten, dass es zukünftig zu stärkeren nachfragerspezifischen Preisdifferenzierungen kommen wird. Aus Marketingsicht impliziert eine stärkere Preisdifferenzierung das Abschöpfen einer höheren Konsumentenrente.

1.4   Distributionspolitik

Aus Nachfragersicht stellt Online-Shopping einen alternativen Beschaffungsweg für Produkte und Dienstleistungen dar. Die Akzeptanz des Online-Shoppings wird davon abhängen, ob durch einen Einkauf im Internet der Nachfrager eine höhere Konsumentenrente realisieren kann als bei alternativen „traditionellen" Einkaufswegen. Dies wird von einer Vielzahl von Faktoren, die auch von Nachfrager zu Nachfrager ganz unterschiedlich sein können, bestimmt. Beispiele solcher Faktoren sind: Höhere Nutzenstiftung des Produktes (z.B. durch Bündelung mit anderen (komplementären) Produkten oder Dienstleistungen, durch Individualisierung des Produktes), günstigere Preise, größere Bequemlichkeit beim Einkauf.

Geeignete Produkte für den Online-Vertrieb ?

Die Frage, welche Produkte für den Online-Vertrieb besser oder weniger gut geeignet sind, kann nicht abschließend beantwortet werden, sondern wird überwiegend vom Nachfrageverhalten bestimmt. Im Sinne einer Abgrenzung würde man Produkte, die ein „sensorisches" Erleben durch den Nachfrager zur Beurteilung der Qualität bedürfen („touch and feel") als weniger geeignet für den Vertrieb über das Internet ansehen. Selbiges gilt für Produkte, bei denen der Nachfrager aufgrund der dargebotenen Informationen kein Qualitätsurteil fällen oder eine Vielzahl von Spezifikationen vornehmen muss, aber aufgrund mangelnder Kenntnisse hierzu nicht in der Lage ist (in diesem Zusammenhang werden oftmals Versicherungsprodukte genannt).

Gerade in den letzten beiden Fällen kann durch eine angemessene Erweiterung der bereitgestellten Informationen und die Integration von Beratungsdiensten in die Website das Manko der fehlenden Eignung potentiell behoben werden. Hier ist allerdings auch zu beachten, welchen Grad an Informationsvielfalt man für die Konsumenten verfügbar macht, da hohe Informationskosten der Nachfrager den Preiswettbewerb mildern und somit die Profitabilität erhöhen. Auch können Produktqualitäts- oder „Geld-zurück-" Garantien ermöglichen, dass dem Kunden die Möglichkeit zur Überprüfung des Produktes eingeräumt werden bzw. sein Vertrauen in die Qualität des Produktes gestärkt wird, wobei dies allerdings bei Informationsgütern im allgemeinen nicht möglich ist, da bei diesen Überprüfung und Konsumption zusammenfallen.

Ferner würde man zu den weniger für den Vertrieb über das Internet geeigneten Produkten, solche Produkte zählen, bei denen die dem Kunden entstehenden Kosten der Lieferung in keinem angemessenen Verhältnis zum Produktpreis liegen (Kleinpreislieferungen)

Alternative Online-Distributions-möglichkeiten
Bei der Wahl des Internets als ergänzenden oder substituierenden Vertriebsweg stehen grundsätzlich zwei Alternativen zur Verfügung: die direkte Distribution (über ein eigenes Webangebot) und die indirekte Distribution (z.B. über Angebote in Internet-Shopping-Malls, Portalen, bei Internet-Einzelhändlern etc.).

In einem mittelbaren Zusammenhang zu diesen beiden Alternativen stehen die Investitionskosten, die für den Aufbau einer technologischen Infrastruktur notwendig sind. Solch eine Infrastruktur muss mit der bestehenden Informations- und Kommunikationsinfrastruktur des Unternehmens integriert sein, da nur dann eine effiziente Informationsverarbeitung zu geringen Transaktionskosten realisiert werden kann. Die Integration der Online-Präsenz in die Beschaffungs- und Logistikprozesse des Unternehmens, die gegebenenfalls mit einer Neugestaltung dieser Prozesse verbunden sein muss, ist notwendig, damit zum einen die Anforderungen der Kunden im Hinblick auf die Lieferauskunftsfähigkeit, Schnelligkeit der Lieferung etc. und zum anderen die hohen Anforderungen nicht zuletzt im Bereich der Logistik (im Falle nicht-digitaler Produkte) bewerkstelligt werden können. Ferner muss diese Infrastruktur so ausgelegt sein, dass selbst bei hohen Verkehrszahlen (Traffic) eine zufriedenstellende Performance erzielt wird. Darüber hinaus ist die ständige Verfügbarkeit der Infrastruktur ein weiteres entscheidendes Qualitätsmerkmal.

Vertrauen
Bei der Entscheidung über eine direkte oder indirekte Distribution im Internet ist ebenfalls der Aspekt „Vertrauen" zu berücksichtigen. In der Offline-Welt baut der Kunde Vertrauen unter anderem über den persönlichen Kontakt oder die Inaugenscheinnahme des Produktes auf. Diese Möglichkeiten fehlen im Internet weitgehend. Dieses Reputationsproblem stellt daher eine generelle Barriere für den Eintritt in elektronische Märkte dar. Hiervon weniger stark betroffen sind Unternehmen, die sich bereits in den Offline-Märkten etabliert haben und dort als Marke bekannt sind. Kleinere oder reine Internet-Unternehmen müssen sich dieser Problematik jedoch stellen. Auch hier kommt somit der Marketing-Kommunikation eine wichtige Funktion bei, da Instrumente, wie das Virus-Marketing (siehe Kap. 6) oder Public Relation (siehe Kap. 4) zur Vertrauensbildung beitragen können.

Ein anderer hier noch zu erwähnender Ansatz ist die Möglichkeit der indirekten Distribution über einen bekannten, vertrauenswürdigen digitalen Intermediär.

1.5 Zusammenfassung

In diesem Beitrag sollte nicht die schon sooft erhobene Forderung nach einem neuen Marketingparadigma für elektronische Märkte wiederholt werden. Es sollte jedoch verdeutlicht werden, dass eine 1:1 Abbildung der Marketing-Konzepte der Offline- in die Online-Welt sicherlich viel zu kurz greift.

Das Medium Internet bietet aufgrund seiner interaktiven Eigenschaft vollkommen andere Möglichkeiten der Kommunikation von Unternehmen mit ihren Kunden und des Erhalts von Wissen über den einzelnen Kunden. Dieses hat Auswirkungen auf alle Bereiche des Marketing-Mixes.

Online-Marketing-Kommunikation - ein Erklärungsansatz mit Hilfe eines Objektmodells

Von Wolfgang Bscheid

Es ist noch gar nicht so lange her, da war „Online" noch ein Fachbegriff für Wenige. Heute kennt jedes Kind das Internet, ganz zu Schweigen von den Unternehmen. Seit Mitte der 1990er Jahre hat sich das Internet nicht nur seinen Platz unter den großen Massenmedien gesichert, es hat sich auch innerhalb vieler Unternehmen mit Online einiges geändert. Wir wollen uns daher an dieser Stelle der Frage widmen „Was hat sich mit Online verändert?" Schon anhand dieser einfachen Fragestellung sehen wir, wie vielgesichtig dieses neue Medium sich darstellt. Oder ist vielleicht schon der Begriff „Medium" hier schlecht gewählt?

Hat man sich für einen Einflussbereich entschieden, so läuft man doch immer Gefahr, ganz entscheidende Facetten zu unterschlagen. Ist es nun Technik oder mehr ein abstrakter Raum für neue Ideen? Vielleicht ist heute auch noch nicht die Zeit, diese Frage endgültig zu beantworten, und daher haben wir einen anderen Weg eingeschlagen, um Einflussnahmen von Online aufzuzeigen. Wir haben versucht, feste Größen zu finden, die man beschreiben kann, und wollen nun anhand evtl. Veränderung dieser Größen die Wirkung von Online lokalisieren. In der Folge werden wir diese Größen Objekte nennen.

An dieser Stelle sei noch anzumerken dass wir im Grunde wenig Wert auf das Modell der Beschreibung an sich legen. Es steht dem Leser daher jederzeit offen, diesen Ausführungen mit seinem eigenen Modell zu folgen. Wirklich wichtig erscheint uns nur die Tatsache, dass man sich bei der Bewertung des Internets nicht zu sehr auf einen Einflussbereich konzentriert, denn sonst verliert man schnell den Blick für die entscheidenden Interaktionen und Abhängigkeiten. Denn das Faszinierende an dieser neuen Welt ist eben gerade die Tatsache, dass sich gleichzeitig in sehr unterschiedlichen Bereichen Wirkung zeigt.

Viele der Wirkungen sind heute, wenn überhaupt, nur im Ansatz zu erkennen, aber schon beginnt man zu begreifen, dass die größten Veränderungen in der Kombination von Einzelwirkungen entstehen. Will man also seine eigene Zukunft unter dem Vorzeichen Online bewerten, dann ist ein entsprechend integrierter Ansatz unerlässlich.

2.1 Zielsetzung

Der folgende Beitrag will versuchen, aufzuzeigen, welche Veränderungen sich speziell im Bereich Marketing mit der Integration von Online ergeben haben.

Es geht dabei weniger um die sofort augenfälligen Veränderungen wie z.B., dass die elektronische Bereitstellung von Daten die bisherigen Zustellarten ersetzt. Vielmehr wollen wir auf die Suche nach Veränderungen grundlegender Art gehen wie z.B. Veränderungen in der Zusammensetzung von Dienstleistungen.

Zur besseren Erläuterung werden wir bei der Betrachtung der unterschiedlichen Bereiche des Marketings das sogenannte Objekt-Modell heranziehen. Dieses Modell soll durch seine Vereinfachung und Standardisierung der jeweiligen Funktions- und Leistungsbereiche dazu betragen, die besagten Strukturveränderungen deutlicher zum Vorschein zu bringen.

Der Objektbegriff wurde dafür aus dem entsprechenden Theoriemodell der Softwareentwicklung entliehen. Hier werden einzelne Funktionsblöcke als Objekte betrachtet, die ähnlich wie Lego-Bausteine anschließend zu den jeweiligen Applikationen zusammenzufügen werden können. Dabei sind zwei Beschreibungsbereiche entscheidend. Auf der einen Seite stehen die das Objekt kennzeichnenden Funktionen, z.B. das Objekt kann Fehler in der Rechtschreibung erkennen und ist damit ein „Autokorrektur-Objekt". Der zweite Beschreibungsbereich bezieht sich auf die Schnittstellen des Objektes. Hier wird definiert, mit welchen anderen Objekten es wie zusammen arbeiten kann, also z.B. wie es Daten aus einer Textverbarbeitung übernimmt und wie es korrigierte Informationen zurückgibt. Auf diese Weise lassen sich eindeutige Objekt-Beschreibungen erzielen.

Der große Vorteil dieser Verfahrenweise ist, dass der Entwickler auf dieser Welt nun auf Basis der jeweiligen Objekt-Beschreibung arbeiten kann. Sie entweder dafür zu nutzen, z.B. ein eigenes „neues" Autokorrektur-Objekt zu entwickeln und damit das Alte zu ersetzen. Oder um die Umgebung für ein Autokorrektur-Objekt zu entwickeln, in die er das Objekt einfach wie ein Baustein einsetzen kann. Wir sehen also, dass wir zur Beschreibung eines dieser Objekte nur dessen Funktionsbereich und dessen Schnittstellen benötigen.

Erweitern wir das Objekt-Modell in seiner Aussagekraft, so bezieht es sich nicht nur auf die Sicherstellung der Kombinierbarkeit (Zusammenarbeit), sondern es kann im Umkehrschluss auch dazu dienen, aufzuzeigen, warum manche Objekte eben gerade nicht zusammen passen. Da wir leider oder Gott sei dank im normalen Leben nicht nur mit Softwareprogrammen, sondern immer noch mit Menschen arbeiten, kann dieses Modell natürlich nur eine Annäherung schaffen. Aber genau diese Annäherung sollte ausreichen, um typische Entwicklungen aufzuzeigen. Dazu wollen wir unterschiedliche Marketing-Objekte einer Momentbetrachtung unterziehen und dabei jeweils ihre Funktionsbeschreibung sowie die Schnittstellen untersuchen. Vielleicht gelingt es uns so, gewisse Veränderungen innerhalb der Funktionsbereiche des Marketings in Zusammenhang zu setzen.

Um für unsere Theorie eine optimale Einsatzmöglichkeit und Verwertbarkeit zu gewährleisten, sollen die Objekte so weit als möglich der klassischen Kategorisierung entnommen werden.

So sind mögliche Objekte z.B.:

- Marktforschung
- Vertrieb
- Pressearbeit
- Imagebildung
- Produktkommunikation

Es soll ferner mit Hilfe dieses Modells ein erster Erklärungsansatz dafür geliefert werden, welche Auswirkungen Online-Medien, und hier insbesondere das Internet, auf das Marketing haben.

2.2   Definition wesentlicher Begriffe und Theorie der Objektentwicklung

Alle Objekte sollten in der Folge über ihre allgemeingültiger Merkmale beschrieben werden.

Mögliche **Objekt-Merkmale** sind:

- Grad der Spezialisierung in der Produktion
  (Spezialist / Generalist + + bis - -)

- Grad der Integration innerhalb des Marketing
  (voll integriert / separat + + bis - -)

- Honorarmodell
  (leistungsbezogen / xxxx)

- Grad der Technisierung
  (voll / keine + + bis - -)

Zusätzlich wollten wir die Veränderungen innerhalb des Marketings anhand von drei Entwicklungsstufen betrachten. Die ausgewählten Entwicklungsstufen sind nicht willkürlich gewählt, sondern bilden die Erfahrung einer ersten Expost-Betrachtung ab. Natürlich sind in vielen Fällen die Trennlinien zwischen den einzelnen Stufen nicht 100%ig klar auszumachen. Legt man dieses Raster aber auf unterschiedliche Unternehmen und Fachbereiche an, so tritt diese Entwicklungsmuster meist mehr oder weniger deutlich hervor.

Die drei Entwicklungsstufen sind wie folgt definiert:

- Schritt 1:
  der ursprüngliche Zustand des Objekts (soll bezeichnet werden mit **K** für klassisch)

- Schritt 2:
  die erste Überführung in Online ohne Anpassung, auch gleichzusetzen mit dem adaptiven Zustand[*1] des Objekts (soll bezeichnet werden mit **O** für Online)

- Schritt 3:
  die zweite Überführung in Online mit Anpassung, auch gleichzusetzen mit dem spezifischen Zustand [*2] des Objekts (soll bezeichnet werden mit **O'** für Onlinespezifisch)

Erläuterung zum „ursprünglichen Zustand":

Der „ursprüngliche Zustand" ist der Zustand, in dem wir ein Objekt zum ersten mal einer Beschreibung unterziehen. Also der Zustand vor Online.

Erläuterung zu ⁴ dem „adaptiven Zustand":

Der „adaptive Zustand" ist der Zustand, in dem sich ein Objekt befindet, wenn es ohne prinzipielle Veränderung in Online überführt wird. Somit findet keine wesentliche Änderung seiner Merkmale statt, es werden nur Teilfunktionen über Online-Technologien modifiziert. Hier finden wir z.B. die oben genannten Umstellungen von Fax auf Mail wieder oder die Umstellung von klassischen Fragebögen auf Netzbefragungen. In dieser Phase ändert sich meist jedoch noch nichts am Funktionsumfang, den Schnittstellen oder z.B. dem Absender des Objekts.

Teilerläuterung zu ⁴ dem „spezifische Zustand":

Der „spezifische Zustand" ist der Zustand, in dem sich ein Objekt befindet, wenn es in allen entscheidenden Kriterien online-spezifisch überarbeitet wurde. Das bedeutet, dass sich in dieser Phase nicht nur die internen Abläufe technisch verändern, sondern das Objekt teilweise über Online einen neuen Funktionsumfang oder Schnittstellen zu ganz anderen Partner erhält oder ausbilden kann. Es handelt sich also um grundlegende Einflüsse, die das Zusammenspiel im Markt nachhaltig verändern werden. Dabei können sich sowohl Funktionsumfang, Schnittstellen als auch z.B. dessen Absender ändern.

Zur Erläuterung unserer Theorie wird darüber hinaus der **Objekt-Absender** eingeführt. Entsprechend der Wertschöpfungskette kann es in unserer Betrachtung drei mögliche Objekt-Absender geben: den Kunden oder das Werbung treibende Unternehmen (KD), die Agentur oder den Dienstleister (DL) sowie das Medienunternehmen (MU).

Am Beispiel Markforschung ist dies also die Marktforschungsabteilung des Kunden, das Marktforschungsunternehmen und die Fachabteilung auf Medienseite. Alle drei Objekte beschäftigen sich mit demselben Thema. Sie arbeiten dabei eng zusammen und verfügen über spezifische Schnittstellen, die ihnen diese Zusammenarbeit ermöglichen. Das können Techniken, Sprache oder auch Know-how sein.

In unserer Betrachtung sollen die Objekte in maximal drei unterschiedlichen Absendervarianten vorliegen. Wie schon gezeigt, liegt das Objekt Marktforschung daher in seinen Ausprägungen als MF^{KD}, MF^{DL} oder MF^{MU} vor. Natürlich muss ein Objekt nicht zwingend in allen drei Varianten existieren.

Auszeichnungs-Beispiel: **$(MF^{KD})^{OI}$**

bezeichnet das kundenseitige Objekt Marktforschung in seinem Entwicklungszustand als spezifisches Online-Objekt. (siehe auch Abb. 1)

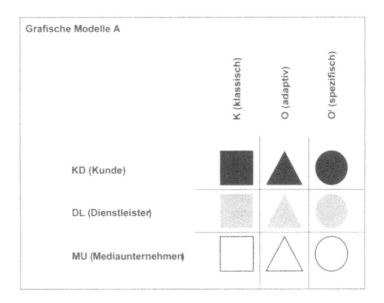

Grafische Modelle A

K (klassisch) O (adaptiv) O¹ (spezifisch)

KD (Kunde)

DL (Dienstleister)

MU (Mediaunternehmen)

Abb. 7 Auszeichnungs-Beispiel: $(MF^{KD})^{OI}$

Theorie der Objekt-Bündel: Stehen gleiche Objekte unterschiedlicher Ausprägung in Verbindung, so bilden sie ein sogenanntes Objekt-Bündel. Der Begriff Objekt-Bündel soll dazu dienen, das Zusammenspiel der jeweiligen Objekte zwischen den Marktpartnern sowie der Sturkurmodelle zu beschreiben. Zudem soll aufgezeigt werden, wie sich

Objekt-Bündel ausbilden, stabilisieren, aber auch wie diese Objekt-Bündel sich unter dem Einfluss von Online umformen.

Auszeichnungs-Muster: $[(\mathbf{MF}^{KD})^{K} - (\mathbf{MF}^{DL})^{OI} - (\mathbf{MF}^{MU})^{O}]$

bezeichnet ein mögliches Objekt-Bündel Marktforschung, bei dem alle drei möglichen Absender vertreten sind, jedoch in unterschiedlichen Zuständen.

Beispiel zur Objektbeschreibung und zum Objektabsender:

Bei der Pressearbeit ist der Pressereferent oder auch der Redakteur derjenige, der das Objekt „produziert". Hier sehen wir zum einen, dass es sich in beiden Fällen um „Fachkräfte" handelt, die speziell zu diesem Zweck beschäftigt werden. Wir sehen aber auch, dass es diese Position in unterschiedlichen Funktionen gibt, als Anbieter und als Nachfrager (($\mathbf{PR}^{KD}$) − ($\mathbf{PR}^{MU}$)).

Welcher Art ist ihre Tätigkeit? Sie handeln mit Informationen. Wer hat welches Interesse dabei? Der Anbieter möchte, dass seine Informationen abgenommen werden. Der Lohn (oder die erbrachte Leistung) ist eine entsprechende Veröffentlichung, also Kontakt zu relevanten Personen zum Zweck der Meinungsbildung.

Begriff der
Schnittstelle:

Wie schon gezeigt, definiert sich ein Objekt nicht nur über seine Funktion, sondern vor allem auch über seine Schnittstellen. Schnittstellen sollen hier als fest definierte Verbindungen zwischen den jeweiligen Objekten gesehen werden. Schnittstellen können nur in Zusammenhang mit Objekten oder Objekt-Bündel auftreten und beschreiben daher immer auch Austauschbeziehungen.

Schnittstellen in diesem Modell können unterschiedlicher Natur sein. Hier gibt es z.B. die technische Schnittstelle und die informative Schnittstelle. So ist auch die Sprache, mit der man sich verständigt, eine Schnittstelle. Egal ob es darum geht, einen gewissen Wortschatz zu verwenden, wie wir es bei unseren Ärzten immer wieder erleben, oder ob es darum geht z.B. eine Fremdsprache zu beherrschen, um sich im relevanten Objektbündel austauschen zu können. Fehlt diese Schnittstelle bei einem Objekt, so ist es nicht in der Lage die nötigen Beziehungen aufzubauen, bzw. einen Austauschprozess zu bewerkstelligen. Der Einfachheit halber soll die jeweilige Art der Verbindung auch gleichzeitig den entsprechenden Schnittstellen-Typ bezeichnen.

Auf Basis des Schnittstellen-Begriffs soll darüber hinaus der Begriff der Schnittstellen-Dichte eingeführt werden. Durch ihn wird der Grad der Verbindung zwischen unterschiedlichen Objekten bezeichnet. Als mögliche Ausprägung kann auch hier das Modell + + (sehr stark ausgeprägt) bis - - (isoliert) gewählt werden. Der Begriff der Schnittstellen-Dichte ist vor allem wichtig, da aufgezeigt werden soll, dass Veränderungen im Zusammenspiel der einzelnen Partner sehr stark über deren Interaktionsmöglichkeiten gesteuert werden.

Die These lautet daher: Je höher die Schnittstellen-Dichte, desto stabiler ist auch das Zusammenspiel der Marktpartner. Verliert ein Partner Schnittstellen, so sinkt seine Schnittstellen-Dichte gegenüber dem Objekt-Bündel, was wiederum zu Folge hat, dass er unter erschwerten Bedingungen arbeiten muss und gleichzeitig eine höhere Angriffsfläche für den Wettbewerb bietet.

Die Schnittstellen-Dichte ist damit auch ein Indikator für die Stabilität der Geschäftsbeziehungen und die Zukunftssicherheit der eigenen Marktpotentiale. Je höher die geforderte Schnittstellen-Dichte in einem Bündel ist, desto schwieriger ist es, die Bündel auch aufzubrechen.

2.3   Fallbeispiel: Pressearbeit

In diesem und dem Fallbeispiel Marktforschung (vgl. Kapitel 2.4) soll unter Hinzuziehung des Objektmodells eine Erklärung geliefert werden, was sich durch Online-Medien ändert. Ansatzpunkte hierfür sind die Veränderung der Merkmale, der Schnittstellen-Dichte und der Objekt-Bündel bzw. –Absender.

Ausgangs-
überlegungen

Frage: Was ist der Unterschied zwischen Presseveröffentlichungen und sonstigen Veröffentlichungen (von Unternehmen)?

Beide werden von Medien veröffentlicht. Medien unterscheiden zwischen zwei Arten von Informationen, die sie veröffentlichen: Der redaktionellen Information und der Anzeigen-Information.

Die redaktionelle Information wird von dem Medium produziert. Anzeigen-Informationen werden „nur" transportiert. Der Kunde bezahlt hier somit nur den Transportweg oder die Transportleistung. Somit sind Anzeigenflächen mit Postdienstleistungen zu vergleichen. Der Kunde kauft x Zustellungen seiner Information. Die Währung ist entsprechend der Zustellleistung   pro Zustellung (TKP).

Die gesamten Prozesse zu Abwicklung dieser Zustellungen sind ähnlich denen eines Logistikdienstleisters. Auch die Einzelaufgaben sind weitgehend deckungsgleich. Somit werden wir in den entsprechenden Unternehmen mit hoher Wahrscheinlichkeit ähnliche Fachkräfte (Personen), Werkzeuge (Technik) und Arbeitsmodelle (Strukturen) finden.

PR hat damit - in einer idealisierten Betrachtung – nichts zu tun. Hier wählt eine Redaktion Information zur Entwicklung eines Produktes aus. Damit ist das Kundeninteresse, „veröffentlicht" zu werden, völlig irrelevant. Auch das im Anzeigenbereich übliche „Kaufen" ist hier nicht zulässig.

Wir haben also im Bereich PR ganz andere Prozesse als im Bereich Anzeigen. Das sieht man auch an den Personen, die sich um die jeweiligen Bereiche kümmern. Vertriebsmitarbeiter wirken in einer Reaktion leicht wie ein Fremdkörper. Wie wenn sich das System schützen möchte, gibt es hier ein unausgesprochene Barriere.

Möchte ein Unternehmen Veröffentlichungen seiner Information über PR erzeugen, so muss es sein Handeln an die Form der redaktionellen Arbeit anpassen. Dazu verwendet man also spezielle Mitarbeiter, die keine Abstoßungsreaktion hervorrufen,

zielle Mitarbeiter, die keine Abstoßungsreaktion hervorrufen, den sogenannten Pressereferenten. Im zweiten Schritt muss die eigene Botschaft so aufbereitet werden, dass sie für die Redaktion (Nachfrager) bearbeitbar ist. Eine Aufbereitung in Form einer Anzeige wäre hier denkbar ungünstig (obwohl Anzeige und Pressetext zwei Ableitungen aus ein und der selben Basis sein können). Da Redaktionen auf der Suche nach Informationen für ihre Leser sind, muss die Unternehmens- oder Produktinformation entsprechend dargestellt werden.

Im Grunde haben beide Formen der Umsetzung auch im Kern ähnliche Zielsetzungen, sie sollen das Interesse des Empfängers (Lesers, Zielgruppe) wecken. Die Anzeige richtet sich hier direkt an den Empfänger und versucht über dessen Reizmechanik zu arbeiten. Der Pressetext muss den Umweg über den Redakteur gehen und dabei dessen Filtermechanik beachten.

Die denkbar schönste Position hat ein Unternehmen dann erreicht, wenn Redaktionen von sich aus nachfragen. Eigentlich haben wir daher ein Verhältnis, das Redakteure wie Endkunden behandelt. Sie wollen um- oder beworben werden, bis sie von sich aus „kaufen".

Zurück zum Objektmodell sehen wir, dass sich überall dort, wo man sich mit den Thema PR beschäftig eigenständige Objekte (Abteilungen, Dienstleiter, Fachkräfte) entwickelt haben. Sie verfügen über ein gemeinsames Verständnis in Bezug auf den Umgang mit redaktionellen Informationen, also so etwas wie eine gemeinsame Kultur und nicht zuletzt auch über eine gemeinsame Sprachregelung. Alle relevanten PR-Objekte besitzen in der Regel eine hohe Schnittstellendichte zu den jeweils benachbarten PR-Objekten. Damit finden wir auch hier das klassische Objekt-Bündel vor.

Nun stellt sich die Frage, welchen Einfluss Online auf die Entwicklung dieses Bereiches hat ?

Zuerst sollten wir hier eine Trennung zwischen der technischen Einflussnahme, also Online als Kanal, um Informationen zu transportieren, und der inhaltlichen oder prozessorientierten Einflussnahme vornehmen.

In Bezug auf die rein technische Entwicklung bildet PR keine wirkliche Sonderstellung. Online ist auch hier nur ein Hilfsmittel am Büroarbeitsplatz des Redakteurs. Vor- und Nachteile gegenüber den klassischen Möglichkeiten, Information zu verteilen, sind identisch zu anderen ähnlichen Unternehmensbereichen.

Auf der einen Seite steht das einfachere Handling, auf der anderen die Flüchtigkeit von elektronischen Daten. Am besten man macht es einfach parallel.

Interessanter ist aber die Frage, ob Online über seine technische Funktion hinaus Wirkung hat. Also ob ein Unternehmen oder Dienstleister mit Hilfe des Internets besser PR leisten kann.

Dazu einige kurz Thesen/Fragen:

1 Ist die Form, Online Daten zur Verfügung zu stellen, per se interessant für gewisse Redakteure?

Mit Sicherheit gab es dieses Phänomen ähnlich wie bei CDs. Warum sollten technisch affine Redakteure nicht auch ein gewisse Vorliebe für ein modernes Arbeiten zeigen und so eine gewisse Präferenz für elektronische Information haben. Heute sollte dieser Vorteil aber der Normalität gewichen sein. So ist aus einer Innovation schnell ein Muss im täglichen Umgang mit News geworden.

2 Muss oder kann man heute mehr Information zur Verfügung stellen?

Ja, dieser Effekt ist sicher zu beobachten. Nicht nur, dass man heute in der Regel einen viel größeren Verteiler bedient, auch die Informationstiefe lässt sich deutlich ausweiten. So kann man z.B. die eigenen Kern-Informationen ohne großen Aufwand mit anderen Informationen koppeln (verlinken) und schafft somit eine neue Wertigkeit. Gerade bei komplexen Themen bietet diese strukturierte Datenbereitstellung viele Vorteile. Man muss den Redakteur nicht Tonnenweise Material schicken, sondern kann ihm gezielt weiterführende Informationen anbieten. So macht man dem Redakteur das Leben ein bisschen leichter und das hat schon immer geholfen.

Hier kann auch der Pressebereich auf der eigenen Homepage gute Dienste leisten. Ein gut und übersichtlich sortiertes Pressearchiv stellt ein ideales Nachschlagewerk für den Redakteur dar. Hier kann er auch, ohne persönlich Kontakt aufzunehmen, in aller Ruhe recherchieren und erfährt so meist viel mehr über das Unternehmen als aus der üblichen Pressemappe.

Wichtig ist aber vor allem, dass es sich auch hier um einen Dialog handelt. Auch in der schönsten Aufbereitung werden langweilige Informationen nicht wirklich mehrwertiger. Ist das Interesse der Redaktion aber einmal geweckt, so kann die Online-spezifische Datenaufbereitung das Zusammenarbeiten deutlich effizienter gestalten. Hinzu kommt, dass sich auf diesem Weg für das Unternehmen auch nicht zu unterschätzende Einsparungen bewerkstelligen lassen. So ersetzt ein digitales Bildarchiv oft die teure Produktion von Aufsichtsvorlagen. Oder der teure Versand von Pressemappen kann durch die Zustellung via Mail ersetzt werden. Gerade bei Unternehmen mit vielen Veröffentlichungen und einem großen Verteiler lassen sich enorme Einsparungen realisieren.

3 Welchen Einfuß hat die Schnelligkeit auf den Umgang mit PR-Meldungen?

Die Schnelligkeit, mit der heute Pressemeldungen das Haus verlassen können, verleitet viele Unternehmen, den strategischen Umgang mit News zu vernachlässigen. Nicht immer ist es der richtige Weg, alles sofort an alle zu schicken. Die sorgfältige Auswahl des Verteilers und das richtige Timing sind nach wie vor entscheidend, wenn es um den nachhaltigen Erfolg geht. Ist eine Nachricht erst einmal veröffentlicht, hat sie oft auch an Wert für andere Redaktionen verloren. So kann es passieren, dass man zwar einen Artikel erhält, aber leider nicht in einem für das Unternehmen wichtigen Titel. Daher sollte die Möglichkeiten, die Online bietet, auch immer mit der entsprechenden PR-Strategie des Unternehmens abgestimmt sein.

4 Hat sich das Pricing bzw. der Leistungskatalog von PR Dienstleistern geändert?

In der Regel ja. Vor allem im Bereich Recherche und Datenaufbereitung sind heute viele Anbieter dazu übergegangen, das Internet als Primärmedium zu nutzen. Daraus geben sich neue Einzelleistungen für Kunden. Natürlich werden auch die entsprechenden Presseverteiler um Online-Redaktionen erweitert. Derzeit gibt es jedoch noch nicht sehr viele PR Dienstleister, die sich um die kundenseitige Datenaufbereitung kümmern. Also Anbieter, die spezielle Pressebereiche auf den Kunden-Sites konzipieren und verwalten. Aber auch hier könnte ein neuer Dienstleistungsbereich entstehen.

Zum Schluss noch zwei kleine Ausflüge. Zuerst in einen nicht klar bezeichneten Bereich, die Diskussions-Foren. Auch nicht prinzipiell neu, jedoch im Internet mit einem sehr viel breiterem Einsatzspektrum als bisher.

Fast jedes Online-Magazin hält heute unterschiedliche Diskussions-Foren vor. Meist ohne große redaktionelle Kontrolle, kann hier jeder zu Wort kommen. Bisher wird diese Möglichkeit von Unternehmen fast nicht genützt. Dies ist nicht im Sinne des Erfinders, aber durchaus wirkungsvoll, kann die aktive und vor allem gezielte Teilnahme an solchen Foren aber doch sein. Hier finden sich nicht selten die vielgesuchten Meinungsbilder auf der Suche nach Dialog. Nun benötigt man nur noch einige Pseudonyme hinter denen man dann fleißig mitdiskutieren kann. Nicht selten kann man über solche Beiträge auch die entsprechende Redaktion auf sich aufmerksam machen, da auch die sich hin und wieder in ihren Foren informieren, nicht zuletzt um eigenen Leser besser zu verstehen. Tarnen und Täuschen. Aber im Krieg und in der Liebe ist ja bekanntlich alles erlaubt.

Und jetzt noch ein Blick in die Zukunft.

Wenn wir ein bisschen nach vorne schauen, dann könnte ein ganz neuer Aspekt grundlegende Veränderungen im Bereich PR bringen und zwar die Entwicklungen rund um das Thema Konvergenz. Immer mehr Medienhäuser gehen dazu, über aus den unterschiedlichen Einzelmedien Komplettpakete zu schnüren. Derzeit bezieht sich das in erster Linie auf die Kombination von bereits vorhandenen Platzierungsmöglichkeiten (Anzeigen, Spots, Banner, etc.). Aber wenn wir uns die in Online weit verbreiteten Kooperationsmodelle ansehen, dann finden hier immer weniger klare Trennlinien zwischen Anzeigen und redaktioneller Platzierung. Es geht viel mehr darum, dem Kunden eine integrierte Promotion seiner Themen zu bieten. Auch wenn man noch immer ungern darüber spricht, so werden doch unter der Hand auch hier schon lange redaktionelle Berichte mit ins Gesamtpaket gepackt. Natürlich ist speziell im Netz der hohe Erlösdruck die treibende Kraft und da kann man sich die viel beschworene redaktionelle Unabhängigkeit nicht immer leisten.

Konsequent weitergedacht, könnte dies aber bedeuten, dass wir zukünftig bei größeren Kooperationen redaktionelle Integrationen genau so behandeln wie heute klassische Anzeigenschaltungen. Es wäre daher durchaus denkbar, dass man in ein paar Jahren nicht mehr Anzeigen bucht, sondern vielmehr eine ganzheitliche Promotion nach klaren Zielvorgaben (Steigerung der Bekanntheit um x%, Erhöhung der Kaufbereitschaft, etc.). Ein entsprechender Medienmanager des Medienkonzerns modelliert daraufhin ein individuelles Paket auf allen ihm zur Verfügung stehenden Promotionmöglichkeiten ohne Rücksicht auf ehemalige Trennlinien zwischen Anzeigen und Redaktion. Natürlich ist das noch Zukunftsmusik. Der immer härter werdende Wettbewerb um die Mediabudgets zwingt die Anbieter auch schon heute dazu, immer größere Zugeständnisse zu machen. Ob die Bastion Redaktion dabei fällt, bleibt abzuwarten. Dass sich hier ein sehr großes Potential befindet, ist unbestritten. Und um das Interesse der Kunden muss man sich wohl auch keine all zu großen Sorgen machen.

Sollte diese Entwicklung eintreten, dann werden wir wohl eine ganz neue Form von Dienstleistern im Bereich PR benötigen. Hier geht es dann wohl mehr darum, redaktionelles Arbeiten beim Kunden zu etablieren, um diese neuen Kanäle mit entsprechenden Informationen zu versorgen. Und hier sind wir wieder bei einer nicht mehr ganz neuen These: „Marken werden zu Medien". Diesem Anspruch muss man dann auch Rechnung tragen. Spätestens wenn der erste große Markenartikler einen eigenen Chefredakteur beschäftig, ist es soweit.

Erläuterung anhand des Objektmodells

Betrachten wir das Objekt **$(PR^{KD})^{K}$** Pressearbeit mit dem Objekt-Absender Unternehmen (bzw. Kunde) in der „klassischen Welt". So lässt sich dieses Objekt wie folgt beschreiben:

$(PR^{KD})^{K}$
Grad der Spezialisierung: ++ (Pressereferent) Integrationsgrad: - Honorarmodell: Veröffentlichung Grad der Technisierung: -

Abb. 8 Objektbeschreibung von $(PR^{KD})^{K}$

Bezüglich welcher Merkmale findet nun der Übergang nach **$(PR^{KD})^{OI}$** statt:

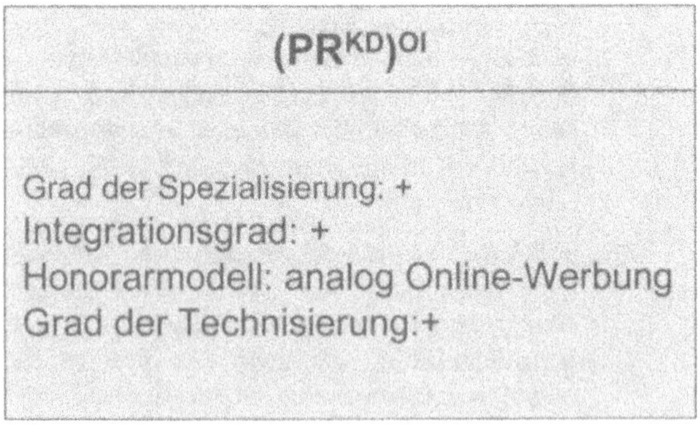

$(PR^{KD})^{OI}$

Grad der Spezialisierung: +
Integrationsgrad: +
Honorarmodell: analog Online-Werbung
Grad der Technisierung:+

Abb. 9 Objektbeschreibung von $(PR^{KD})^{OI}$

Der Grad der Spezialisierung wird geringer, wenn Pressearbeit ein handelbares Produkt wird. Da Pressearbeit dann aber der klassischen Werbung sehr nahe kommt, wird es zu einer größeren Integration in das Marketing kommen. Auch die Honorar-/Bezahlmodelle werden sich der der Online-Werbung anpassen. Wie in der Online-Werbung wird die Technisierung zunehmen.

Der aktuelle Status bzgl. Objekt-Bündel in der Online-Welt ist: $(\mathbf{PR^{KD}})^{\mathbf{K}}\text{-}(\mathbf{PR^{MU}})^{\mathbf{O}}$

Im Zustand $(\mathbf{PR^{KD}})^{\mathbf{K}}$ besitzt das Objekt viele Schnittstellen zu den verschiedensten Redaktionen $(\mathbf{PR^{MU}})$. Im Zustand $(\mathbf{PR^{KD}})^{\mathbf{OI}}$ vielleicht aber nur noch wenige, da kein direkter Kontakt mehr zu Medienunternehmen bestehen wird, sondern Dienstleister dazwischen geschaltet sind.

2.4 Fallbeispiel: Marktforschung

*Generelle An-
merkungen zur
klassischen
Marktforschung*

Der Dienstleistungsbereich Markforschung weist gewisse Ähn-
lichkeiten zu PR auf. Auch hier werden Leistungen durch Spezia-
listen und nicht durch den Generalisten erbracht. Die Disziplin
ist dem Marketing zwar zugeordnet, zählt aber nicht zu den
Kerndienstleistungen. Mit „Online" hat der Dienstleistungsbereich
Marktforschung jedoch deutlich mehr Veränderungen erfahren
als der Bereich PR.

Vor „Online" war es vor allem die Kompetenz bei der Entwicklung von Befragungsmodellen, die ein möglichst exaktes Ergebnis lieferten, auf was es ankam. Geschwindigkeit war nicht pri-
mär wichtig. Man hat unterschieden zwischen kleinen feinen Befragungen (qualitativer Ansatz) und großen Panels (quantitativer
Ansatz). Zumeist mussten die entsprechenden Zielgruppen für
die jeweiligen Befragungen rekrutiert werden. Die Befragung
wurde dann von Interviewern durchgeführt. Einige große Institu-
te haben darüber hinaus auch eigene Panels betrieben (vorgehal-
ten) und tun dies auch heute noch.

Welches Instrumentarium steht Unternehmen in Bereich der
klassischen Marktforschung heute zur Verfügung? Zum einen
verfügen die meisten Märkte heute über die Ergebnisse zyklisch
durchgeführter Branchenuntersuchungen. Darüber hinaus setzen
einige Unternehmen für spezielle Fragestellungen (z.B. Akzep-
tanztest bei Packungsdesign) eigene Marktforschungsprojekte
auf. Unternehmen können damit bei der Ausrichtung ihrer Mar-
ketingmaßnahmen auf sowohl generische Ergebnisse als auch
auf spezifische Einzeluntersuchungen zurückgreifen. Gemeinsam
ist beiden Forschungsansätzen die Struktur bzw. die Zielgruppenmodelle der Befragung, aber dazu später mehr.

Geht man nun einen Schritt weiter und betrachtet das Wesen der
klassischen Marktforschung, so handelt es sich um eine Disziplin,
die noch immer einen sehr stark wissenschaftlichen Charakter
aufweist. Die Grundlagen sind in der Regel theoretischer Natur.
Es ist die Verhaltensforschung und ihre Modelle, auf die die
Marktforschung mit ihren Interpretationen aufsetzt.

Wie geht man dazu vor?

Man bildet ein Zielgruppencluster, also sortiert Menschen nach
einem vorgegebenen Schemata. Zum Einsatz kommen dabei z.B.
die Soziodemografie oder Sinus Milieus. Also Modelle, die forma-
le oder kulturelle Gemeinsamkeiten von Personengruppen auf-

zeigen. Diese Modelle haben aber nicht nur eine ordnende Funktion innerhalb der jeweiligen Untersuchung, sondern sie bieten darüber hinaus auch eine Brücke, um Ergebnisse mehrerer Untersuchungen miteinander zu verbinden.

Daher ist Kompatibilität des gewählten Clusters sehr entscheidend für Übertragbarkeit der Ergebnisse. So lassen sich z.B. auf der Basis eines soziodemografischen Rasters spezifische Detailuntersuchungen leichter mit Basisuntersuchungen koppeln. Auf diese Weise lassen sich zusätzliche Informationen „generieren" und damit kann gleichzeitig die Relevanz der Studie deutlich erhöht werden.

Gerade in Zeiten wo man allerorts auf Kosteneinsparung drängt, wird noch deutlicher welche entscheidende Rolle die Kompatibilität in Bereich der klassischen Marktforschung heute spielt.

Wer sich schon die Mühe macht, eine eigene Marktforschung aufzusetzen, der möchte seine Ergebnisse wenigsten so breit als möglich einsetzen und wird daher sehr großen Wert darauf legen, dass diese auch mit den in seiner Branchen gebräuchlichen Primäruntersuchungen kompatibel sind. Im Grunde ist dagegen nichts einzuwenden, nur führt diese Methode dazu, dass es neue Zielgruppen-Modelle sehr schwer haben, da die entsprechenden Untersuchungen nicht automatisch eine erweiterte Relevanz generieren können. Sprich: sie stehen isoliert.

Gleichzeitig gewöhnen sich auch alle Beteiligten an die angebotenen Modelle/Cluster. Was dazu führt, dass diese wie selbstverständlich vorausgesetzt werden. Natürlich behauptet keiner, dass man unsere sehr vielschichtige Bevölkerung mit Hilfe von 6 Typen wirklich exakt beschreiben kann, aber was bleibt der Marktforschung andres übrig, als „mit den Wölfen zu heulen".

In den letzten Jahren gab es jedoch immer mehr Kritik an den Beschreibungsmodellen, da die Relevanz in Bezug auf die Kaufmotive, eines der entscheidenden Kriterien im Marketing, immer fraglicher wurde. Leider gibt es bisher aber noch keinen wirklichen Durchbruch im Einsatz neuer Modelle.

Klassische Marktforschung und Marketing

Betrachten wir nun das „Zusammenspiel" zwischen Marktforschung und Marketing. Schon auf den ersten Blick handelt es sich um zwei unterschiedliche Typen. Der Marktforscher und der Marketier. Diese Beziehung ist nicht immer von Respekt und Zuneigung geprägt. Der Theoretiker und der Praktiker. Der eine denkt, der andere handelt.

Nicht selten werden die Marktforscher von Agenturleuten insgeheim belächelt. Zu weit weg von der Realität ! Immer auf die empirische Richtigkeit bedacht. Bedenkenträger, wenn es um etwas freiere Interpretationen geht. Oftmals auch gefährlich, denn mit ihnen kann man nur sehr schwer diskutieren. Wenn die Ergebnisse einmal vorliegen, dann ist es schwierig, zuwider zu handeln.

Wer geht schon gerne das Risiko ein, ein Produkt gegen die Marktforschung einzuführen. Es ist aber genauso schwer ein Produkt nur auf Grund der Marktforschung einzuführen. Nicht selten wird daher die Marktforschung nur als politische (interne) Bestätigung eingesetzt.

Oftmals ist das Verhältnis von Marketingentscheidern zur Marktforschung daher etwas angespannt. Darum finden Sie den Marktforscher auch nur sehr selten im Team. Meist kennt man ihn zwar, aber er sitzt im anderen Haus oder in der anderen Abteilung. Er hat keine kontinuierliche Präsenz. Man tauscht sich mit ihm nicht aus. Man hat keine Kultur im Umgang mit seinem Know-how. Wer möchte seine Kampagne schon von Kreutztabellierungen abhängig machen ?!

Auch reden Marktforscher meist nur wieder mit Marktforschern. Fachleute sprechen mit Fachleuten. Sie arbeiten mit Software, die nur sie bedienen können und liefern Ergebnisse in einer Form, die nur sie verstehen oder interpretieren können. Sie haben so ein bisschen etwas von einem Arzt, der seine Diagnose ins Diktiergerät spricht und sie sich am Ende fragen, „Bin ich jetzt eigentlich krank oder gesund?"

Zusammengefasst: andere Menschen mit einer anderen Kultur, einer anderen Sprache, anderen Werkzeugen und einem anderen „Weltbild".

Und hier finden wir auch unser Objektmodell wieder. Die klassischen Marktforschungsobjekte verfügen über eine hohe Schnittstellendichte zu den entsprechenden Spezialabteilungen bzw. Dienstleistern. Sie verfügen über Schnittstellen in Bezug auf Know-how, Sprache und Techniken. Ihre Arbeitsweise ist in weiten Bereichen identisch. Das bildet die Voraussetzung für ein optimales Zusammenspiel. Sie bilden damit ein gutes Beispiel für das sogenannte Objektbündel, das in sich geschlossen ist. Natürlich verfügen die einzelnen Abteilungen oder Unternehmen auch über Schnittstellen zu anderen Bereichen z.B. gegenüber den jeweiligen Marketingabteilungen oder Dienstleistern, aber diese sind bei weitem nicht so stark entwickelt. In Bezug auf die im Bereich „Online" geforderten Schnittstellen gegenüber den technischen Bereichen verfügen die klassischen Marktforschungsobjekte derzeit über keine bzw. wenn dann nur sehr rudimentäre Schnittstellen.

Zum Stand der Markforschung in der Online-Welt

Nun betrachten wir kurz, welche Entwicklungen der Bereich Marktforschung seit der Einführung von „Online" genommen hat.

Im ersten Schritt wurden das Medium Online als Möglichkeit gesehen, Befragungen durchzuführen, also als Instrument zur Verteilung von Fragebögen. Im Grunde wurde also nur eine neue Form der Befragung eingeführt. Neben dem Interview, der Telefonbefragung oder der zur Verfügungsstellen von Fragebögen über Zeitschriften etc. gab es jetzt auch die Möglichkeit, Fragebögen via Internet anzubieten. Es wurden also in dieser Entwicklungsstufe der Online-Markforschung nun die klassischen Befragungs-Modelle im Netz nachgebaut (wir bezeichnen dieses als die adaptive Phase). An der grundlegenden Methodik hat sich bis zu diesem Zeitpunkt aber nichts geändert. Der Effekt war, man konnte auf diesem Weg Befragungen deutlich schneller und damit meist auch kostengünstiger realisieren, aber man hatte auch seine lieben Probleme mit der Validität. Zum einen war gerade zu Anfang die Netzgemeinde in ihrer Zusammensetzung noch sehr weit von der Gesamtbevölkerung entfernt, zum anderen gab es viel Diskussion um den Effekt der Selbstselektion.

Auch hier liegt der Kern der Problematik in den o.g. Zielsetzungen der klassischen Markforschung. Da man mit Online nur eine neue Einfragemechanik gefunden glaubte, aber am Prinzip der Befragung nichts geändert hatte, war der Anspruch nach Kompatibilität in allen Bereich nach wie vor sehr hoch. Idealerweise sollten die Ergebnisse daher eine soziodemografische Struktur aufweisen und verfälschende Einflüsse (Selbstselektion, etc.) weitestgehend ausgeschlossen werden.

Trotz aller Anlaufschwierigkeiten zeigt sich jedoch bald, dass Onlinebefragungen eine sinnvolle Erweiterung der bisherigen Marktforschung darstellt.

Speziell durch die deutliche Kosteneinsparung konnte man jetzt Marktforschung auch Kunden anbieten, die zuvor durch die hohen Aufwendungen abgeschreckt waren. Dies bedeutete ein nicht zu unterschätzende Markterweiterung.

Die Bestrebungen, diesen neuen Markt zu erschließen, wurde von zwei Seiten betrieben. Auf der einen Seiten waren es die etablierten Marktforschungsunternehmen, die sich des Thema annehmen und überlegten, wie sie die Möglichkeiten dieses neuen Mediums in ihr Dienstleistungsportfolio integrieren konnten. Nach ersten Experimenten folgte der anfänglichen Euphorie aber schnell Ernüchterung. Zu weit waren die zu erwartenden Ergebnisse in ihrer Validität von dem gewohnten Standard entfernt. Hinzu kamen technische Probleme, die um so schwerer wogen, da man keine Routine im Umgang mit Online-Technologie hatte. Die Folge war, dass man die Leistungen zumeist prinzipiell ins Angebot aufgenommen hat, aber man das Engagement beschränkt hielt. Mit weit mehr Energie verfolgten kleine Unternehmen das Ziel Online-Marktforschung zu etablieren. Zumeist fand sich hier sowohl technisches Know-how als auch ausreichendes Basiswissen im Umgang mit marktforscherischen Aufgabenstellungen. Gleichzeitig standen diese Unternehmen dem Internet viel näher als ihre klassischen Kollegen und waren daher schneller in der Lage, Online-spezifische Umsetzungen zu entwickeln.

So hat sich auch bei der Marktforschungsunternehmen schnell eine neue Klasse herausgebildet, die Online-Marktforscher. Vor allem ihr technische Know-how hat ihnen den Markteintritt zusätzlich erleichtert. Sie waren damit nicht nur in der Lage, Probleme schneller zu lösen, sie waren damit vor allem in der Lage, mit den relevanten Partner im Markt auch zu kommunizieren. Sie verfügten also im Gegensatz zu klassischen Marktforschern über die kommunikativen Schnittstellen, um mit Multimedia-Agenturen bzw. den Online-Abteilungen in Unternehmen zu diskutieren. Endlich hatte man einen Marktforscher, mit dem man auch über z.B. Systemkompatibilität sprechen konnte.

Auf unsere Objektmodelle bezogen, bedeutete das, dass die klassischen Marktforschungsobjekte es versäumt hatten, die notwendigen Schnittstellen zu den neuen Marktpartnern aufzubauen. Sie haben sich darauf verlassen, dass sie auch ihre neuen Leistungen mit den alten Partnern abzustimmen hatten. Die Tatsache, dass diese Fehleinschätzung in allen Objekten (Kunde, Dienstleiter, Medien) gleichermaßen anzutreffen war, machte es für die Beteiligten doppelt schwer, diese Entwicklung zu erkennen.

Im Gegensatz dazu haben die Online-Markforscher schnell erkannt, dass ihre zukünftigen Partner nicht in klassischen Agenturen sondern in Multimedia-Agenturen sitzen bzw. auf Seiten der Fachabteilungen, Internet in Unternehmen und Medienhäusern. Entsprechend haben sie sich in der Ausgestaltung ihrer Dienstleistungsangebote auf deren Ansprüche eingestellt. Man sprach die gleiche Sprache, man hatte das gleiche Problemverständnis und man arbeitet mit den selben Werkzeugen. Und man hatte auch einen ähnlichen Anspruch an die Ergebnisse.

Auf der Strecke blieb teilweise die empirische Qualität. Die exakte Aussage wurde immer mehr zur Tendenzaussagen. Aber auch das hat der Markt nicht negativ aufgenommen. Ganz im Gegenteil, das Schlagwort war „Time to market" und daher lag die neue Dienstleistungsausprägung voll im Trend.

An diesem Punkt war die erste Entwicklungsphase abgeschlossen. Es hatte sich ein neues Objektbündel herausgebildet. Nun gab es neben den klassischen Objektbündeln Marktforschung auch ein neues Objektbündel Online-Marktforschung, das zu seiner Stabilisierung auf den gleichen Mechanismus setzte, die Schnittstellendichte. Aber nach wie vor hatte sich die Grundmethodik, Personen für Befragungen auszuwählen (zu rekrutieren), nicht grundlegend verändert. „Haben Sie Lust und Zeit an einer Befragung teil zu nehmen?", so wurde auf vielen Web-Sites für Befragungen geworben. Daneben hat man auch versucht, den Panel-Ansatz ins Netz zu übertragen. Wie Pilze schossen Online-Panels aus dem Boden. Ein Problem ist jedoch bei aller Professionalisierung geblieben, die Qualität auf Basis des klassischen Ansatzes.

An dieser Stelle wenden wir uns einem anderen Bereich der Datenerhebung in Internet zu, der bisher nicht oder nur indirekt mit dem Begriff Marktforschung in Beziehung gesetzt wurde. Gemeint ist die statistische Kampagnenauswertung. Im Grunde ist diese Kampagnenauswertung nicht weiter als eine spezielle Form der Log-File-Analyse. Nur ist es hier nicht das Nutzungsverhalten auf der Web-Angeboten der Kunden, sondern ihr Verhalten im Umgang mit Werbemaßnahmen im Netz. Schnell stellt man fest, dass die sowieso auflaufenden Daten sich sehr gut zur Bewertung der jeweiligen Aktion eignen könnten.

Angefangen bei der Dokumentation von Clickraten wurden diese Auswertungen zunehmend komplexer. Einerseits wurden sie permanent um neue Werte wie z.B. alle Klassen des Post-Click-Trackings erweitert. Anderseits wurden hier erstmals neue Cluster eingeführt. Da die viel zitierte Sozidemografie nicht zur

Verfügung stand, musste man sich anderweitig behelfen. Die Suche hat nicht lange gedauert. Man übernahm einfach die logische Gliederung, die man auch in der Mediaplanung einsetzte. So wurden in der ersten Stufe die Themenbereiche zum Sortierkriterium. Wie funktioniert welches Themen-Umfeld in Relation zu welchem zu bewerbenden Produkt?

Parallel hat sich um die statistische Aufbereitung von Daten eine interpretierende Dienstleistung entwickelt. Also ein Service, der diese Zahlenpakete in sinnfällige Zielgruppeninformationen übersetzte. Und spätestens hier sah man, dass es eigentlich keinen wirklichen Unterschied mehr zum Anspruch der Marktforschung gab.

In beiden Fällen geht es im Kern darum, Verhaltensmuster in den relevanten Zielgruppen zu lokalisieren und zu interpretieren. Man wollte ursprünglich nur eine Systematik zur detaillierten Bewertung der Werbeträgerleistung bzw. zur Bewertung der unterschiedlichen Werbemittel und Kampagnen finden. Und plötzlich stellte man fest, dass man hier faktisch ein Super-Panel hatte. Und das beste daran, es verursacht eigentlich keine zusätzlichen Kosten und der Proband fühlt sich bei dieser Form der Kontrolle oder indirekten Abfrage vollkommen unbeobachtet.

Gleichzeitig hat das Ergebnis bzw. das aufgezeichnete Verhalten eine hohe Relevanz auf das Kaufverhalten, denn das Interesse der Zielgruppe an bestimmten Produkten ist ein sehr guter Indikator für die entsprechende Kaufbereitschaft.

Natürlich gibt es nach wie vor Bestrebungen, die gewohnten Cluster (Soziodemografie) wieder ins Rennen zu bringen, aber auch hier geht es mehr um die Konformität als die wirkliche Notwenigkeit bei der Interpretation der Ergebnisse. Vielmehr stellt man fest, dass sich die Kausalitäten in Bezug auf Werbewirkungsprozesse außerhalb der bisherigen Zielgruppenmodelle wiederfinden. Auch wenn man heute noch nicht abschätzen kann, welche Zusammenhänge sich nachhaltig aufzeigen werden, so sieht man doch deutlich, dass diesem Weg die Zukunft gehören wird. Nicht die theoretischen Modelle zwingen den Menschen in sein Verhalten, sondern sie verdecken oftmals nur den Blick auf die wirklichen Einflussgrößen.

Am Ende dieses kleinen Ausflugs in den Bereich der Kampagnenauswertung gilt es, noch festzuhalten, dass es die Mediaplaner waren, die, ohne es zu wollen, ein neues Marktforschungs-Modell entdeckt haben und nicht die Marktforscher. In vielen

Marktforschungsunternehmen und Abteilungen ist diese Version der Datenerhebung auch noch völlig unbekannt, so dass die Zahl der Unternehmen, die versuchen diese Disziplin zu professionalisieren, auch noch sehr überschaubar ist.

Was aus meiner Sicht jedoch so interessant ist an diesem Beispiel, ist die Tatsache, dass das Internet Veränderungen herbeiführt, die sich eben nicht linear abgezeichnet haben. Vielmehr sehen wir erst jetzt, dass neue Funktionalitäten oftmals das gesamte Set neue mischen.

Hier stehen wir derzeit !

Einige Thesen zur Entwicklung der Marktforschung in der Online-Welt

Nun lassen sich einige Fragen/Hypothesen für die zukünftige Entwicklung aufstellen:

1. **Werden zukünftig Online-Media-Agenturen eigene Marktforschungsdienstleistungen anbieten?**

Die Voraussetzungen wären sehr gut, zumal Online-Media-Agenturen ja die oben genannten Reports derzeit schon als Standardleistung anbieten. Der Schritt hin zur eigenen Marktforschung bedeutet daher im Grunde nur eine entsprechend veränderte Aufbereitung. Leider verfügen viele Agenturen heute noch nicht über das entsprechende Know-how bzw. über das entsprechende Personal. Gefragt wären daher Marktforscher oder etwa Soziologen, die es verstehen, die in Kampagnen gewonnenen Informationen in aussagekräftige Zielgruppenmodelle zu übersetzen. Natürlich haben heute die meisten Kunden noch keine genaue Vorstellung über den Mehrwert solcher Daten. Daher muss es auch zu den Aufgaben der Agenturen zählen, aus den gewonnen Informationen Optimierungsmethodiken abzuleiten, die dem Kunden einen nachvollziehbaren „geldwerten Vorteil" sichern.

2. **Werden Marktforschungsunternehmen mit Online-Media-Agenturen kooperieren?**

Auch diese Variante ist sehr wahrscheinlich. Sobald Marktforschungsunternehmen in breiter Front erkennen, wie wichtig der Zugang zu kampagnenbezogenen Daten sein kann, werden sie höchstwahrscheinlich die Nähe der entsprechenden Media-Agenturen suchen. Ob diese Zusammenarbeit fruchtbar ist, wird sich in der Praxis zeigen. Einen Vorteil bietet die Lösung. Die Kompetenten in der Interpretation von Daten wären schon vorhanden. Zudem wären Marktforschungsunternehmen sicher auch in der Lage, das Einsatzspektrum der über Online generierten Daten weiter zu erhöhen, da sie auch die Relevanz auf andere Untersuchungen abbilden könnten. Nicht zu unterschätzen die etablierte Absenderkennung.

3. Werden Kampagnen zukünftig stärker unter marktforscherischen Gesichtspunkten konzipiert?

Auch hier ist die Wahrscheinlichkeit sehr hoch, denn sobald eine Einsatzoptimierung auf Basis von kampagnenbezogenen Daten auch eine messbare Steigerung der Kommunikationsleistung zur Folge hat, wird man nicht mehr umhin können als diesen Informationen auch mehr Relevanz in der Planung zu geben. Denkbar wäre hier z.B., dass man zukünftig unterschiedliche Gestaltungslinien nicht mehr am grünen Tisch diskutiert, sondern sie schnell und sicher Online testet. Leider ist die Berührungsangst in Bezug auf Marktforschungsergebnisse gerade bei Kreativen immer noch sehr hoch. Ich könnte mir denken, dass hier die größten Barrieren zu finden sein werden, denn es ist kaum vorstellbar, dass sich ein Art Director seine Kreativleistung gerne durch Marktforschungergebnisse bewerten lässt. Aber auch hier ist es eine Frage der Argumentation. Wer es als Chance begreift, verlässliche Daten über die Akzeptanz seiner Vorschläge zu erhalten, um so seine eigene Arbeit zu verbessern, der wird hier zukünftig ein sehr leistungsfähiges Tool finden. Entscheidend wird es aber auch hier sein, welchen „geldwerten Vorteil" ein solches Verfahren dem Werbetreibenden sichert. Denn wie immer schafft der an, der auch die Zeche zu zahlen hat.

4. Werden die Akzeptanzdaten aus Online-Kampagnen auf die Gesamtkommunikation übertragen?

Das wäre zumindest wünschenswert. Da bei der aktuellen Zusammensetzung der Online-Nutzerschaft keine nennenswerten Unterschiede zur Gesamtbevölkerung mehr vorzufinden sind, sollten die Ergebnisse zumindest tendenziell übertragbar sein. Warum soll eine Argumentationslinie in Online auf eine grundlegend andere Akzeptanz stoßen als z.B. in Print. Wie es hier z.B. der Preis ist, der zählt, warum sollte es dann in einem anderen Medium plötzlich die Qualität sein? Das ist natürlich eine sehr vereinfachte Betrachtung, aber sie zeigt doch die Potentiale in Bezug auf den gesamt Marketingprozess auf. Vielleicht werden ein Grossteil aller Kampagnen schon bald standardmäßig im Netz getestet.

5. Werden Markforschungen zukünftig deutlich günstiger?

Ja. Wie schon aufgezeigt stehen die Basisdaten für diese neue Form von Marktforschung prinzipielle ohne Mehrkosten zu Verfügung. Die Kosten für die Dienstleistung entstehen also nur noch im Bereich der Datenaufbereitung und das sollte zu deutlichen Kostensenkungen führen. Das ist aber wichtig, wenn das Ziel eine kontinuierliche Erhebung sein soll.

6. Wird der Markt für sehr kostenintensive Einstellungsbefragungen schrumpfen?

Das könnte durchaus passieren, da ein Grossteil der geforderten Informationen zukünftig über Online zu beschaffen sind. Und warum mehr Geld ausgeben als nötig?

Betrachtet man diese Situation neutral, so haben wir auf alle Fälle ein sehr schönes Beispiel für eine strukturelle Veränderung eines Dienstleistungsbereichs durch Online. Diese Veränderungen werden sich voraussichtlich auch nicht nur bei den Marktforschungsdienstleistern abzeichnen. Vielleicht ist der Online-Mediaplaner zukünftig ein Stück weit Marktforscher. Aber diese Entwicklung kann auch dazu führen, dass Marktforschung in dieser neuen Form deutlich mehr Einfluss auf Marketingentscheidungen nimmt. Der Glaube wird durch Wissen ersetzt.

Entscheiden heute noch Marketingleitung und Agentur (oftmals) sehr subjektiv über richtige Kommunikation, so könnte hier die reale Kampagnen-Akzeptanz-Leistung die primären Entscheidungsgrundlagen bieten. Zumal schon sehr kleine Tests ausreichen, um aussagekräftige Ergebnisse zu liefern, und das auch noch „Just in Time".

3

Online-Werbung

Von Arndt Groth

WWW, drei Buchstaben, die die Kommunikation veränderten. Kaum ein Unternehmen, das nicht im Internet vertreten ist. Immer häufiger verweisen andere Medien, Print oder TV, auf zusätzliche Informationen oder Kontaktmöglichkeiten im weltweiten Netz. Innerhalb weniger Jahre entstand eine neue, eine virtuelle Welt. Die Geschwindigkeit dieses Umbruchs ist ebenso einmalig wie das Medium selbst. Von der Gesellschaft ist das Internet als schnelle und attraktive Kommunikationsform adaptiert, sie hat sich auf die breiten Anwendungs- und Nutzungsmöglichkeiten eingelassen. Mit stetig wachsenden Teilnehmerzahlen und neuen innovativen technischen Verknüpfungen wird sich das Netz immer stärker in den Alltag integrieren und damit an Bedeutung gewinnen.

Dabei hat Marketing einen großen Anteil an Aufbau, Bestand und Fortentwicklung der Online-Medien, denn ohne Werbung würde es das Internet in seiner heutigen Form nicht geben, wäre die Zukunft des Mediums in Frage gestellt. Schon 1995 war Marketing die treibende Kraft. Die ersten Internet-Anzeigen, etwa im elektronischen Kultmagazin Hotwired (http://www.hotwired. com), brachten das notwendige Geld in die Kassen der Betreiber von Online-Auftritten. Die an Flaggen erinnernden Anzeigenstreifen, deshalb Banner, waren einfache Graphiken, die weder animiert noch mit einem Link versehen waren. Oft wurde nur das Unternehmenslogo gezeigt und schnell wurde klar, dass man die Banner „verlinken" und durch kleine „Filmchen" ihrem statischen Zustand entreißen konnte. Im gleichen Maße, wie sich die Technik entwickelte und neue Werbeformen entstanden, wuchs auch das Interesse der Werbetreibenden am Internet.

In Deutschland fiel T-Online durch seine den Markt beherrschende Stellung aus der Monopolzeit der Telekommunikation die Rolle des Internet-Wegbereiters zu. In Weiterentwicklung des vorangegangenen BTX-Dienstes wurde ein Online-Portal für alle T-Online-Kunden erstellt, das neben eigenen Marketing-Aktionen der Telekom schnell auch Platz für andere Werbung bot. Zu den großen Providern, T-Online und AOL, positionierten sich auch Verlage, das Fernsehen, Service- und Dienstleister sowie Themen gebundene Anbieter im Internet und boten Plattformen für Information, Kommunikation sowie Marketing und Werbung. Insbesondere die Verlage waren auf Grund ihres Know-hows im Anzeigengeschäft in der Lage, die Online-Werbung wirtschaftlich zu händeln, was zur Gründung der ersten Vermarktungsgemeinschaften führte. So etwa beim Axel Springer Verlag, der mit seinem Bereich Interactive Media die größte Vermarktungsgemeinschaft im deutschsprachigen Internet aufbauen konnte. Zugkräftige Online-Titel wie „Welt online" und „Bild online", Suchmaschinen und Spartenangebote wie „verreisen.de" und andere waren hier gebündelt. Derartige Angebote führten zu einem enormen Anwachsen der Marketingaktivitäten im Internet. Passgenau und zielgruppengerecht konnten Werbungtreibende ihre Botschaften und ihr Sponsoring auf einige hundert Millionen PageImpression und Visits verteilen.

Trotz aller negativen Begleiterscheinungen, Einbrüche an am Neuen Markt, Insolvenzen auch führender Internet-Firmen oder Einstellungen ganzer Web-Angebote, wuchs das Internet unbeirrt weiter. So ist inzwischen mehr als jeder zweite Erwachsene im Privat- oder Arbeitsleben „online", und so mit der virtuellen Parallel-Welt des Internet verbunden. Die vielen Möglichkeiten, sich hier zu informieren und zu kommunizieren - allen voran die E-Mail-Funktionen - tragen zu dem ungeheuren Erfolg des neuen Mediums bei. Nach aktuellen Untersuchungen des Verbandes Deutscher Zeitungsverleger (VDZ) waren im Jahr 2001 über 28 Millionen Deutsche „am Netz". Das entspricht einem Nutzungsgrad von 43,8 Prozent, wobei von 18,3 Prozent aller Deutschen (das sind 11,7 Millionen) das Internet täglich genutzt wird; 14,3 Prozent (9,1 Mio.) sind mehrmals wöchentlich, 4,6 Prozent (3 Mio.) einmal wöchentlich und nur 6,6 Prozent (4,2 Mio.) seltener online im Internet. Für die 56,2 Prozent aller Deutschen, die die Gruppe der Nichtnutzer ausmachen, gilt die Werbeaussage „Wir kriegen sie alle". Denn es ist nur noch eine Frage der Zeit, wann die weiter steigenden Nutzerzahlen denen des Fernsehens entsprechen.

Vergleicht man das Internet mit dem Print-Sektor, so übertreffen die aktuellen Online-Nutzerzahlen bereits die Auflagenhöhe sämtlicher deutscher Tageszeitungen (4. Quartal 2001, IVW). Das Internet ist also nicht nur virtuell ein interessanter Markt für Werbung und Sponsoring, es ist tatsächlich ein erfolgreiches

Massenmedium, das in nur wenigen Jahren erstaunliche Reichweiten erzielt hat. Was sich dabei für die werbende Wirtschaft als vorteilhaft erweist, ist die ausgesprochen treffsichere Zielgruppenansprache. Nicht nur, weil sich im Internet die für Werbung besonders interessante Gruppe der jüngeren Verbraucher erreichen lässt. Vor allem die klare Aufteilung nach Sparten und Interessen macht Werbung im Internet überaus attraktiv. Was sich im Wust einer etwa 60 Seiten umfassenden Wochenendausgabe einer Tageszeitung nur mühsam an Informationen herausklauben lässt, kann im Internet mit wenigen Klicks zum gewünschten Ergebnis führen. Sport, Wirtschaft, Klatsch und Servicethemen finden sich einerseits bei den entsprechenden Sparten-Sites und andererseits in den übersichtlichen Rubriken der großen Info-Portale.

3.1   Online-Marketing - Werbeformen im Internet

Von Arndt Groth

Seit Schaltung des ersten Werbebanners haben sich die Werbeformen im Internet enorm ausgeweitet. Zwar gibt es immer noch Banner und Buttons zu buchen, und beide gehören zu den ausgesprochenen Rennern, doch immer häufiger werden ausgefeilte Techniken und neue Ideen eingesetzt. Um die gesamte Palette der aktuell am Markt zu buchenden Online-Werbeformen aufzuzeigen, werden hier der Einfachheit halber die Angebote von Interactive Media vorgestellt.

Bannerwerbung ist die älteste und die noch immer gebräuchlichste Werbeform im Internet. Sie sind statisch oder animiert und werden nach Full- (468 x 60 Pixel) und Halfbanner (234x60 Pixel) unterschieden. Ihren Erfolg verdanken die Banner einem umfassenden Angebot an Werbeplätzen sowie ihrer Anpassungsfähigkeit. Neben den GIF-Standardbannern können nämlich ebenfalls Rich-Media-Formate wie HTML-, DHTML- oder Flash-Banner eingesetzt werden, die interaktive Elemente oder Filmsequenzen ermöglichen. Das gilt grundsätzlich auch für die in der Beliebtheit nächst folgende Werbeform: die Buttons. Buttons lassen sich leicht überall platzieren und eignen sich hervorragend, um zu den mit ihnen verlinkten Websites der Anbieter zu führen.

Neben diesen etablierten Werbeformen haben sich in den vergangenen Jahren immer pfiffigere Techniken entwickelt, die als Ergänzung oder für sich allein kleine unterhaltende oder informierende Bausteine innerhalb aufgerufener Websites bilden. Pop-Up-Windows in Größen von 250 x 200 oder 250 x 400 Pixel sind dafür ein Beispiel. Sie öffnen sich mit dem Aufruf einer Website und bleiben während des Seitenaufbaus der Site sowie danach als zusätzliche Info über der Site stehen. Ähnlich die mit maximal 800 x 600 Pixel größer ausfallenden, zumeist flashanimierten Pop-Under-Windows, die während des Seitenaufbaues kurz zu sehen sind, um dann hinter der aufgerufenen Site stehen zu bleiben. Beim Verlassen der Website wird das Pop-Under-Window wieder sichtbar

Der Newsletter ist ein weiteres Angebot, mit dem sich eine möglichst große Anzahl von Abonnenten erreichen lässt. Newsletter werden häufig von Website-Betreibern erstellt, so dass es neben der Website auch den Newsletter zur Site gibt. Werbungtreibende haben die Möglichkeit über einen vorgegebenen Bereich (beispielsweise 6 Zeilen je 70 Zeichen) ihre Werbebotschaft zu kommunizieren, die dann zusammen mit den redaktionellen Informationen verschickt wird. Die Frequenz der Versendung hängt vom Betreiber ab und kann täglich, wöchentlich, monatlich oder auch Quartalsweise erfolgen.

Mit Interstitials, im Fullscreen-Format des aktuellen Browserfensters kurzzeitig eingeblendet, kann mit hohem Aufmerksamkeitsgrad auf werbliche Inhalte verwiesen werden. Nach Ablauf der Werbeeinschaltung gelangt der User automatisch an seine letzte Position zurück, sofern er nicht mit dem Interstitial interagiert hat, um zur Website des Werbungtreibenden zu gelangen. Ein Interstitial ähnelt im Charakter und seiner Werbewirksamkeit der Unterbrecher-Werbung dem klassischem TV-Spot. Das Superstitial ist mit seinen maximal 800 x 600 Pixel einem Pop-Up vergleichbar. Häufig flash-animiert ist sein Einsatz auf Seiten mit höherer Verweildauer zu empfehlen. Während der User auf der Site surft, lädt sich im Hintergrund bereits das Superstitial. Sobald das Superstitial komplett geladen ist, wird automatisch, bzw. beim nächsten Klick, in einem weiteren Browserfenster die Werbung eingespielt. Flash-Spots ermöglichen wie bei einem TV-Spot die Übermittlung von emotionalen Botschaften.

Für Websites, die aufgrund ihres Aufbaues am rechten Rand einen ungenutzten Bereich frei lassen, ist der Skyscraper die ideale Werbeform, etwa geeignet für Brandingzwecke. Mit einer Größe von 150 x 590 Pixel ergänzen sie den Hauptbereich der Site und erreichen eine hohe Aufmerksamkeit. Ebenfalls den rechten Rand einer Website nutzt das StickyAd. Diese anklickbare Werbeform (150 x 200 Pixel) scrollt zusammen mit dem Content der Site und bleibt so jederzeit sichtbar. Das Pulldown StickyAd (max. 150 x 590 Pixel) ist wie das StickyAd eine am rechten Bildschirmrand neben dem Content mitscrollende, anklickbare Werbeform. Es wird jedoch begrenzt ausgespielt und kann durch einen zusätzlichen, klickbaren Button komplett dargestellt werden.

Das Cursor-Icon (ca. 35 x 35 Pixel) ist besonders pfiffig und in erster Linie für Branding empfehlenswert. Gebunden an eine bestimmte Seite, erscheint angehängt am Mauszeiger ein zusätzliche Grafik oder Text (etwa ein Logo oder Claim). Das Format ist in der Regel GIF/JPG, aber auch andere Formate, wie z.B. Flash, sind möglich.

Das Billboard lässt sich als große (200 x 400 Pixel) und prominent platzierte Werbeform innerhalb des Content einer Website

einsetzen. Besonders hervorgehoben, etwa in der Navigationsleiste platziert oder redaktionell mit Überschrift eingebunden
können unterschiedliche Inhalte kommuniziert werden und sind
weitere Zusatzanwendungen möglich.

Hohe Aufmerksamkeit und aktuelle Informationen vermittelt das
Ticker Laufband, das ähnlich wie im Fernsehen auf einer Websi-
te eine durchlaufende Information implementiert. Damit lassen
sich Informationen und auch Werbung abspielen. Ein geringer
Aufwand für den Werbungtreibenden, da lediglich Angabe des
Werbetextes und die gewünschte Verlinkung notwendig sind.
Die Einspielung aktueller News ist ebenfalls möglich.

Mit redaktionellen Kooperationen lässt sich Event- und Special-
Sponsoring schalten. So erhält der Werbungtreibende die Mög-
lichkeit, seine "Marke" innerhalb eines affinen redaktionellen
Umfeldes prominent und möglichst großflächig zu platzieren.
Hierbei werden in der Regel textliche, grafische oder akustische
Elemente des Sponsors in die Site eingebunden. Das Online-
Sponsoring soll dabei getrennt oder im Mix mit den klassischen
Sponsoring-Maßnahmen das Image des Sponsors positiv beein-
flussen. Die Sponsoringausprägung kann von einfachen Zusätzen
wie "Sponsored by" oder "Powered by" bis hin zur Präsentation
gesamter Themen-Channels (ggf. sogar vom Sponsor selbst zuge-
lieferter Content) im "look&feel" des Sponsors reichen.

Mit Kooperationen (E-Commerce, Jumppage) haben Wer-
bungtreibende auch die Möglichkeit, ihre Websites oder Shops
(E-Commerce) auf Objekte aus dem Angebot der Online-
Vermarkter anbinden zu lassen. Das lenkt Traffic auf die Sites
der Werbungtreibenden und unterstützt die Bekanntheit dieser
Site sowie den Vertrieb der beworbenen Produkte und Dienstleistungen. Das „Anteasern" geschieht in der Regel über gängige
Werbeformen (Banner, Buttons, Textlinks) auf der Partner-
Website, über die das Angebot der Werbungtreibenden dann erreichbar ist. Die Verlinkung kann direkt oder über eine Über-
gangsseite (die so genannte Jumppage) erfolgen.

Beim Microsite-Advertising wird eine Art Zwischenseite speziell
dafür konzipiert, um mit dem Werbebanner, der auf die Microsite
verlinkt, zusammen zu funktionieren. Eine Microsite gelangt
meist nur während einem befristeten Zeitraum zum Einsatz, wie
etwa für Wettbewerbe, Messen, Events oder Verkaufsförde-
rungsmassnahmen. Unter Keyword-Advertising wird die Verbindung zwischen eingegebenem Suchbegriff und den auf der
Suchergebnisseite erscheinenden Werbeformen verstanden. So

können Werbungtreibende bestimmte Such-Begriffe zum Teil exklusiv buchen, um nur diesen Nutzern beispielsweise ihr Werbebanner zu zeigen. Der Vorteil beim Keyword-Advertising, liegt in der Vermeidung von Streuverlusten durch direkte Ansprache der Zielgruppe, denn durch seine Suchanfrage zeigt ein Nutzer sein Interesse an einem bestimmten Thema, einer Dienstleistung oder einem Produkt.

Video-Presentership ist ein in verschiedenen Formaten (*.mov, *.rm, *.avi etc.) eingespielter Werbe-Film (Video). Dieser kann grundsätzlich in den Standard- Bannergrößen aber auch anderen Größen dargestellt werden und wird einem über die Website angebotenem Video vorgeschaltet. Zum Abspielen ist ein Real-Player, bzw. Media-Player notwendig.

Messbarer Werbeerfolg im Internet

Von Arndt Groth

Schon Henry Ford wusste nicht, ob und wie sein für Werbung eingesetztes Geld wirkte. Mit der Unsicherheit der Überprüfung von Werbeerfolgen hat das Internet ein wenig aufgeräumt. Denn hier kann jeder einzelne Nutzer in seinem Nutzungsverhalten überprüft werden. Visits und PageImpressions oder Clicks sind nachmessbare und abfragbare Größen. Während bei der Print-Werbung ungewiss bleibt, ob eine Anzeige vom Leser gesehen oder die Zeitung überhaupt aufgeschlagen wurde, kann der Weg des Surfers durchs Internet Click für Click verfolgt werden. Das hat zwar auch noch Unsicherheiten, ist aber im großen und ganzen weitaus aussagekräftiger als etwa die Leseranalyse einer Tageszeitung.

Als „Währung" der Werbung im Internet werden hauptsächlich die beiden IVW-Verfahren PageImpressions (PI) und Visits herangezogen. Inzwischen werden aber auch andere Verfahren genutzt, die im Folgenden beschrieben werden. Die PageImpressions bezeichnen dabei die Zahl der Seitenkontakte. Vereinfacht kann man sagen: „So oft wurde die Seite angesehen." Die Visits beschreiben die Zahl der Besuche (nicht Besucher) einer Web-Site. Vereinfacht könnte man auch sagen: „So oft wurde die Site ri die Hand genommen."' Dieser Wert ist im weitesten Sinne mit einer Reichweite vergleichbar. Dabei wird immer die Brutto-Reichweite, nicht die Netto-Reichweite ausgewiesen, da keine "unique user" ermittelt werden können.

PageImpressions (früher PageViews) bezeichnen die Anzahl der Sichtkontakte beliebiger Benutzer mit einer potentiell werbeführenden HTML-Seite. Sie liefern ein Maß für die Nutzung einzelner Seiten eines Angebotes. Enthält ein Angebot Bildschirmseiten, die sich aus mehreren Frames zusammensetzen (Frameset), so gilt jeweils nur der Inhalt eines Frames als Content. Unter Frames ist die Aufteilung der Bildschirmansicht einer Homepage in zwei oder mehrere Bereiche zu verstehen. Frames werden in der Regel aus Navigationsgründen eingesetzt, das heißt, klickt sich ein Benutzer auf eine andere Ebene des Internetangebotes, so bleibt in der Regel ein Frame mit Navigationselementen sichtbar. Der Erstabruf eines Framesets zählt daher nur als ein PageImpression, ebenso wie jede weitere nutzerinduzierte Veränderung des entsprechenden Content-Frames. Demnach wird pro Nutzeraktion nur ein PageImpression gezählt. Zur definitionsgerechten Erfassung der PageImpressions verpflichtet sich der Anbieter, den gekennzeichneten Content jeweils nur in einen Frame pro Frameset zu laden.

Ein Visit bezeichnet einen zusammenhängenden Nutzungsvorgang (Besuch) eines WWW-Angebots. Er definiert den Werbeträgerkontakt. Als Nutzungsvorgang zählt ein technisch erfolgreicher Seitenzugriff eines Internet-Browsers auf das aktuelle Angebot, wenn er von außerhalb des Angebotes erfolgt.

Die Zahlen ermöglichen den „Auflagen-Vergleich" der Werbeträger. Es handelt sich jeweils nur um die Gesamtzahl aller abgerufener Seiten – das gesamte buchbare Volumen des Werbeträgers. In der Praxis wird kaum die Gesamtauflage eines Werbeträgers gebucht. Die Werbeträger teilen ihre Objekte in unterschiedliche (zielgruppenspezifischere) Belegungseinheiten. Und selbst diese Belegungseinheiten werden mittlerweile oft nicht mehr vollständig gekauft. Mit Hilfe von AdServern ist es möglich, konkrete Kontaktsummen anzubieten. Diese könnten prinzipiell durch die PageImpressions ausgedrückt werden.

Bei Layouts mit Frame-Technik kommt es dabei jedoch mitunter zu Irritationen. Deshalb wurde von den Agenturen und Werbetreibenden ein weiterer Wert gefordert: die AdImpression. Damit wird die Anzahl der Sichtkontakte beliebiger Benutzer mit einem Online-Werbemittel bezeichnet. Bei Frames-Angeboten zählt jede nutzerinduzierte Veränderung des Content-Umfeldes gleichfalls als AdImpression für das entsprechende Werbemittel. Ausgewiesen werden die AdImpressions pro Werbemittel. Damit handelt es sich bei den AdImpressions um eine kundenspezifische Abrechnungsgröße.

Zur Steuerung und Kontrolle von Internet-Advertising-Kampagnen sind die AdImpressions wesentlich wichtiger als die PageImpressions, die ja im weitesten Sinne nur Auskunft über die allgemeine Attraktivität einer Website Auskunft geben. Bei den AdImpressions dagegen, erhält der Werbetreibende eine exakte Größe, wie oft sein Werbemittel "ausgestrahlt" wurde.

Aus den AdImpressions und der Anzahl der AdClicks leitet sich letztendlich eine weitere wichtige Kenngröße ab: die AdClick-Rate. Diese ergibt sich aus dem Verhältnis von MouseClicks auf die Werbemittel (die Anzahl der Weiterleitungen der Nutzer von der Website des Werbeträgers auf das Internet-Angebot des Anzeigenkunden) und der ausgelieferten Banner. Beim Start des Internet-Advertising 1995 lagen die AdClick-Raten noch bei 5-10 Prozent, in der Zwischenzeit sind AdClick-Raten durchschnittlich eher bei 0,X Prozent anzutreffen.

Aus den USA kommt ein ganz anderer Ansatz der Reichweiten-messung. Wie schon erwähnt kann die IVW keine Aussage über die Netto-Reichweite eines Online-Angebotes machen. Anders Media Metrix, das durch die Einrichtung eines Panels die Nutzungsgewohnheiten der Panelmitglieder auswertet. Hierdurch kann die Netto-Reichweite von Websites eindeutig bestimmt werden.

Für den Werbungtreibenden ist der Abruf von Informationen über die Nutzung seiner Werbeauftritte denkbar unkompliziert. Die AdServer-Technologie ermöglicht den jederzeitigen Online-Zugriff auf eine Vielzahl von Daten, die über den Werberfolg Auskunft geben. So bietet etwa Interactive Media wie auch andere Vermarkter den Abruf solcher Informationen über den zentralen Adserver. Per Online-Reporting können tagesaktuelle Übersichten der Kampagnen eingesehen werden. Zur Verfügung stehen über 50 Optionen, nach denen das Reporting erstellt werden kann.

Die Vielfalt der Werbeformen im Internet haben das Medium für Werbeauftritte außerordentlich interessant gemacht. Die Möglichkeiten, Texte, Bilder, Ton und Film zu integrieren, sowie Feedback und Kommunikation einzubinden, sind in der Werbelandschaft einmalig. Und dass dazu fast alles messbar wird und sich quantifizieren lässt, ist geradezu revolutionär.

Die Attraktivität von Online-Werbung begründet sich vor allem in den breiten Anwendungsmöglichkeiten, die das Internet bietet. Nur noch begrenzt durch die Übertragungsgeschwindigkeit lassen sich bewegte Bilder in Videoqualität darstellen, sind Musik und Ton sowie zahlreiche interaktive Werbeformen kein Problem. Das Streaming gewinnt daher in der Beliebtheit bei Werbungtreibenden wie bei den Internet-Nutzern an Bedeutung.

Live-Bilder, Quicktime-Movies oder Videos werden zunehmend eingesetzt, um Botschaften im Look und Feel des Fernsehens auf den Computer-Bildschirm zu zaubern. Die einst als Sensation gefeierten Web-Cams mit Bildern aus allen Ecken der Welt waren nur der Anfang dieser rasanten Entwicklung. Heute ist ein im TV gezeigter Werbespot ebenso im Internet zu verfolgen und lässt sich zudem noch durch ergänzende Informationen und mit zusätzlich angebotenen Kontaktmöglichkeiten ausweiten. Die notwendigen Erweiterungen für die Betrachtung solcher Online-Werbeformen sind zumeist im Umfang des Web-Browsers enthalten oder lassen sich mit wenigen Klicks parallel aus dem Internet herunter laden.

Damit ist das Spektrum der Online-Werbung erheblich größer geworden. Und für die Werbungtreibenden sogar einfacher. Statt eigens für den Online-Auftritt und für Websites zu produzieren, kann der ohnehin vorhandene Werbespot für das Internet konvertiert werden, und so im TV-Werbefenster der gebuchten Site abgespielt werden. Dabei übernehmen die Online-Vermarkter oftmals sogar die Adaption des Videomaterials für die Darstellung im Internet.

Geradezu revolutionär ist die Fortsetzung der Streaming-Entwicklung, wie sie erstmals auf der CeBit 2002 von T-Online und Interactive Media vorgestellt wurde. Mit T-Online Vision ist die vorerst beste Umsetzung von Multimedia im Internet gelungen. Filme, Musik-Videos, Spiele, Information und Unterhaltung sind in hoher Perfektion über die Breitband-Technologie (T-DSL) abrufbar, aber auch schon mit ISDN-Leitungen darstellbar. Kurz: ein einzigartiges Programm aus Unterhaltungs- und Informations-Angeboten, das sich durch eine hohe Qualität, komfortable Bedienung und zusätzliche Funktionen wie Programm-Guide auszeichnet. Ein genialer Weg für neue Werbeformen im Internet ist damit eröffnet und das Surfen im Internet zu einem ganz neuen Erlebnis geworden.

Informationen mit aktuellen Nachrichten und Magazinen, Sport mit Interviews, Berichterstattung und Hintergrundinformationen, Spiel mit Games-on-Demand und interaktiven Game Shows, Musik als Web-Radio oder aktuelle Musikvideos und Konzertmitschnitte, Kino mit Kurzfilmen, Serien und interaktive Filme, all das bietet T-Online Vision und ist damit eine einmalige Plattform für Online-Werbung. Wer aktuell im Internet werben will, sich an die Zugkraft von Unterhaltung anhängen oder Sparten wie Reise, Kultur und vieles andere mehr nutzen möchte, hat mit diesem Internet-Portal einen hoch attraktiven Ort gefunden. Ob dabei mit den Möglichkeiten der Multimedia geworben wird oder ob lediglich die hohe Attraktivität der Site für herkömmliche Bannerwerbung genutzt wird, spielt nicht die entscheidende Rolle, denn allein schon die hohe Aufmerksamkeit bestimmt hier den Effekt.

3.3

*Unterschied
Werbung in
traditionellen
Medien vs. im
Internet im
Hinblick auf
Erfolgsmessung*

Erfolgsmessung von Internet-Werbekampagnen

Von Yvonne Mannan und Tobias Wegmann

Erfolgsmessung – Begriffsklärung

Mit der Werbung wird versucht, über den Einsatz von Werbemitteln in Massenmedien, die in Frage kommende Zielgruppe in ihren vorgelagerten psychischen Größen und Verhalten so zu beeinflussen, dass die Entscheidungen der Zielgruppe in der Produkt- oder Dienstleistungswahl zugunsten der Werbungtreibenden ausfallen und somit übergeordneten unternehmenspolitischen Zielen wie etwa der Absatzförderung dienen.[5] Mit der Definition unterschiedlicher Kommunikationsformen[6] nach Steffenhagen kann die Werbung von den anderen Instrumenten der Kommunikation, wie Direkt-Kommunikation, Public Relations und Sponsoring nur dadurch abgegrenzt werden, indem man auch auf das raum-zeitliche Umfeld, die beteiligten Kommunikatoren und Adressaten und unter Umständen auch auf die inhaltlichen Aspekte der Botschaft achtet. Demnach unterscheidet sich die Werbung von der Direktkommunikation dadurch, dass die Werbung zwar eine unpersönliche und einseitige Kommunikation ist, die mittels Wort-, Schrift-, Bild- und/oder Tonzeichen versucht, vorgelagerte psychischen Größen und Verhalten zu beeinflussen. Der Unterschied zur Direktkommunikation besteht darin, dass die Werbung sich an ein disperses[7] Publikum richtet, also

---

[5] Vgl. Nieschlag/Dichtl/Hörschgen: Marketing, 1997, S. 531-532; vgl. Becker: Marketing-Konzeption, 1993, S. 469; vgl. Behrens, K. Ch.: Absatzwerbung, 1963, S. 11-14; vgl. Kotler & Bliemel: Marketing-Management, 1995, S. 908; Gutenberg: Grundlagen der Betriebswirtschaftslehre - Der Absatz, 1979, S. 356-371; vgl. Behrens, G.: Werbung, 1996, 1-6.

[6] Vgl. Steffenhagen: Kommunikationswirkung, 1983, S. 20-30; zit. n. Bruhn: Kommunikationspolitik, 1997, S. 11. K. sind gedanklich isolierbare Dimensionen, die einen Kommunikationsvorgang charakterisieren können.

[7] Vgl. Noelle-Neumann, Schulz & Wilke: Fischer Lexikon, Publizistik/Massenkommunikation, 1989, S. 103. Zitat von Maletzke (1979, S. 4):"Gemeint ist damit eine große Zahl von räumlich getrennten Individuen oder kleinen Gruppen, die eine durch ein Massenmedium verbreitete öffentliche Aussage empfangen."

das Publikum nicht namentlich anspricht, um unternehmenspolitische Ziele zu verfolgen.

Deshalb werden die Werbemittel nach dem Aspekt des größten Berührungserfolges auf Massenmedien platziert. Der Berührungserfolg ist von der Reichweite (wie viele Personen werden erreicht) und der Kontaktmenge (wie häufig wird das Werbemittel wahrgenommen) und je nach operativem Zwischenziel[8] von der Kontaktqualität (welche Zielgruppe wird erreicht) abhängig. Der Berührungserfolg ist zwar ein notwendiges, aber kein hinreichendes Ziel der Werbung.[9] Ein solches ist das Erreichen einer kommunikativen Wirkung, die nicht immer eindeutig von übergeordneten unternehmenspolitischen Zielen abzugrenzen ist.[10]

Viele Autoren teilen die kommunikative Wirkung in ökonomisch und psychologisch (außerökonomisch) ein.[11] Diese Unterscheidung besagt nicht, dass es sich um alternative Wirkungsebenen handelt. Vielmehr ist die psychologische Werbewirkung als ein Vorläufer der ökonomischen zu verstehen.[12]

Die psychologische Werbewirkung bezieht jede Art von Reaktion des Konsumenten (Response) auf einen gesendeten Werbereiz (Stimuli) ein. Es ist die Betrachtung von sogenannten Reiz-Reaktionsschemata. Die Reaktion kann äußeres, beobachtbares (offenes) oder inneres, nicht beobachtbares Verhalten einschließen. Folglich umfassen alle Dimensionen innerer oder äußerer Vorgänge potentielle Werbewirkungen, die mittelbar zum Kauf führen können.[13]

---

[8] Vgl. Gutenberg: Grundlagen der Betriebswirtschaftslehre – Der Absatz, 1979, S. 372-379. Gutenberg unterscheidet zwischen der Erhaltungs-, Stabilisierungs-, Expansions- oder Einführungsmaßnahme; zit. n. Schmalen: Kommunikationspolitik, 1985, S.15.

[9] Vgl. Schmalen: Kommunikationspolitik, 1985, S. 15-18.

[10] Vgl. Nieschlag, Dichtl & Hörschgen:Marketing, 1997, S. 577.

[11] Vgl. Nieschlag, Dichtl & Hörschgen:Marketing, 1997, S. 577-579; vgl. Kotler/Bliemel: Marketing-Management, 1995, S. 988-1000; vgl. Behrens, G.: Werbung, 1996, S. 151-153; Freter: Mediaselektion, 1974, S. 36-43.

[12] Vgl. Nieschlag, Dichtl & Hörschgen:Marketing, 1997, S. 577.

[13] Vgl. Steffenhagen: Wirkungen der Werbung, 1996, S. 6.

Die **ökonomische Werbewirkung** hingegen stellt den Werbe-aufwendungen monetäre Größen wie Absatz, Umsatz und Ge-winn gegenüber. Dieses impliziert, dass die Werbung sich unmit-telbar auf die Kaufhandlung bezieht. Die Werbung wird in die-sem Sinne als Investition betrachtet, die einen Kommunikations-ertrag (Umsatzänderung) oder einen Kommunikationsgewinn er-zielen soll (Differenz zwischen Werbeaufwendungen und Um-satzänderung). Diese Überlegung ist unzulässig, da die Umsatz- oder Absatzänderung nicht eindeutig der Werbung zugerechnet werden kann. Andere Instrumente im Marketing-Mix wie die Produkt- oder die Preispolitik können das Konsumentenverhal-ten ebenso gut beeinflussen wie die Kommunikation durch Wer-bung. Aufgrund dieses Zurechnungsproblems[14] und der fehlen-den Operationalität erscheint die Heranziehung der psychologi-schen Werbewirkung als Kriterium der Werbeerfolgskontrolle sinnvoller.[15]

Vergleichbarkeit und Unterschied in der Messbarkeit von Werbeerfolg im Internet vs. traditionelle Medien

Die Internetwerbung wird durch mehrere Merkmale gekenn-zeichnet: die Integration in eine Website eines Werbeträgers, zumeist das rechteckige Format[16], die Nähe zum Betrachter (Be-trachter ist auf den Bildschirm fixiert) und die Interaktionsmög-lichkeit (Klick auf die Werbung) durch den Betrachter. Ferner ist das Betrachten der Werbung auch mit Kosten verbunden, mit unterschiedlichen Darbietungszeiten aufgrund verschiedener Ü-bertragungsraten und mit unterschiedlichen Darstellungsformen wegen verschiedener Browser-Versionen. Dies sind Merkmale, die die Internetwerbung von klassischen Werbeformen unter-scheidet. Aus den Unterschieden zu klassischen Werbeformen können sich andere Wirkungsparameter ergeben. Im Prinzip las-sen sich zwei unterscheiden: Direct Response (Klick auf die Werbung) und kommunikative Wirkungen[17], wie man sie aus

---

[14] Vgl. Nieschlag, Dichtl & Hörschgen, 1997, S. 578; vgl. Behrens, G.: Werbung, 1996, S. 153; vgl. Freter: Mediaselektion, 1974, S. 41-43. Auch zu weiteren Zurechnungsproblemen.

[15] Vgl. Nieschlag, Dichtl & Hörschgen, 1997, S. 579.

[16] Es gibt verschiedene Formate. Einige haben sich mittlerweile eher durchgesetzt als andere.

[17] Wird in weiteren Verlauf des Textes als Synonym für psychologische

der klassischen Werbewirkungsforschung kennt.[18] Während der Erfolg des Direct Response z.B. mit der Klickrate[19] (Click-Through-Rate; weitere Leistungskriterien werden im Folgenden eingehender betrachtet) im Internet direkt (ohne Medienbruch) und genau gemessen werden kann, ist die Ermittlung des Werbeerfolges von kommunikativen Werbewirkungen nur über die indirekte Methode der Befragung, ähnlich den Methoden der traditionellen Medien, möglich.

Unter traditionellen Medien versteht man z.B. Fernsehen, Hörfunk, Print und Plakate. Um Erfolgsmessung in traditionellen Medien zu verstehen, muss zunächst Werbung in traditionellen Medien näher erläutert werden. In diesen Medien erfolgt Werbung unidirektional, d.h. eine unmittelbare Reaktion kann auf Werbung in traditionellen Medien nicht erfolgen (Ausnahme: Videotext). Um auf diese Werbung reagieren zu können, benötigt man ein anderes Medium, z.B. Post oder Telefon. Die Konsequenz ist ein Medienbruch,[20] der eine direkte Messung des Werbeerfolges nicht ermöglicht.

Leistungs-kriterien /-maße Allgemeinverbindlich anerkannte Definitionen für Messgrößen zur Quantifizierung von Medien- und Werbeleistung im Internet existieren bis zum jetzigen Zeitpunkt nicht. Von der IVW[21] wurden einige Definitionen erarbeitet, die aber weder vollständig exakt sind, noch die komplette Skala an benötigten Maßeinheiten abdecken.

PageImpressions (PI) bezeichnen danach „die Anzahl der Sichtkontakte beliebiger Benutzer mit einer potentiell werbeführenden HTML-Seite. Sie liefern ein Maß für die Nutzung einzelner Seiten eines Angebotes. Enthält ein Angebot Bildschirmseiten, die sich aus mehreren Frames zusammensetzen (Frameset), so gilt jeweils nur der Inhalt eines Frames als Content. Der Erstabruf eines Framesets zählt daher nur als eine PageImpression, ebenso

---

Werbewirkungen verwendet.

[18] Vgl. Groth: Online-Advertising - Werbeformen im Internet, 1999, S. 33.

[19] Bezeichnet das Verhältnis von Klicks zu AdImpressions (gezeigten Werbemittel).

[20] Skiera/Spann 2000: „Werbewirkungskontrolle im Internet", vgl. S.3

[21] Informationsgemeinschaft zur Feststellung der Verbreitung von Werbeträgern e.V.

wie jede weitere nutzerinduzierte Veränderung des entsprechenden Content-Frames"[22].

Als Messgröße für den Werbemittelkontakt werden, wie wir an
anderer Stelle noch sehen werden, AdImpressions (AI) verwendet, obwohl im allgemeinen Sprachgebrauch hier auch heute
noch unrichtig der Ausdruck PageImpression benutzt wird (bei
mehreren Bannerplätzen auf einer Seite werden mit einer PageImpression mehrere AdImpressions erzeugt). In Anlehnung an
die obige Definition wären AdImpressions die Anzahl der Sichtkontakte beliebiger Benutzer mit einem Online-Werbemittel. Nun
lässt sich der tatsächliche Sichtkontakt des Users mit dem Werbemittel mit der allgemein verwendeten Technik natürlich nicht
messen. Gemessen wird durch den Adserver vielmehr die Auslieferung der Werbemitteldatei, noch genauer die Anforderung der
Werbemitteldatei durch den Webbrowser des Benutzers. Die
Zahl der angeforderten Werbebanner und gezählten AdImpressions wird dabei aus technischen Gründen im Normalfall höher
sein, als die Zahl der Werbemittel, die im Browserfenster der U-
ser komplett sichtbar dargestellt werden.

Eine weitere Messgröße wurde von IVW mit dem Visit definiert.
„Ein Visit bezeichnet einen zusammenhängenden Nutzungsvorgang (Besuch) eines WWW-Angebots durch einen Nutzer. Die
Visits werden auf Grundlage von erfolgreichen PageImpression
errechnet." Visits können also aus einer oder mehrerer PageImpressions bestehen. Sie werden in der Mediaplanung bis
heute in erster Linie zur qualitativen Beurteilung eines werbeführenden Angebots herangezogen, als Abrechnungsgröße dienen
sie nicht.

Auf den Werbemittelkontakt folgt, im Interesse des Kunden möglichst oft, der AdClick. Hiermit ist die Betätigung des Links gemeint, der hinter fast jedes Werbemittel im Internet gelegt ist und
der den Benutzer auf den Zielserver der Werbemaßnahme führt.
Eine Abrechnung nach gelieferten AdClicks dürfte nach dem
TKP-Modell (Preis je gelieferte 1000 AdImpressions) und rein
zeitbasierten Buchungen das häufigste Preismodell im Online
Marketing sein.

Aus AdImpressions und AdClicks lässt sich als weiterer Leis-
tungswert die ClickRate errechnen (Verhältnis aus Clicks und

---

[22]   Vgl.   http://www.ivwonline.de/richtlinien/richt_anlage3_kon.php
(Anlage 3 der Richtlinien für die Kontrolle von Online-Medien)

Impressions), sowie aus dem eingesetzten Budget pro AdClick der Cost per Click. Mit der Hinwendung der Online Werbung zu transaktionsbasierten Abrechnungsmodellen kommt der Cost per Order (CpO) eine wachsende Bedeutung zu. Hiermit werden im allgemeinen Sprachgebrauch Preismodelle bezeichnet, deren Abrechnungseinheit (die Order) erst „beyond the click", also auf dem meist vom Kunden kontrollierten Zielserver der Kampagne gemessen werden. Maßnahmen, um diese Aktivitäten zu messen und mit dem AdClick zu verknüpfen, bezeichnet man als Post Click Tracking. Was hierbei als Order definiert wird, hängt ganz vom Marketingziel und den Produkten des Kunden ab. Es kann der durch den AdClick induzierte Visit auf der Kundenpage sein, eine generierte E-Mail- oder Postadresse (Cost per Interest), ein gewonnener Neukunde (Cost per NewCostumer) oder im Extremfall ein prozentualer Anteil, an dem nach dem AdClick durch den Werbekunden erzielten Umsatz (Sales Comission). Beim Einsatz von Adservern, die ein Tracking mit Hilfe von Cookies erlauben, lassen sich sämtliche Post Click Transaktionen nicht nur im Hinblick auf den AdClick messbar machen, sondern auch auf den angenommenen Sichtkontakt, die AdImpression, beziehen. Ein solches Vorgehen nennt man dann Post Impression Tracking.

Verwendete
Technologien
IV-Systeme

In den Anfängen der Online-Werbung wurden die Werbebanner einfach direkt in die Content-Seiten integriert oder in einem zusätzlichem Frame über oder neben dem Contentframe angeordnet. Als Messgröße und Abrechnungsgrundlage dienten die PageImpressions des Inhalts. Dies führte in der Praxis zu einer Fülle von Einschränkungen und Problemen, so dass man schon bald begann die Werbemittel getrennt vom Contentwebserver durch eigenständige Adserversoftware ausliefern zulassen. Damit ermöglichte man heute so selbstverständliche Features wie die Rotation von Bannermotiven unabhängig vom Inhalt der Seiten und die individuelle Zählung mehrerer, gleichzeitig angezeigter Bannermotive auf einer Angebotsseite. Eine werbeführende Internetseite ist also in ihrem Aufbau komplexer als es auf den ersten Blick erscheinen mag. Während der redaktionelle Inhalt von der Serversoftware des Sitebetreibers stammt, werden die Werbemittel dem Browser vom Adserver ausgeliefert, wobei als Container für die Auslieferung meist IFRAME/ILAYER[23]-Konstrukte verwendet werden. Diese ermöglichen es, den Inhalt

---

[23] IFRAME/ILAYER: HTML-Ausdruck (Tag), der einen vom Rest der Datei unsichtbar abgetrennten Bereich innerhalb einer HTML-Seite definiert.

verwendet werden. Diese ermöglichen es, den Inhalt einer HTML-Datei in eine andere zu verschachteln und somit sauber getrennt Dateien unterschiedlicher Herkunft innerhalb eines Browserfensters auszuführen. Der Adserver wird hierbei je nach Geschäftsmodell vom redaktionellen Anbieter selbst betrieben, von einem Vermarkter, der Werbeflächen für Anbieter verwaltet und verkauft oder von einem Dienstleister, der gegen Bezahlung Banner ausliefert, ohne selbst mit Werbeflächen zu handeln.

Technisch gesehen verwenden die meisten Adserver zur Zählung der Werbemittelanforderung (AdImpression) HTTP[24]-Redirects. Hierbei kommuniziert der Browser des Internetusers zunächst mit dem Adserver, dieser leitet die empfangene Anfrage dann per Redirect (Umleitung) auf die Werbemitteldatei weiter, die nicht zwingend vom Adserver selbst stammen muss. Die Anforderung (Request) des Redirects beim Adserver durch den Browser erzeugt einen Eintrag in den Logfiles des Adservers. Das sind Dateien, in denen alle empfangenen Requests mitprotokolliert werden. Die Auszählung dieser Logfiles dient dann als Grundlage für die Leistungsstatistiken.

Beim Link geht der Adserver genauso vor: Klickt der User auf einen Banner, erfolgt eine Anfrage an den Adserver, dieser zählt einen AdClick und redirectet den Browser auf die eigentliche Zielseite. Natürlich erfolgt der Redirect unter normalen Bedingungen sowohl bei der AdImpression, als auch beim AdClick so schnell, dass der Benutzer diesen nicht wahrnimmt.

Alternativ zum Redirect benutzen manche Adserversysteme zur Zählung der AdImpressions Zählpixel. Hierbei handelt es sich um im Browser unsichtbar kleine, transparente Grafikdateien, deren Abruf vom Server als Messgröße dient. Die Zählpixel werden bei diesem Verfahren, das demjenigen ähnelt, das die IVW zur Zählung von PageImpressions und Visits einsetzt, dabei jeweils parallel zu den Werbemitteln ausgeliefert.

Ein weiterer Grund für den Einsatz von spezialisierter Serversoftware zur Bannerauslieferung ist, dass die Adserver daraufhin optimiert sind, bei der Anforderung der Banner ein Phänomen zu vermeiden, dass bei der Auslieferung von redaktionellem Content im Web durchaus erwünscht ist: dem sogenannten Caching von Inhalten auf dem lokalen Rechner des Users (Brow-

---

[24] HTTP (Host to Host Transfer Protocol): Das Datenprotokoll, mit dessen Hilfe sich Webserver und Webbrowser verständigen.

sercache) und auf Zwischenstationen, die jeder Datentransfer im Internet durchläuft, den Proxy Servern (Proxies). In diesen werden bereits ausgelieferte Dateien temporär zwischengespeichert, so dass nicht jedes Paar aus Anfrage (Request) und Auslieferung eines Inhalts den gesamten Weg zwischen dem Benutzer und dem Server des Angebots durchlaufen muss. Der Benutzer käme in diesem Fall gar nicht mit dem Adserver direkt in Kontakt und die von ihm erzeugte AdImpression würde nicht als solche gezählt, wenn das Caching des Redirects oder des Zählpixels nicht durch technische Maßnahmen unterbunden wird.

Beim Blick auf den Markt für Adserverlösungen stellt man fest, dass sich dieser in einem fortschreitenden Konzentrationsprozess hin zu einer De-facto-Standardisierung auf wenige Produkte befindet. In Deutschland haben von den Anbietern für Third Party Adserving (Bannerauslieferung als extern erbrachte Dienstleistung) im Moment die Anbieter Doubleclick und Falk e-Solutions die größte Bedeutung. Zugleich sinkt der Anteil der Vermarkter und Sitebetreiber, die ihre Adserver selbst betreiben. Agenturen nutzen im allgemeinen Fremdlösungen, sofern sie selbst Werbemittel ausliefern. Plan.net media besitzt als einzige Agentur in Deutschland als Erweiterung seines Mediaplanungstools Media System eine eigenentwickelte Adserverlösung.

Vor besondere Herausforderungen sehen sich Agenturen gesetzt, deren Aufgabe es ist, für Ihre Kunden ein Tracking von Messgrößen „beyond the click" einzurichten. Zum einen gibt es technische Probleme zu lösen, da die Daten, die zueinander in Bezug gebracht werden müssen, auf zwei völlig unterschiedlichen Systemen generiert werden (dem Adserver und der Kundensite). Zum anderen befinden sich diese IT-Systeme meist unter der Hoheit unterschiedlicher Provider, Agenturen und Technikdienstleister, was einen hohen organisatorischen Koordinationsaufwand nach sich ziehen kann. Zur Umsetzung eines Post-Click-Trackings gibt es zwei grundsätzliche Möglichkeiten. Beim ersten Verfahren werden dem User auf dem Weg vom Werbeträger auf die Kundensite (beim AdClick) zusätzliche Informationen übergeben, die als Parameter der Ziel-URL angehängt werden. Diese Parameter enthalten in codierter Form oder im Klartext Informationen über das Werbemotiv und dessen Platzierung (Seite/Rubrik auf einem werbetragenden Angebot). Auf dem Kundenserver müssen diese Informationen abgegriffen und mit dem Visit des Users weiter durch den Clickstream mitgeschleift werden. Hinterlässt der User seine Adresse oder tätigt sonst eine Aktion, die mitgezählt werden soll, so stehen die benötigten Informationen zur Verfügung, um diese Transaktion der Werbeschaltung zuordnen zu können, die sie erzeugt hat. Vorteil dieser Methode ist, dass sie sich bei entsprechendem Aufwand sehr variabel an die speziellen Erfordernisse der Kunden angepasst und auch mit bereits bestehenden Trackingmechanismen verbunden werden können. Auch werden die oft als sensibel betrachteten Daten über die Transaktionskosten nur auf dem Kundenserver gewonnen, so dass dieser entscheiden kann, wem er die Daten zugänglich macht. Nachteil ist ein oft sehr hoher initialer Implemtierungsaufwand, wenn man die Transaktionen und deren Tracking nicht von vorneherein auf überschaubare Seitenkontingente wie zum Beispiel Microsites beschränken kann.

Die andere Methode des Post-Click-Trackings, die inzwischen breit verwendet wird, setzt zur Realisierung Cookies ein, die vom Adserver beim Werbemittelkontakt und auf der Zielseite gesetzt werden. Über diese Cookies werden die Benutzer (oder genauer gesagt deren Webbrowser) eindeutig markiert, entweder nur in Bezug auf eine Kampagne eines Kunden oder übergreifend für alle Kampagnen, die ein Adserveranbieter verwaltet. Diese eindeutige Identifikation ermöglicht es dem Adserver, den User allen Aktionen zuzuordnen, die er tätigt, wenn er mit dem Adserver in Kontakt tritt, sei es ein Sichtkontakt mit einem Werbemittel, ein AdClick oder eine auf Kundenseite getätigte Transaktion. Der Aufwand für die Einrichtung eines Post-Click-Trackings auf dem Zielserver ist dabei gering, die Möglichkeiten, die sich durch die Nutzung des Cookies ergeben sind gewaltig. Sie reichen vom bereits praktizierten Schalten von Bannersequenzen und frequency capping (Beschränkung der Anzahl der Werbemittelkontakte pro Benutzer), bis hin zur kompletten Clickstreamverfolgung auf dem Zielserver. Bei entsprechend intelligenter Statistikauswertung können aus den Adserverlogiken cookiegestützt sogar die Nettoreichweiten eines Werbeangebots berechnet werden. Widerstände gegen die breite Nutzung dieser Technologie entstehen vor allem dadurch, dass die Daten allein beim Adserveranbieter auflaufen, was Kunden und auch Agenturen oft nicht gerne sehen. Dazu kommt, dass bei vielen Werbungtreibenden grundsätzliche Vorbehalte gegen den Einsatz von Cookies bestehen, was durch die ständig wechselnden und oft widersprüchlichen Rechtsnormen zum Datenschutz im Internet noch verstärkt wird.

Aktuelle
Problemfelder

Der große Vorteil des Internets als Medium, nämlich die direkte quantitative Messung von Werbeleistung und –erfolg, hat natürlich auch seine Schattenseiten. Direkt gemessene Werte werden häufiger angezweifelt als die aus Studien hochgerechneten Kontaktzahlen von Offline-Medien. Zudem liegen für Leistungswerte oft mehrere Zählungen vor. Es ist marktüblich, dass nicht nur ein Adserver alleine eingesetzt wird, sondern dass die Werbemittelanforderung zu Kontrollzwecken hintereinander die Adserver des Vermarkters und der Agentur durchläuft (man nennt das einen „kaskadierenden Redirect"). Ad Clicks werden ebenfalls kaskadierend redirectet und dann vom Kunden häufig noch der Anzahl der generierten Visits gegenübergestellt usw.

Durch die Struktur des Webs als ein dynamisches Netzwerk und die Tatsache, dass das Ausgabemedium (die Anzeige im Browserfenster) für jeden Kontakt „on demand" neu erzeugt wird, ist es dabei unvermeidbar, dass nicht jedes angeforderte Werbemittel tatsächlich diese Kette von Servern fehlerfrei durchläuft und dass nicht jeder AdClick in einem Visit endet. Zwar sind die vom Vermarkter gezählten Werte normalerweise die vertraglich vereinbarte Abrechnungsgrundlage, doch sind Diskussionen unvermeidlich, wenn diese Werte zu sehr von den anderenorts gezählten abweichen. Als grobe Faustregel gilt, dass Abweichungen, die 10 % nicht überschreiten, im Bereich der auf nicht beeinflussbaren Faktoren beruhenden Schwankungsbreite liegen. Es kommt häufig aber zu wesentlich größeren Unterschieden, was auf technischen Unzulänglichkeiten benutzter Soft- und Hardware oder auf Bedienungsfehler durch deren menschliche Operatoren zurückzuführen ist. Die Problematik der Zähldifferenzen wird sich vermutlich entschärfen, wenn sich der Adservermarkt auf wenige, besser ausgereifte Produkte beschränkt und wenn das Problem einer besseren Schulung der Kampagnendisponenten der Vermarkter ernsthaft angegangen wird.

Zugleich wird der Markt durch Einführung neuer Werbeformen vor zusätzliche Herausforderungen gestellt. Diese aufmerksamkeitsstärkeren Formate und Sonderwerbeformen lassen sich mit den vorhandenen technischen Mitteln oft nur mit großem Aufwand zählbar machen, so dass die Adserver hier fortlaufend weiterentwickelt werden müssen, um eine rationelle Erfolgsmessung möglich zu machen. Zudem erhebt sich bei einigen Werbeformen die Frage, ob deren Leistung mit den vorhandenen Messgrößen überhaupt angemessen bewertet werden kann. Bei den sogenannten Streaming Media beispielsweise sagt eine

AdImpression nur aus, dass ein Movie vom User angefordert wurde. Ob und wie lange er es sich angesehen hat, ist damit nicht gesagt, für die Beurteilung der Werbeleistung aber natürlich von erheblicher Bedeutung. Als neue Maßeinheit für alle Streaming Formate ist deshalb eine Messgröße im Gespräch, die sich View Time nennt und dieses Defizit beheben soll.

Klassische Messgrößen der Mediaplanung (z.B. GRP-Gross Rating Point, Nettoreichweiten und Kontaktmengen) stehen der Online-Mediaplanung heute auch noch nicht zur Verfügung, deshalb wurden erste Schritte vor fünf Jahren in diese Richtung über die Werbewirkungsstudien unternommen.

Die Ermittlung des Werbeerfolges von kommunikativen Werbewirkungen ist nur in wenigen Studien[25] angegangen worden. Die Ergebnisse dieser Studien belegen die Leistungen von Bannern. Für die Werbungtreibenden bedeutet das Ergebnis, dass sie die Bannerwerbung in den Kommunikations-Mix integrieren können. Denn obwohl 99% der Banner nicht geklickt werden, können sie neben der Interaktionsleistung auch Kommunikationsleistung erzielen (Brandingwirkung). Die Ergebnisse zeigen auf, dass unter Laborbedingungen sehr gute Ergebnisse erzielt werden können. Die Frage ist, wie die Werbewirkung unter realen Bedingungen ist.

Um diese Frage zu beantworten ist im Rahmen einer Zusammenarbeit mit der Multimediaagentur PLAN.NET media, mehreren Werbeträgern und Werbungtreibenden die OnWW-Studienreihe ins Leben gerufen worden, die unter anderem die Werbewirkung von Bannern im Feld untersucht.[26]

---

[25] Vgl. Gruner + Jahr: EMS/Media Tranfer-Banner Studie, 1999; vgl. Bachhofer in Zusammenarbeit mit Gruner + Jahr: Wie wirkt Werbung im Web? Blickverhalten, Gedächtnisleistung und Imageveränderung beim Kontakt mit Internet-Anzeigen, 1998; vgl. Millward Brown und der *Internet Advertising Bureau* (IAB): IAB Online Advertising Effectiveness Study, 1997; vgl. Briggs & Hollis: Advertising on the web: Is there response before click-through?, 1997.

[26] Vgl. Plan.Net media, 2000: OnWW-OnlineWerbeWirkung - Eine Studienreihe der Plan.Net media, Band 1: Studie zur Messung der Werbewirkung von Bannern im Internet, 2000; vgl. Plan.Net media, 2001: OnWW-OnlineWerbeWirkungen – Eine Studie von FOCUS Online, Interactive Advertising Center und Plan.Net media, Zielgerichtete Bannergestaltung: Eine systematische Untersuchung über die Wirkung unterschied-

Anwendungs-
beispiel

Aus der ersten Studie der OnWW-Studienreihe hat Plan.Net media das Produkt Online-Copy-Test entwickelt. Es handelt sich beim Online-Copy-Test um einen kampagnenbegleitenden Test von Werbemitteln. Das Prinzip des Online-Copy-Test ist angelehnt an die klassischen Copy-Tests der Print-Medien. Ein Unterschied beim Online-Copy-Test ist, dass die Betrachtung der Werbewirkungsmessung sich nicht auf eine Ausgabe (Copy), sondern auf eine Webseite bezieht.

Ein weiterer Unterschied ist, dass die klassischen Copy-Tests sämtliche Werbung in die Betrachtung einbeziehen, während der Online-Copy-Test die Werbung eines Werbungtreibenden genauer untersucht.

Die Fragestellung des Werbungtreibenden vor Schaltung einer Internet-Kampagne ist zielgerichtet: Welche Werbemittel soll ich in meiner nächsten Internet-Werbekampagne einsetzen, damit die Kampagne erfolgreich ist? Der Werbungtreibende möchte also die optimalsten Werbemittel für seine Zwecke einsetzen. Die Schattenseite der genauen Messbarkeit der Internet-Kampagnen ist, dass das Internet nach wie vor als reines Responsemedium betrachtet wird. Der Erfolg einer Internet-Kampagne wird lediglich an dem folgednen Abschnitt beschriebenen Leistungskriterien gemessen. Aber wie zuvor erklärt wurde, hat die Internet-Werbung aber zwei Wirkungen: Direct Response und die kommunikative Wirkung. Während die Direct Response genau gemessen und bereits während einer laufenden Kampagne optimiert wird, wird die kommunikative Wirkung bislang kaum gemessen und deswegen bei der Bewertung der Kampagnenleistung ignoriert. Der Online-Copy-Test ermöglicht die Optimierung der Banner auch nach qualitativen Kriterien, wie die Erinnerung an das Werbemittel, die Wiedererkennung des Werbemittels, die Detail-Erinnerung und die Werbemittel-Beurteilung.

Unterschiedliche Werbemittel haben auch unterschiedliche Wirkungen in einer Internet-Kampagne. Wenn einem Entscheider ein Werbemittel vorgelegt wird, fragt er sich, ob das vorgelegte Werbemittel die intendierte Werbewirkung erzielt. Der Online-Copy-Test beantwortet ihm diese Frage und hilft ihm bei der Entscheidungsfindung, welche(s) Werbemittel er einsetzen soll. Auch nachstehende Fragen beantwortet der Online-Copy-Test: Wie beurteilt meine Zielgruppe meine Werbung? Welches Werbemittel kommt bei meiner Zielgruppe besser an? Wen erreiche

---

licher Bannertypen, 2001.

ich mit meiner Internet-Kampagne? Gibt es Unterschiede in der Kommunikationsleistung der Werbemittel? Kann die Werbung Awareness für mein Produkt generieren? In einem Pretest kann die Kommunikations- und Motivationsleistung und die damit verbundene Produkthinwendung des vorgelegten Werbemittels abgefragt werden. Damit geht man sicher, dass man nicht an der Zielgruppe "vorbei" entscheidet. Die detaillierten qualitativen A-nalysen liefern dem Entscheider wertvolle Hinweise zur Optimierung des Werbemittels, bevor sie in einer großangelegten Internet-Kampagne zum Einsatz kommen. Durch den gezielten Einsatz des Online-Copy-Tests können auf Anhieb bessere Klickraten, bessere Werbemittel-Beurteilungen und / oder höhere Erinnerungswerte erzielt werden.

Dazu werden die Werbemittel in einem realen Umfeld (auf einer Werbeträgerseite) von zufällig ausgewählten Nutzern auf ihre Werbewirkung getestet: Basierend auf dem Plan.Net Adserver wurde die Technologie eigens zur zufallsgesteuerten Befragung von Werberezipienten entwickelt (Intercept-Technologie). Die Auswahl erfolgt demnach beim ganz normalen Surfen. Der Nutzer befindet sich auf der zu befragenden Seite und weiß vor der Befragung nicht, dass er gleich zu einem der von ihm potenziell gesehenen Banner befragt wird. Dieses ist eine Herangehensweise, die sehr valide Daten über die Werbewirkung im Internet wiedergibt.

Außerdem werden auf den Belegungen der Werbeträger im Prinzip zwischen zwei Gruppen unterschieden: einer Experiment- und einer Kontrollgruppe. Der Experimentgruppe wird der kontrollierte Faktor (Test-Banner) gezeigt, während die andere Gruppe kein Banner gezeigt bekommt. In der Untersuchung wird von folgenden Größen ausgegangen:

- Die beobachteten Größen sind die Werbewirkung von Bannern.

- Die kontrollierte Werbewirkung gehen von Bannern aus.

- Es gibt auch nicht kontrollierbare bekannte und unbekannte Einflussgrößen der Werbewirkung, die situations- und personenabhängig sind.

Da die Werbewirkung auch von diesen Einflussgrößen abhängig ist, wird über die Zufallsauswahl und die Differenzbildung versucht, die Wirkung der nicht kontrollierten Faktoren zu eliminieren. Durch die zufällige Auswahl ist gewährleistet, dass die nicht kontrollierbaren Einflussgrößen bis auf zufällige Abweichungen sich gleichmäßig auf die Kontroll- und die Experimentgruppe verteilen. Mit der Differenzbildung der Befragungswerte von der Experiment- und der Kontrollgruppe wird die experimentelle Wirkung isoliert.[27]

Auswahlverfahren

In der Online-Befragung werden die Probanden zufällig über die Intercept-Technologie ausgewählt. Es wird als „Intercept in Distributed Networks – IDN"[28] bezeichnet. Mit diesem Verfahren können Probanden innerhalb eines verteilten Netzwerks (im Internet) nach dem Zufallsprinzip angesprochen werden. Es beschreibt den Umstand, dass der Nutzer bei einer Anforderung einer Site unterbrochen wird (wie z. B. beim „Surfen" durch das Internet). Dies geschieht dadurch, dass dem Nutzer ein Fragebogen in einem neuen Browserfenster präsentiert wird. Das Fenster kann der Nutzer entweder wegklicken und nicht an der Befragung teilnehmen. Oder er kann den Fragebogen ausfüllen und abschicken, womit sich das Fenster schließt und die angeforderte Seite des Nutzers im Hintergrund in Erscheinung tritt.

Ausgehend von der Zielsetzung und der Fragestellung ist ein Studiendesign entwickelt worden, das die Kontaktstelle und den Kontaktzeitpunkt mit Werbemitteln in der Realität berücksichtigt. Mit diesem Studiendesign soll die Werbewirkung nicht nur möglichst realitätsgetreu gemessen werden, sondern auch die interne Validität gewährleisten.[29] Aus diesen Überlegungen heraus, ergeben sich für die Datenerhebung zwei Einfragepunkte bzw. Auswahlpunkte für die Auswahl und Befragung der Probanden. An zwei verschiedenen Stellen auf der Werbeträger-Seite werden die Probanden ausgewählt und befragt.

Während die Einfragepunkt **[1]** der Auswahlort der Experimentgruppe bezeichnet, wird an dem Einfragepunkt **[K-1]** die Kontrollgruppe rekrutiert.

Dabei wird jedem n-ten Besucher einer Site ein Test-Banner gezeigt mit Ausnahme des Besuchers, der zur Kontrollgruppe gehört. Diejenigen, die ein Test-Banner präsentiert bekommen haben, werden nach dem potenziellen Kontakt befragt, die anderen

---

[27] Vgl. Hammann & Erichson: Marktforschung, 1993, S. 160.

[28] Geschütztes und eingetragenes Verfahren von PLAN:NET media.

[29] Vgl. Hammann & Erichson: Marktforschung, 1993, S. 159.

werden befragt, ohne dass sie Kontakt mit dem Banner gehabt haben. Folglich wird zwischen zwei Einfragepunkten unterschieden:

[1] Direkt nach einem Werbekontakt mit einem Test-Banner, ohne dass dieses angeklickt wurde. Technisch erfolgt die Befragung nach jedem beliebigen ersten Klick auf der Seite.

Um die gemessenen Werte zu einem Anfangswert in Relation setzen zu können, wird auch an folgenden Punkten ausgewählt und befragt:

[K-1] Der Nutzer, der sich auf der Werbeträger-Seite befindet und kein Test-Banner gesehen hat, wird nach dem ersten Klick auf einen Link der Seite befragt.

Bei dem hier vorgestellten Auswahlverfahren handelt es sich um eine Auswahl nach dem Step-Verfahren. Das Step-Verfahren besagt, dass die Probanden zufällig nach definierten Schrittweiten für die Befragung ausgewählt werden. Die Schrittweiten sind an den einzelnen Einfragepunkten identisch, damit keine Verzerrungen in der Rekrutierung der zwei unabhängig voneinander gezogenen Stichproben entstehen.

Mit dem vorliegendem Studiendesign wird auch die Mehrfachbefragung ausgeschlossen, die auch zu Verzerrungen führen kann. Dies geschieht über den Cookie-Einsatz. Um Nutzer bei wiederkehrenden Besuchen nicht doppelt zu befragen, ist es auch notwendig mit Cookies zu arbeiten. Ein Cookie ist eine „browserspezifische digitale Kennung, die auf der Festplatte des Nutzers gespeichert wird."[30] Vereinfacht dargestellt, geschieht dies in folgender Weise: Ein Server schickt mit der angeforderten Site ein Cookie. Der Browser des Nutzers übernimmt den Cookie und speichert die Variablen und die dazugehörigen Werte auf der Festplatte des Nutzer ab. Beim erneuten Zugriff auf die Site des Servers werden die gespeicherten Daten vom Browser an den Server geschickt. Folglich schicken Cookies nur browserspezifische und nicht personenspezifische Informationen an den Server.[31] Das Setzen von Cookies ist zu Forschungszwecken laut „Multimediagesetz"[32] erlaubt.

---

[30] O.V.: Das Web-Lexikon, o.J., 3.Aufl., S. 17.

[31] Trotzdem ist dies sehr umstritten, da die geschickte Nutzung des Cookies eine Profilbildung zulässt und dies verstößt gegen das Datenschutzgesetz. Aber die meisten Browser lassen sich in der Art und Weise

Es wird angenommen, dass der Nutzer nur über einen einzigen Browser auf ein Internet-Angebot zugreift. Diese Annahme ist strittig, da mehrere Personen mit einem Browser arbeiten können oder was noch ungünstiger für den Test wäre, wenn der Nutzer mit mehreren Browsern arbeitet. Ungünstig für den Test ist ebenfalls das Löschen von Cookies, weil dann der Nutzer ein weiteres Mal befragt werden könnte. Diejenigen, die den Cookie von vorneherein verweigern, werden erst gar nicht befragt.

Abgesehen von den nicht kontrollierbaren systematischen Fehlern scheint dieser Aufbau der internen und externen Validität zu genügen.[33]

Online-Copy-Test-Beispiel: (siehe Seite 78) MSN-Shopping-Banner wurden auf der eVITA-Homepage getestet. Es wurden drei verschieden Motive gewählt, um die MSN-Shopping-Seite zu bewerben. Es sollte festgestellt werden, welcher von den drei Bannern die höchsten Erinnerungswerte und Beurteilungswerte aufweist.

Nach dem Test sind folgende Gestaltungsempfehlungen anhand der Ergebnisse[34] nach der Rangfolge der Auffälligkeit, Erinnerung und Klickrate abgeleitet worden:

---

konfigurieren, dass Cookies entweder gar nicht akzeptiert werden, oder es erscheint ein warnendes Dialogfenster beim Setzen eines Cookies. Ferner lassen sich schon gesetzte Cookies in den jeweiligen Verzeichnissen auch problemlos löschen. Trotzdem ist dies sehr umstritten, da die geschickte Nutzung des Cookies eine Profilbildung zulässt und dies verstößt gegen das Datenschutzgesetz. Aber die meisten Browser lassen sich in der Art und Weise konfigurieren, dass Cookies entweder gar nicht akzeptiert werden, oder es erscheint ein warnendes Dialogfenster beim Setzen eines Cookies. Ferner lassen sich schon gesetzte Cookies in den jeweiligen Verzeichnissen auch problemlos löschen.Vgl.: Besim Karadeniz: Was macht ein Cookie?, o. J., http://www.netplannet.org/ www/cookie.html, vom 7.11.99.

[32] Vgl. Gesetz zur Regelung der Rahmenbedingungen für Informations- und Kommunikationsdienste im Informations und Kommunikationsdienste-Gesetz-IuKDG, Artikel 2: Gesetz über den Datenschutz bei Telediensten, §6 (3), http://www.online-recht.de/vorges.html?IuKDG vom 20.11.99.

[33] Vgl. Hammann & Erichson: Marktforschung, 1993, S. 158-159

[34] Die genauen Ergebnisse können hier nicht vorgestellt werden, weil

Die Farbe Blau vom Sicherheit-Banner:

- wurde als am auffälligsten von allen Erinnerern beurteilt und

- der Markenname wurde am besten erinnert.

- Rot wurde zwar am ehesten richtig erinnert, aber im Schnitt konnte sich nur jeder Vierzehnte der Erinnerer an die richtige Farbe erinnern.

Daher wurde die Gestaltung zugunsten der Auffälligkeit optimiert.

Das Logo könnte zwar wie beim Vielfalt-Banner mit einer kontrastreichen Farbe kombiniert werden werden. Dies ist aber nicht zwingend notwendig, da die Leistungssteigerung nicht sehr groß war. Aus diesem Grund konnte die blaue Hintergrundfarbe beibehalten werden.

Die beste Motivmischung ist folgende:

- Der Kopf im Convenience-Banner wurde als am auffälligsten beurteilt und spiegelt sich auch in den Ergebnissen der Ad-Awareness und Wiedererkennung wider.

- Dagegen wurde die gelbe Einkaufstüte auf blauem Hintergrund stärker erinnert als auf orangem Hintergrund.

Deshalb wurde bei der Optimierung darauf geachtet, dass diese Motivmischung sich in allen drei Varianten wiederfindet.

Inhaltlich hat der Convenience-Banner am besten gewirkt:

- Sowohl in der Erinnerung an die Dienstleistung als auch

- an das Schlagwort (Online-Shopping kommt häufig vor) steht er an der Spitze.

- Dies spiegelt sich auch in der besten Klickrate wider.

Dies wurde auch in der Optimierung des Textes berücksichtigt. Es sollte so häufig wie möglich das Wort „Online-Shopping" aufgegriffen werden.

Der Slogan: „Sicherer sind Sie auf MSN" wurde am besten erinnert. Der Sicherheitsaspekt beim Einkaufen scheint am Wichtigs-

---

es sich um kundeninterne Daten handelt. Daher werden nur auszugsweise Ergebnisse dargestellt.

ten zu sein eher als die Vielfalt und der Spaß am Online-shoppen.

Aus diesen Überlegungen sind die Banner optimiert und dem Werbungtreibenden vorgelegt worden. Die optimierten Banner sind dann auch in der Folgekampagne sofort eingesetzt worden.

Motiv: Vielfalt vor dem   Motiv: Vielfalt nach dem Test:

Motiv: Convenience vor dem Test: Motiv: Convenience nach dem Test:

Motiv: Sicherheit vor dem Test: Motiv: Sicherheit nach dem Test:

Abb. 10 Online-Copy-Test

Seit mehr als einem halben Jahr ist das Produkt auf dem Markt und liefert weitere wertvolle Einblicke in die Kommunikationsleistung von Internet-Werbekampagnen.

Ausblick auf die nahe Zukunft In der Online-Mediaplanung plant man, stark vereinfacht gesagt, entweder nach Zielgruppenaffinität oder nach Reichweite, weil den Online-Mediaplanern Größen aus der klassischen Mediaplanung wie Nettoreichweiten bzw. Bruttoreichweiten und Kontaktklassen noch fehlen. Es werden Bestrebungen unternommen, diesem Mangel entgegenzuwirken.

Messung der Nettoreichweite / Bruttoreichweite

Als Nettoreichweite bezeichnet man in der Mediaforschung die Zahl derjenigen Personen, die mit einem Werbemittel mindestens einmal Kontakt gehabt haben, unabhängig davon wie viele Kontakte sich auf demselben Werbeträger ergeben. Die Nettoreichweite ist folglich in jedem Fall kleiner als die Summe aller Kontakte mit demselben Werbemittel auf diesem Werbeträger.[35]

Im Internet ist die Messung der Nettoreichweite zwar technisch möglich, aber sie wird aus politischen und anderen Gründen noch nicht in die Tat umgesetzt, da sie nur durch den Einsatz von AdServer-Cookies mit einem vertretbaren Aufwand umsetzbar ist.

Aber die Messung der Bruttoreichweite[36] wird heute schon von der AGIREV[37] für 36 Webangebote durchgeführt. In der nächsten

---

[35] Vgl. Medialexikon:
http://medialine.focus.de/PM1D/PM1DB/PM1DBD/PM1DBDA/PM1DBD
AA/pm1dbdaa.htm?buchst=N&snr=2315 vom 14.3.2002.

[36] In der Mediaforschung bezeichnet die Bruttoreichweite die Summe der Werbemittelkontakte auf einem Werbeträger. In der Zahl für die Bruttoreichweite sind auch die aufgrund von Mehrfachzählungen mehrfach erfassten Kontakte enthalten, die aus der Zahl für die Nettoreichweite eliminiert werden. Die Bruttoreichweite gibt also keinen Auf-

ORM (Online-Reichweiten-Monitor) soll der Kreis der ausweisbaren Angebote dann noch deutlich größer werden. Allerdings liegen bereits jetzt schon für 89 Web-Angebote Strukturdaten vor.

Kontaktklassenstudie

Ein weiterer Ansatz ist die Messung der Werbewirkung nach Kontaktklassen. Aus der Messung kann hervorgehen, dass im Internet mindestens X Kontakte mit dem Werbemittel stattfinden müssen, bevor eine signifikante Wirkung eintritt.

Diesen Ansatz hat zum ersten Mal G+J Electronic Media Services mit dem „Kinnie-Report" in die Tat umgesetzt. Das Ergebnis dieser Untersuchung besagt, dass bei 7-9 Kontakten mit dem Werbemittel die höchste ungestützte Erinnerung und die höchste Markenbekanntheit generiert werden kann.[38]

---

schluß darüber, wieviele Personen wie oft erreicht werden. Es handelt sich bei der Bruttoreichweite also um einen der Bruttokontaktsumme entsprechenden Anteilswert. Vgl. Medialexikon: http://medialine.fo-cus.de/PM1D/PM1DB/PM1DBD/PM1DBDA/PM1DBDAA/pm1dbdaa.htm?buchst=B&snr=476 vom 14.03.2002

[37] Weitere Informationen sind auf http://www.agirev.de zu finden

[38] Vgl. G+J Electronic Media Services, 2002: Kinnie-Report, S. 40 und 43, erschienen in „die blaue Reihe".

3.4.   Medienkonvergenz in der Marketing-Kommunikation: TV und Online

Von Stefan Wattendorff

Wenn heute von Medienkonvergenz gesprochen wird, muss man zwischen der Konvergenz auf technischer Ebene, also den physischen Geräten selbst, und der Konvergenz auf der inhaltlichen oder Format-Ebene unterscheiden. Die inhaltliche Konvergenz, auf die im Folgenden Bezug genommen wird, setzt man in der Regel mit dem Wort „Crossmedia" gleich. Aber was verbirgt sich eigentlich hinter dem Begriff Crossmedia?

Um einer landläufigen Missdeutung vorzubeugen: Der Begriff Crossmedia umfasst **nicht** allein die additive Belegung des Mediums Internet als Ausdehnung einer bisher rein auf die klassischen Medien fokussierten Mediastrategie. Es bedarf schon einiger grundlegender Voraussetzungen und konzeptioneller Kreativität, um eine funktionierende Crossmedia-Strategie zu entwickeln und durchzuführen.

Notwendige Voraussetzungen für Crossmedia sind:

inhaltliche Formate, die ihre Umsetzung sowohl in den klassischen Medien als auch in den Neuen Medien konsequent erfahren sowie

konvergente Media-Marken, welche auf mehreren medialen Ebenen kongruent existieren, indem sie ihre Inhalte auf Basis einer Multi-Plattform-Strategie darstellen.

Hierzu einige Beispiele:

Abb. 11 Beispiele für Crossmedia-Marken

Sind diese Voraussetzungen erfüllt, bieten sich den Werbungtreibenden grundsätzlich geeignete Umfelder, die seit langem unter Beweis gestellte Reichweitenstärke klassischer Medien mit den Vorteilen der Interaktivität des Mediums Internet zu kombinieren.

Die Konvergenz bekannter Medienmarken oder –formate kann eine Vielzahl kommunikativer Zielsetzungen beantworten, wie in nachfolgender Abbildung am Beispiel einiger TV-Marken der RTL-Gruppe exemplarisch dargestellt:

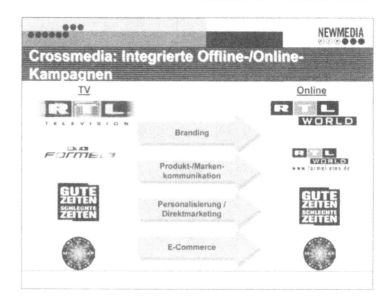

Abb. 12 Crossmedia: Integrierte Offline/Online-Kampagnen

TV hat sich in Jahren als das führende Medium etabliert, mit dem es schnell und kosteneffizient gelingt, hohe Reichweiten in der werberelevanten Zielgruppe aufzubauen. Aber erst durch den zunehmenden Erfolg des Internets ergibt sich die erstmalige Chance, diese Stärke mit den interaktiven Möglichkeiten der neuen Medien zu verbinden.

Historisch betrachtet -und noch nicht einmal 2 Jahre alt-, kann **Big Brother** eindeutig als Pionier auf dem Gebiet der konvergenten Unterhaltung gelten. Die Kombination eines täglichen TV-Live-Formats in Verbindung mit einer Website, auf der ständig aktuellste Inhalte, Live-Video-Streamings und eine aktive Community dargeboten wurden, hat die deutsche Unterhaltungslandschaft neu definiert.

Das tägliche TV-Erlebnis, reale Charaktere von „Nebenan" in einer realen Situation zu erleben, konnte auf ideale Weise mit den interaktiven Möglichkeiten des Web angereichert werden und erzeugte so einen medienübergreifenden Event mit einer in der Kernzielgruppe noch nie dagewesenen Form der Euphorie und Anteilnahme.

Der Erfolg dieses neuen Entertainment-Formats war schon in der ersten Staffel deutlich nachweisbar:

TV-Quoten von ca. 35% in der werberelevanten Zielgruppe der 14-49 Jährigen, fast 200 Millionen PageImpressions auf der Website „http://www.bigbrotherhaus.de" innerhalb von 100 Tagen, somit das erfolgreichste Online-Projekt in ganz Europa.

BigBrother2
Kann der Erfolg
wiederholt werden?

Aufbauend auf den vehementen Erfolg der „Mutter des Container-Fernsehens", Big Brother, wurde die zweite Staffel des Formats, ausgestrahlt im letzten Quartal 2000, mit Spannung erwartet. Das bekannte Szenario einer Gruppe von jungen Menschen, abgeschottet für 100 Tage von der Außenwelt, würde auch dieses Mal ein grosser Erfolg beim Publikum werden, dessen war man sich in der TV- und Online-Welt sicher.

Die Sendedaten bestätigen dies eindrucksvoll: Reichweiten von 30% in der relevanten Zielgruppe der 14-29 Jährigen auf RTL 2 stellten auch diesmal die Zugkraft von BigBrother unter Beweis.

Der Erfolg im Internet, fast 150 Millionen PageImpression in 100 Tagen, ist in nachfolgender Grafik dargestellt. Die zyklische Entwicklung von Wochenende zu Wochenende wurde besonders durch die Auszüge von Christian und Karim/Daniela aus dem Container durchbrochen und lieferte somit ein exaktes Abbild des öffentlichen Interesses an diesen Ereignissen.

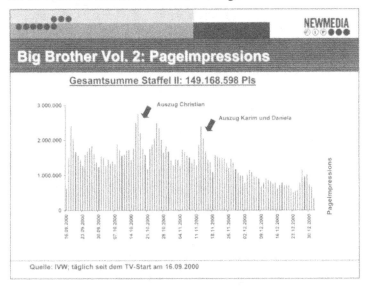

Abb. 13 Big Brother Vol. 2: PageImpression

Case Study:

Fimatex

und

Big Brother II

Nachdem in der ersten BB-Staffel mit BOL und Immobilien-scout24 zwei bereits bekannte Unternehmen mit ihren Marken als Crossmedia-Sponsoren aufgetreten waren, gelang es der IP Deutschland und der IP NEWMEDIA, für die zweite Staffel - neben der Mädchenzeitschrift Bravo- mit **Fimatex** ein Unternehmen als Sponsor zu gewinnen, dessen Markenname noch nahezu gänzlich unbekannt war.

Als Online-Broker der jüngsten Generation war sich Fimatex bewusst, dass hier neue Wege in der Art der Kommunikation eingeschlagen wurden, um eine junge Marke über das erfolgreichste deutsche Entertainment-Format bekannt zu machen. Durch das Sponsoring von Big Brother 2, welches die Reichweitenstärke des Mediums TV perfekt mit den interaktiven Möglichkeiten des Internets verknüpfte, sollte dieses Ziel erreicht werden.

Die Werbemittel
im Internet

Um in der Zielgruppe eine möglichst hohe Bekanntheit der Newcomer-Marke „Fimatex" zu erlangen, wurde eine Vielzahl unterschiedlicher Werbemittel eingesetzt:

Abb. 14 Werbeformen Sponsoring Fimatex

Eine große Anzahl co-gebrandeter Banner, breit gestreut auf der gesamten RTL WORLD bildete die solide Basis der Sponsoring-Aktivitäten. Die enorme Reichweite des größten deutschen Entertainment-Portals wurde hier erfolgreich eingesetzt, um kontinuierlich, über unterschiedlichste Themenbereichen der RTL WORLD hinweg, auf die aktuelle Big Brother-Staffel in Verbindung mit dem Sponsor Fimatex hinzuweisen. Diese Basisrotation diente zur Steigerung der allgemeinen Awareness und Förderung des Brandings.

Auf der Big Brother-Website selbst wurde mit unterschiedlichsten Werbemitteln gearbeitet. Als konvergentes Entertainment-Projekt mit der Option, die Geschehnisse im Container auch im Internet per Live-Stream bis zur DSL-Qualität verfolgen zu können, setzt Big Brother beim Online-User eine relativ fortschrittliche Hardware-Ausstattung voraus, die mit entsprechend aktuellen Software-Plugins einher geht. Dieser Fakt vereinfachte den Einsatz innovativer Werbemittel, z. B. Flash-animierter Werbespots in verschiedenen Varianten.

Bei Aufruf der Website konnte so eine Flash-Unterbrecherwerbung, analog des TV-Testimonials mit Promi Ralf Schumacher, gesendet werden. Der Audio-Claim: „Mein Online-Broker - Fimatex" war Bestandteil dieses Intros und schloss die Lücke zwischen Offline- und Online-Kommunikation.

Das Thema Full-Screen Flash-Werbung wurde auch an anderer Stelle, im Big Brother-Quiz, aufgegriffen. Dieses täglich aktualisierte Online-Quiz, präsentiert in Kooperation mit dem Partner K1010, stellte das Konzept der Multiple Choice-Antworten auf den Kopf, indem die korrekte Beantwortung der Fragen durch Identifizierung der falschen Aussage stattfand. Um die täglich in den Abendstunden aktualisierten Fragen korrekt beantworten zu können, mussten die registrierten Teilnehmer die Show im TV gesehen haben.

Unterbrochen wurden die Frageleiter durch Einblendungen von Full-Screen E-Mercials, also Flash-basierten Werbespots von ca. 7 Sekunden Länge. Der Sponsor Fimatex wurde auch hier in Bild und Ton mit dem aus TV bekannten Schumacher-Motiv präsentiert und erzielte so eine extrem hohe Wiedererkennungsrate.

Innerhalb der Big Brother 2-Website präsentierten rotierende Logos, flashanimierte E-Spots, Popups und sogar Real-Video-Spots Fimatex auf abwechslungsreiche Art und Weise.

Abb. 15 BigBrother.de – Sponsoring Fimatex

Eine weiterer Teil des Konzeptes der Big Brother-Website war
ein Börsenspiel, hier konnte mit virtuellen Aktien der Container-
Bewohner gehandelt werden, dem Sieger winkte eine interessante Geldprämie.

Fimatex wurde in der Big Brother-Börse an mehreren Stellen optimal positioniert, war hier doch die größtmögliche Nähe zur eigentlichen Dienstleistung des Sponsors gegeben.

Eine komplette Seite mit der Auslobung der Produkte wurde be-
reitgestellt, die visuelle Darstellung des Testimonials und Logos
war schon fast selbstverständlich. Ein Novum hingegen stellte die
optische Integration des Live-Börsentickers von Fimatex in die
Website dar. Mit dieser Maßnahme konnte auf interessante Art
und Weise ein Bogen zwischen virtuellem Aktienhandel und
dem Geschäftsfeld des Sponsors Fimatex, das reale Börsenge-
schehen, geschlagen werden.

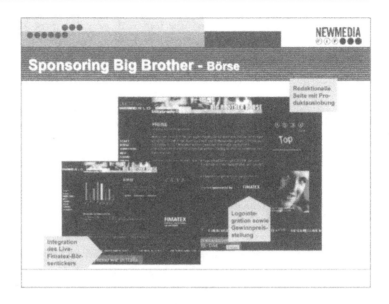

Abb. 16 *Sponsoring Big Brother-Börse*

Annähernd 35.000 registrierte User sorgten für regen Traffic in diesem Bereich der Website und „tradeten" mehr als 80 Millionen Aktien der Big Brother-Kandidaten.

Ca. 60% der Teilnehmer waren männlich, ein Drittel im Alter zwischen 30 und 49 Jahren und somit innerhalb der Zielgruppe mit hohem Potential für Online-Brokerage.

Das Konzept der Big Brother-Börse liefert einen wesentlichen Beitrag zur Konvergenz des gesamten Formates, da eine erfolgreiche Teilnahme nur bei gleichzeitiger TV-Nutzung möglich war. Gleichsam wurde hier in Internet Content produziert, der wiederum Einzug in die TV-Show halten konnte. Wie effizient die Crosspromotion zwischen TV und Internet im Sinne dieser Börse funktionierte, illustriert sich an einem kleinen Beispiel: Nachdem am 25.11.2000 auf RTL ein spezieller TV-Trailer für die Big Brother-Börse geschaltet wurde, stiegen die Online-Anmeldungen für das Börsenspiel kurzfristig um ca. 400 % an.

Die Ergebnisse des Sponsorings Um die Werbeaktivitäten von Fimatex auf ihre Wirksamkeit hin zu untersuchen, wurde von der IP Deutschland und IP NEWMEDIA in Zusammenarbeit mit dem Sponsor ein Konzept entwickelt, das auf einer quantitativen Telefonbefragung, durchgeführt in 2 Wellen, vor und während der 2. Staffel, sowie auf einer quantitativen Online-Befragung basierte.

Die Ergebnisse der Umfragen waren grundsätzlich positiver Natur. Das Programmsponsoring von Fimatex im TV wurde deutlich gegenüber der Konkurrenz im Brokerage-Umfeld wahrgenommen. Dieser Effekt verstärkte sich noch im Bereich der Big Brother-Vielseher, die auch tendenziell positivere Beurteilungen des Sponsorings vornahmen.

Die gestützte Markenbekanntheit von Fimatex verbesserte sich im Laufe der zweiten Staffel von Big Brother um das fast Dreifache auf ca. 60% und konnte annähernd mit der Bekanntheit von Consors gleichziehen. Dieser Effekt trat noch stärker innerhalb der Zielgruppe der Vielseher zu Tage:

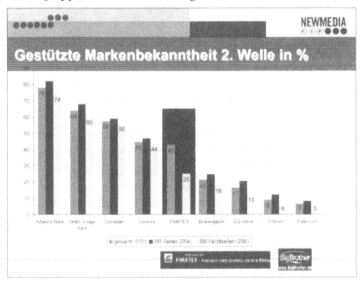

Abb. 17 Gestützte Markenbekanntheit 2. Welle in %

Die Werbeerinnerung lieferte eine ähnlich imposante Entwicklung, der Sponsor Fimatex konnte seine Werte gegenüber einer Nullmessung hier um das Vierfache steigern und somit etablierte Wettbewerber im Konkurrenzumfeld, z. B. Consors, überholen:

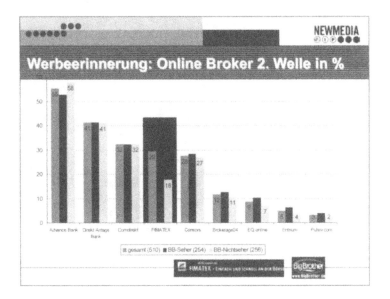

Abb. 18 Werbeerinnerung Online-Broker2 Welle in %

Die positiven Entwicklungen vielen -verständlicherweise- in der Zielgruppe der Big Brother-Seher bzw. Vielseher erheblich prägnanter aus. In Summe konnten die Werbekontakte innerhalb des Formates als sehr effizient beurteilt werden, sie lieferten einen hohen Beitrag zur Steigerung wichtiger markenbildender Indikatoren des Sponsors.

Wie aber war es um die Effizienz des konvergenten Sponsoring-Ansatzes bestellt? Hatte die crossmediale Präsenz des Sponsors nachweisbar zum Werbeerfolg beigetragen?

Auf Basis von ca. 6.000 Online-Befragten konnte eindrucksvoll nachgewiesen werden, dass das Konzept aufgegangen war, denn die Tendenzen der Telefonbefragung konnten durchweg bestätigt werden.

So wurde in einer Sonderanalyse auf Basis von 690 Online-Usern, denen ein Sponsoring aufgefallen war, die spontane Markenbekanntheit von Fimatex mit 17 % deutlich oberhalb der direkten Wettbewerber (Consors 12%, Comdirect 8%) gemessen.

Noch eindrucksvoller untermauert die Frage nach der medienspezifischen Sponsorenwahrnehmung den Erfolg des crossmedial angelegten Engagements:

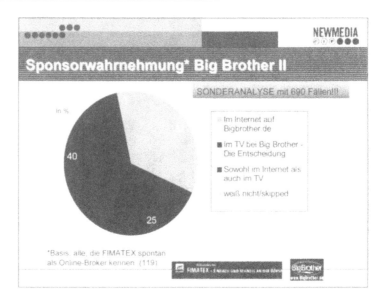

Abb. 19 Sponsorenwahrnehmung Big Brother II

40 % der „Erinnerer" hatten die Aktivitäten von Fimatex als Sponsor sowohl in TV als auch im Internet wahrgenommen, dieses klare Ergebnis verwundert nicht unbedingt, gilt doch Big Brother als Musterbeispiel für konvergente, medienübergreifende Unterhaltung.

Die Online-Befragung bestätigte letztendlich auch den bereits in der Analyse der TV-Werbewirkung festgestellten Effekt, dass die sogenannten „Heavy User" eine merkbar höhere Erinnerungsleistung im Hinblick auf das Sponsoring produzierten. Die vielfachen Kontakte mit dem Sponsor Fimatex hatten also nicht zu einer Überlastung bzw. Reaktanz auf Seiten der Seher/ User geführt. Dies wurde auch unterstützt durch die durchweg positiven Beurteilungen des Sponsorings, welches allgemein als sympathisch, ansprechend, kreativ und gut passend zu Big Brother empfunden wurde.

Das Gesamtfazit des Fimatex-Involvements konnte nur lauten: Ziel klar erreicht!

Die deutliche Steigerung der Markenbekanntheit, verbunden mit durchweg positiven Bewertungen des Sponsorenauftritts sowohl in TV als auch im Internet trug dem innovativen Ansatz des Kunden Rechnung.

Case Study:

New Yorker und
Popstars

Der Erfolg des Konvergenzformates Popstars von RTL 2 , ausge-strahlt von November 2000 bis März 2001, bedarf wohl keiner detaillierten Vorstellung.

Adaptiert aus Australien, produzierte dieses Format einen der größten Erfolge in der deutschen Musikgeschichte. Die Girlband „No Angels" landete mit „Daylight in Your eyes" einen Beststeller und ist auch in diesen Tagen als Top Band in den deutschen Charts präsent.

Die jugendlichen Kandidatinnen wurden in den Medien von den ersten Castings bis zu den ersten erfolgreichen Live-Auftritten der aus der Show resultierenden Band begleitet.

Das homogene Konzept wurde parallel in TV und im Internet umgesetzt und sprach eine junge, modebewusste und kaufkräf-tige Zielgruppe an.

In diesem Umfeld wurde **New Yorker** als Hauptsponsor mit einem crossmedialen Kampagnenansatz während der gesamten Laufzeit des Formats integriert. Die Kampagne mit dem Claim „Dress for the moment" hatte zum Ziel, die Markenbekanntheit und die Attraktivität des Sponsors in der jungen, modeaffinen Zielgruppe zu erhöhen.

Das TV-Sponsoring mit Sponsor-Trailern, Indikativ und Abdikativ auf RTL 2 lieferte einen erfolgreichen Beitrag zur Erzielung einer hohen Reichweite mit einer durchschnittlichen Sehbeteiligung von über 10 % in der relevanten Zielgruppe 14-49 Jahre.

Auch die Website http://www.popstars.de trug dem konvergen-ten Ansatz des Projektes Rechnung und entwickelte sich analog der TV-Entwicklung sehr positiv:

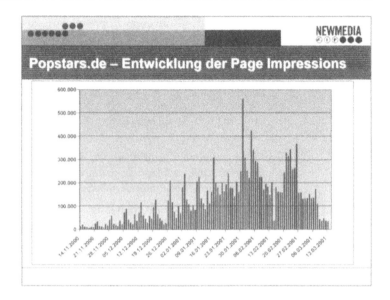

Abb. 20 *Popstars.de – Entwicklung der PageImpressions*

Die Werbemittel Auf der im eigenen „Look and Feel" gestalteten Popstars-Rubrik unter www.rtl2.de sowie auf den relevanten Unterseiten der RTL WORLD wurde für den Sponsor New Yorker eine ständige Präsenz mit einer Reihe unterschiedlicher Werbemittel realisiert :

- Flash-Intro als Vollbild vor dem Start der Popstars-Anwendung
- Sponsoren-Logo in der Navigationsleiste
- E-Spot (Flash-Fernseher)
- Mouse Follow-Banner
- Banner
- Buttons
- Redaktionelle In & Out-Tipps

Die umfangreiche Integration der unterschiedlichen, auf das jeweilige Layout der Websites abgestimmte Online-Werbemittel, sorgte für eine ständig neue Visibility des Sponsors und eine hohe Übereinstimmung mit dem innovativen, unterhaltsamen Konzept des konvergenten Gesamtformats.

Abb.   21   Button,   Sponsor-Logo,   &   Comet   Cursor   auf www.popstars.de

Die bewegten Online-Werbemittel waren analog zu den Inhalten der ausgestrahlten TV-Spots gestaltet und kommunizierten so bildlich und verbal im Internet den Claim der gesamten Werbe-kampagne, „Dress for the Moment". Zur Abrundung des gesam-ten Online-Werbekonzeptes wurden aktualisierte Inhalte des Formats auch auf der Website von New Yorker dargestellt, um den Usern dort einen Bezug zu Popstars zu vermitteln:

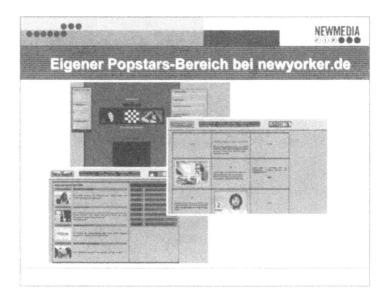

Abb. 22 Eigener Popstars-Bereich auf Newyorker.de

Die Ergebnisse Auf Basis einer repräsentativen Telefonbefragung in zwei Befragungswellen und einer Online-Umfrage wurden relevante Erinnerungswerte zur Messung der Effizienz des Crossmedia-Ansatzes erhoben. Einige Ergebnisse der telefonischen Umfrage sind im folgenden dargestellt:

Im Vergleich zur Konkurrenz konnte New Yorker seine Markenbekanntheit sowohl spontan als auch gestützt deutlich steigern.

Innerhalb der Zielgruppe der Heavy-Seher war dieser Effekt noch deutlich stärker zu beobachten, Mehrfachkontakte hatten also die Werbewirkung noch verstärkt.

Auch die durchgeführte Online-Umfrage auf www.rtl2.de lieferte interessante Resultate:

Nahezu 100 % der User erinnerten gestützt das Online-Sponsoring von New Yorker.

Rund 85 % der User konstatierten, dass ihnen dieses Online-Sponsoring „gut aufgefallen" sei (Top 2-Boxen).

Ein entscheidendes Resultat für den Erfolg der crossmedialen Anlage des Sponsorings liegt in der grundsätzlich positiveren Beurteilung der User, die New Yorker sowohl im TV als auch im Internet wahrgenommen haben. Kriterien wie Auffälligkeit des

Sponsorings, Passung zum Format, Sympathie, Kreativität und Produktinteresse erzielten <u>durchweg</u> höhere Bewertungen, wie die nachfolgende Darstellung erläutert.

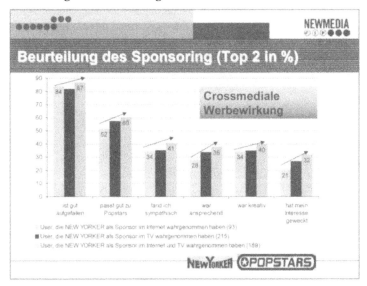

Abb. 23 Beurteilung des Sponsorings (Top 2 in %)

Durch das integrierte Zusammenspiel von klassischem TV und interaktivem Internet wurden die Bekanntheit und die Akzeptanz des Sponsors deutlich erhöht.

Über die Steigerung der Bekanntheitswerte hinaus gelang es New Yorker auch, während der Laufzeit des Formats mehr als 30.000 Abonnements des hauseigenen Print-Magazins abzusetzen. Weiterhin wurde ein große Anzahl von Popstars-Fans auf der Suche nach der Bekleidungsmode der Band „No Angels" in den Niederlassungen registriert, ein sicheres Indiz für die erfolgreiche Gewinnung von potentiellen Neukunden.

Zusammenfassend lässt sich auch für diese Case Study ein Erfolg auf der ganzen Linie konstatieren. Die sinnvolle Kombination eines starken Entertainment-Formats mit einem komplexen Crossmedia-Sponsoring hat die definierten Kampagnenziele des Werbungtreibenden klar erreicht bzw. übertroffen.

Die Zukunft der konvergenten Unterhaltung Mit dem Einzug hoher Übertragungsbandbreiten für das digitale TV ergeben sich völlig neue Perspektiven für konvergente TV-

Formate. Der derzeit existierende Flaschenhals des Medienbruchs wird innerhalb einer Dekade nicht mehr präsent sein. TV-Seher sind dann in der Lage, mit einem Knopfdruck vor dem heimischen Fernseher eine Vielzahl interaktiver Dienste und Features zu nutzen. Dies erfordert gleichermaßen eine Revolution in der Gesamtkonzeption funktionierender Unterhaltungs- und Informationsformate, denn der derzeit eher passive Fernsehnutzer mutiert zum potentiell aktiven **„Viewer"**, welcher eine neue, kombinierte Art von Unterhaltung und Information fordert.

3.5   Rechtliche Aspekte der Werbung in Online-Medien

Von Nicole Prior

Werbung in Online-Medien, das sogenannte Webvertising [39], hat nach dem rasanten Aufstieg des Internets auch bei uns in Deutschland innerhalb kürzester Zeit derartige Ausmaße angenommen, dass die Gesetzeshüter den langen Arm von Justitia immens ausstrecken müssen, um der Fülle von damit leider auch einhergehenden Gesetzesverstößen und unrechtmäßigen Marketingaktivitäten noch Herr werden zu können.

Das nachfolgende Kapitel stellt keine Untersuchung sämtlicher Aspekte des Online-Werbetreibens in rechtlicher Hinsicht dar, sondern beschränkt den Gegenstand der Betrachtung speziell auf die Kernfrage: Wie darf ich als Werbetreibender Marketingaktionen gegenüber dem Zielpublikum gestalten, ohne damit Rechtskonflikte auszulösen?

Ausgangspunkt sind dabei jeweils die verschiedenen vom Werbenden einsetzbaren Werbeinstrumentarien.

Dem Werbeschaffenden bietet sich eine ganze Palette von Werbeinstrumentarien, mit denen er in der bunten Welt des World Wide Web die Aufmerksamkeit des Produktes auf das gewünschte Zielpublikum lenken kann.

Webangebote

Dabei ist zunächst einmal an das klassische Medium der Web-Angebote zu denken, deren Homepage den User gleich zu Anfang zum längeren Verweilen auf der gesamten Web-Site einladen soll.

Die äußere Gestaltungsform und deren Inhalt müssen mit den gesetzlichen Vorgaben übereinstimmen.

Pflicht zur Anbieterkennzeichnung, § 6 TDG

Zu denken ist dabei zunächst an § 6 Teledienstegesetz (TDG). Dieser verpflichtet Homepagebetreiber, die ein geschäftsmäßiges Angebot im Internet bereitstellen, ihren Namen sowie ihre Anschrift - bei Personenvereinigungen zudem den Namen und die Anschrift des Vertretungsberechtigten – bekannt zu machen.

---

[39] Ein Wort, welches aus der Kombination von "Web" und "Advertising" entstand, siehe Waltl, S. 188.

§ 6 Absatz 1 Mediendienstestaatsvertrag (MDStV) verlangt bei On-line-Angeboten, bei denen die redaktionelle Gestaltung zur Mei-nungsbildung für die Allgemeinheit im Vordergrund steht, eben-falls eine Anbieterkennzeichnung.

Bei redaktionell-journalistisch gestalteten Web-Seiten, wie bspw. online verfügbare Zeitungen, legt § 6 Absatz 2 MDStV fest, dass die jeweils für einen Online-Artikel Verantwortlichen namentlich und mit Anschrift benannt werden müssen.

Fehlt eine derartige Angabe, kann den Betreibern gem. § 20 Ab-satz 2 MDStV ein Ordnungsgeld bis zu 250.000 EURO auferlegt werden.

Ein Impressum sollte demnach übersichtlich gestaltet und bereits auf der Homepage des Angebotes problemlos zu finden sein.

Rechtmäßige Inhalte

Bei den einzufordernden rechtmäßigen Inhalten der Web-Angebote muss zwischen den eigenen redaktionell gestalteten Inhalten und den sogenannten Links unterschieden werden.

Eigene Inhalte

Ein Homepage-Betreiber, welcher Teledienste anbietet, haftet gem. § 5 TDG uneingeschränkt für die von ihm publizierten In-halte. Teledienste sind nach § 2 Absatz 2 Nr. 2 TDG insbesondere Angebote zur Information oder Kommunikation, wie etwa Angebote zur Verbreitung von Informationen über Waren- und Dienstleistungsangebote, nach § 2 Absatz 2 Nr. 5 TDG aber auch Angebote von Waren und Dienstleistungen in elektronisch ab-rufbaren Datenbanken mit interaktivem Zugriff und unmittelbarer Bestellmöglichkeit.

Aufgrund eines derartigen Haftungsrisikos sollte man sich vor der Einbindung aller Elemente genau überlegen, ob dadurch keinerlei Rechte Dritter tangiert werden. Denkbar sind hier diver-se Verstöße wie Urheberrechtsverletzungen beim Benutzen fremder Texte oder Musikstücke via MP3 Dateien, Ehrverletzun-gen durch ehrenrührige Äußerungen über Mitkonkurrenten, Ge-schmacksmusterrechtsverletzungen inklusive Designschutz, Per-sönlichkeitsrechtsverletzungen unter Einschluss des Rechtes am eigenen Bild fremder Personen, Markenrechts-, Patentrechtsver-letzungen und Verletzungen des Gesetzes zur Bekämpfung des unlauteren Wettbewerbs etc. Derartige Rechtsverletzungen wer-den nach allgemeinen Gesetzen verfolgt; bei Ehrverletzungen also etwa nach §§ 185 ff. Strafgesetzbuch (StGB) etc.

Was Urheberrechtsverstöße anbelangt, so ist zunächst § 106 Ur-heberrechtsgesetz (UrhG) relevant, wonach die widerrechtliche

Verwendung urheberrechtlich geschützter Werke mit Freiheitsstrafe bis zu drei Jahren oder Geldstrafe geahndet wird. Daneben kann der Urheber der Werke Unterlassungs-, Beseitigungs- und Schadensersatzansprüche -gem. §§ 97 ff. UrhG- evtl. in Verbindung mit §§ 75,78, 85, 16 UrhG-, §§ 823 ff. Bürgerliches Gesetzbuch (BGB), §§ 812 ff. BGB etc. - sowie Vernichtungs- und Herausgabeansprüche (gem. § 98 UrhG) geltend machen. Die Schadensersatzansprüche setzen dabei Verschulden voraus.

Somit sollte das Kopieren sowie Einscannen urheberrechtlich geschützten Materials für gewerbliche Websites, die kommerzielle Verwendung von Personenbildern in der Werbung in Web-Angeboten (es sei denn, diese Personen sind seit mindestens 10 Jahren verstorben), das Kopieren von elektronischen Datenbanken für die Nutzung von Websites und auch die bloße Entleihung einer einzelnen Melodie eines fremden Musikstückes für ein neu geschaffenes Werk zum Abspielen für das eigene Web-Angebot ohne die jeweilige Erlaubnis des Urhebers in Form einer Lizenz oder dergleichen tunlichst vermieden werden.

Auf einem Internet-Angebot lizenzfrei veröffentlicht werden darf dagegen ein gemeinfreies Werk, also Werke, bei denen die urheberrechtliche Schutzfrist abgelaufen ist (i.d.R. 70 Jahre nach dem Tod des Schöpfers), so dass keine Urheber- oder Leistungsschutzrechte mehr daran bestehen. Urheberrechtsfrei sind zudem ein vom Urheber freigegebenes Quellenmaterial (die sogenannte "Freeware"), amtliche Werke (bspw. Gerichtsentscheidungen, technische Normen usw.) sowie Ideen anderer, welche in einem eigenständigen Werk verarbeitet werden, da das Urheberrecht nicht die bloße Idee als solche, sondern nur die Verarbeitung derselben zu einem konkreten Werk schützt (Ausnahmen hiervon gibt es bei Musikwerken).

Hyperlinks, Deep-Links, Frames und Inline-Links

Sogenannte Hyperlinks im World Wide Web sind durch Unterstreichung hervorgehobene Texte, die durch Anklicken Verbindungen zu anderen im Web gespeicherten Dokumenten herstellen. [40]

Höchstrichterlich noch nicht geklärt ist die Frage, ob Hyperlinks zu rechtmäßigen Seiten grundsätzlich rechtlich zulässig sind oder

---

[40] Vahrenwald, Kap. 1.2.1., S. 7 ; s.a. Loewenheim/Koch, Niebler, 257-258.

schon für sich gesehen einen Urheberrechts-, Markenrechts- oder Wettbewerbsrechtsverstoß darstellen. [41]

Was Hyperlinks zu Seiten mit rechts- [42] oder wettbewerbswidrigen Inhalten (bspw. bei Verstößen gegen Urheber-, [43] Marken- [44] oder Wettbewerbsrecht [45]) anbelangt, so gibt es für Teledienste [46] jedoch eine klare gesetzliche Vorgabe. Führt der Link zu Webseiten mit rechtswidrigen oder wettbewerbswidrigen Inhalten, so schreibt § 5 Absatz 2 TDG - bei wettbewerbsschädigenden Seiten i.V.m. § 1 UWG - vor, dass eine Haftung nur in Frage kommt, wenn der Anbieter vom Inhalt Kenntnis hat und die Nutzungsverhinderung zugleich technisch möglich und zumutbar ist.

Macht sich der Anbieter den fremden Inhalt der Homepage, zu welcher der Link besteht, als Vervollständigung des auf den eigenen Seiten angebotenen Inhalts zu Eigen, so haftet er gem. § 5 Absatz 1 TDG nach den allgemeinen Vorschriften. [47]

---

[41] Bejahend bspw. LG Verden MMR 1999, 493; LG Hamburg MMR 2001, 472; verneinend OLG Köln MMR 2001, 387, 388.

[42] Siehe dazu LG Hamburg CR 1998, 565, 566.

[43] So in der Entscheidung LG Hamburg MMR 2000, 761, 762; OLG Hamburg MMR 2000, 1198, 1199.

[44] Siehe die Entscheidung LG München MMR 2000, 566, 567; LG Braunschweig CR 2001, 47, 48 = MMR 2001, 187, 188; OLG München K u. R 1999, 335; LG München MMR 2001, 56, 57.

[45] So im Urteil des LG Hamburg MMR 2001, 472; LG Frankfurt a.M. CR 1999, 45, 46, 47; OLG Celle CR 1999, 523, 524, 525 (insb. für "Deep Links"); den Unterlassungsanspruch gegenüber einem Linksetzer unter dem Gesichtspunkt eines ergänzenden wettbewerbsrechtlichen Leistungsschutzes gem. § 1 UWG verneint hat dagegen OLG Düsseldorf MMR 1999, 729, 732.

[46] Bei Mediendiensten ist streitig, ob § 5 MDStV als landesrechtliche Regelung angewendet werden darf, weil nach einer Meinung die Länder nicht berechtigt sind, gesetzliche Regelungen zu treffen, welche die zivil- bzw. strafrechtliche Verantwortung modifizieren, da dieses Recht, die Gesetzgebungskompetenz, nur dem Bund zustehen würde; s. zum Streit näher Engels/Köster, MMR 1999, 522, 523; Bettinger/Freytag, CR 1998, 545, 547, Schack, MMR 2001, 9, 14-15.

[47] LG München MMR 2000, 566, 567; bejahend auch beim "Inline-Link"

Ein zu Eigen Machen ist auch dann gegeben, wenn der Anbieter zwar nicht selbst Einfluss auf die Inhaltsgestaltung hatte, er aber ein bestimmendes wirtschaftliches oder sonstiges Interesse an der Verbreitung des ursprünglich fremden Inhalts in gerade der vorliegenden Form hat. [48]

Ein Markenrechtsverstoß via Hyperlink liegt vor, wenn dieser kennzeichnend für die eigene Homepage benutzt wird, wenn also bewirkt werden soll, dass die verlinkte Seite für die eigene Seite Werbung darstellt.

Da § 5 Absatz 2 TDG nur von "Kenntnis des Inhalts" spricht, erstreckt sich eine mögliche Haftungsfreistellung nicht auf die Kenntnis der Rechtswidrigkeit [49], so dass eine Entschuldigung mit mangelnder Kenntnis der Rechtslage oder der Lizenzverhältnisse nicht in Betracht kommt. Die Prüfung der verschuldensbegründenden Kenntnis vollzieht sich demnach in zwei Stufen, d.h. mangelnde Kenntnis der Inhalte führt zu einer Haftungsfreistellung, wohingegen ein Kenntnismangel in Bezug auf die Rechtswidrigkeit eine Haftung für fahrlässiges Verhalten durch Verletzen der Prüfpflichten nach sich zieht. [50]

Eine Ausnahme gilt gem. § 5 Absatz 3 TDG lediglich bei bloßer Zugangsvermittlung. In einem derartigen Fall soll eine Verantwortlichkeit des Linksetzenden nicht eingreifen.

Ein Sonderproblem stellen die sogenannten Deep-Links dar.

Darunter versteht man einen Link an der Hauptseite des Zielangebotes vorbei direkt auf dort in der Struktur tiefer liegende Informationen. [51] Sie sind folglich ebenfalls Hyperlinks, aber solche, die unmittelbar auf ein untergeordnetes Dokument einer anderen Web-Page führen. Durch Deep-Links gelangt man also nicht zunächst auf die Homepage des Angebotes, sondern sie beinhalten Verweise auf einzelne Site-Bestandteile unter Umgehung der vorgesehenen Startseite.

LG Lübeck MMR 1999, 686 = CR 1999, 650, 651.

[48] Bettinger/Freytag, CR 1998, 545, 550.

[49] Pichler, MMR 1998, 79, 88.

[50] Decker, MMR 1999, 7, 9.

[51] Herberger, NJW 2000, 2082.

Dies kann demjenigen, der dem Deep-Link folgt, suggerieren, dass die angesteuerte Seite zum Angebot des den Link Setzenden gehört. Führen Deep-Links zu Seiten mit urheberrechtlich geschützten Werken, kann dies eine Urheberrechtsverletzung darstellen, wenn daraus hervorgeht, dass sich der Setzer des Deep-Links dieses Werk dadurch zu Eigen macht. Bei kennzeichenmäßiger Verwendung des Deep-Links entsteht dadurch unter Umständen eine Markenrechtsverletzung. Wettbewerbswidriges Verhalten entsteht bspw. durch einen Deep-Link, wenn jemand auf einer Web-Site eine Leistung vollbracht hat, die der Setzer des Deep-Links dadurch unmittelbar für seine eigene Site übernimmt.[52]

Ebenfalls rechtlich häufig nicht unbedenklich sind Frames oder Inline-Links.

Hyperlinks haben den Nachteil, dass dadurch der Nutzer auf eine völlig andere Web-Seite gelangt und eventuell auf dieser von der ursprünglich besuchten Seite so abgelenkt wird, dass er zu ihr nicht mehr zurückkehrt. Dies soll durch den Einsatz von Frames und Inline-Links verhindert werden. Mit Hilfe von Frames kann man den Anzeigebereich des Browsers in verschiedene, frei definierbare Segmente aufteilen.[53] Jeder dieser Rahmen kann eigenständig aktivierbare Inhalte enthalten, so dass es möglich ist, verschiedene Angebote gleichzeitig auf dem Bildschirm wahrzunehmen. Hierbei wird der Nutzer zwar zu dem anderen Inhalt hingeführt, er kann aber gleichzeitig das ursprüngliche Angebot in einem anderen Rahmen weiterhin wahrnehmen. [54] Die einzelnen Anzeigensegmente (also die Frames) können wahlweise einen statischen Inhalt (= "non scrolling regions") oder einen wechselnden Inhalt haben. Verweise in einem Frame können Dateien aufrufen, die dann in einem anderen Frame angezeigt werden. [55]

Daneben gibt es die sogenannte Inline-Link-Methode, wo sogenannte "Inline"-Graphiken zwar Bestandteil einer Web-Seite sind,

---

[52] Hinsichtlich § 1 UWG OLG Celle CR 1999, 523, 524, 525.

[53] http://www.netzwelt.com/selfhtml/tcia.htm.

[54] Koch, NJW-CoR 1997, 298,300.

[55] http://www.netzwelt.com/selfhtml/tcia.htm.

aber von einer anderen stammen.[56] Somit führt der Link beim "Inline-Linking" nicht zu einem Wechsel der Seite, sondern der andere Inhalt wird unmittelbar in das ursprüngliche Angebot hineingelinkt. [57]

Die Benutzung von Frames oder Inline-Links bringt ebenfalls oftmals eine Verletzung des Rechts des Urhebers bei eingeframten Seiten mit sich. Eine derartige Rechtsverletzung liegt dann vor, wenn der Visiter durch den Frame oder Inline-Link nicht mehr ausmachen kann, wessen Angebot die auf dem Bildschirm sichtbaren Seiten zugehörig sind und der komplexen, nicht lediglich einfach strukturierten Gestaltung der ursprünglichen Web-Seite z.B. durch ihren Aufbau, die Logik der Darstellung, ihren Inhalt, die grafische Gestaltung oder eine besondere Benutzerfreundlichkeit gegenüber dem, was üblicherweise im Internet bei Web-Seiten anzutreffen ist,[58] Urheberschutz zukommen kann. Das bedeutet, dass das Konstrukt die in § 2 UrhG vorausgesetzte Schöpfungshöhe erreichen muss. [59]

Im Zusammenhang mit Frames oder Inline-Links denkbar sind zudem Wettbewerbsverstöße aufgrund einer Irreführung. [60]

Eingabemasken   Web-Angebote beinhalten oftmals Eingabemasken für den Besucher der Seite zur Preisgabe persönlicher Daten, damit dieser bspw. nähere Informationen über das die Web-Site vorhaltende Unternehmen erhält, Waren, Newsletter u.ä. ordern oder sonstige Serviceleistungen der werbenden Firma nutzen kann.

Solche Eingabemasken müssen von der Konzeption her so beschaffen sein, dass sie den Datenschutz der Kunden beachten.

Dieser richtet sich je nach Anbieter der Web-Site nach unterschiedlichen Gesetzen. Unternehmen und Diensteanbieter, die

---

[56] Loewenheim/Koch, Niebler, 258.

[57] Hoeren, WRP 1997, 993, 996.

[58] Bejahend LG Hamburg MMR 2000, 761, 762 = CR 2000, 776, 777, 778; OLG Hamburg MMR 2001, 533, 534; LG Köln MMR 2001, 559.

[59] Verneinend das OLG Düsseldorf beim zu entscheidenden Fall in MMR 1999, 729-733; bejahend dagegen LG Hamburg MMR 2001, 472; LG Frankfurt a.M. CR 1999, 45, 46, 47; OLG Celle CR 1999, 523, 524, 525.

[60] OLG-Köln MMR 2001, 387-391; verneinend allerdings LG Düsseldorf CR 1998, 763, 764.

Telekommunikationsdienstleistungen für die Öffentlichkeit erbringen, die sogenannten Access- u. Presence-Provider, unterliegen der Telekommunikationdienstunternehmen-Datenschutzverordnung (TDSV). Anbieter von Telediensten dagegen haben das Teledienstedatenschutzgesetz (TDDSG) zu beachten.

Darüber hinaus sind Verarbeitungsgrundsätze und Anbieterpflichten für Mediendienste im MDStV festgelegt. Unbedingte Erfordernisse sind dabei die Unterrichtung des Nutzers von der Datenerhebung (§ 3 Absatz 4 TDSV, § 3 Absatz 5 TDDSG, § 12 Absatz 6 MDStV), das Verbot der Verwendung der Daten für andere Zwecke (§ 3 Absatz 3 TDSV, § 3 Absatz 2 TDDSG, § 12 Absatz 3 MDSt) sowie das in § 3 Absatz 4 TDDSG, § 12 Absatz 5 MDStV festgelegte Gebot, so wenig personenbezogene Daten wie möglich zu erheben.

Die Nutzung erhobener Bestandsdaten ist generell erlaubt zur Kundenberatung als auch zur Werbung und Marktforschung für eigene Zwecke. Dabei muss jedoch zwingend ein Hinweis erfolgen, dass der Kunde der Nutzung widersprechen kann (gem. § 4 Absatz 2 TDSV, § 5 Absatz 2 TDDSG, § 14 Absatz 2 MDStV).

Das Ausfüllen der Eingabemaske wird dabei als eindeutige und bewusste Handlung zu werten sein, so dass hierbei in aller Regel das Erfordernis der Einwilligungserteilung gem. § 3 Abs. 7 TDDSG hinlänglich erfüllt ist.

Festlegung der Ansprechpartner

Um Rechtskonflikte mit anderen Staaten durch die Ausgestaltung einer Web-Site zu vermeiden, sollte von vornherein – zunächst gedanklich - festgelegt werden, an wen sich das Angebot wenden soll. Falls eine englischsprachige Version zum Anklicken alternativ anwählbar in die Seite eingebunden wird, muss sich der Betreiber darüber im Klaren sein, dass er aufgrund der Globalisierung derartiger Internet-Seiten, deren Abruf theoretisch auf der ganzen Welt möglich ist, dann auch alle englischsprachigen User in das Angebot mit einbezieht.

Dieses Phänomen wird als Ubiquität der Werbung bezeichnet, womit die Erreichbarkeit der Werbung in vielen Ländern gemeint ist. [61]

Mittlerweile ist richterlich geklärt, dass für den Ort der deliktischen Handlung bei Angeboten im Internet nicht auf den Ort abzustellen ist, an dem die reale Einrichtung einer Homepage er-

---

[61] Kotthoff, CR 1997, 677.

folgt oder an dem der Server steht, also der Ort, an dem die
Werbung ins Netz eingespeist wird (= der sogenannte Hand-
lungsort), sondern als Begehungsort grundsätzlich jeder Ort in
Betracht kommt, an dem die Homepage bestimmungsgemäß abgerufen werden kann und eine Interessenkollision bewirkt, folglich der Ort, an dem der Erfolg der Werbemaßnahme eintritt (=
der sogenannte Erfolgsort). [62]

Brisant wird es beispielsweise dann, wenn in bestimmten Ländern Alkohol- oder Tabakwerbeverbote bestehen und dort dennoch eine derartige Internetseite aufgerufen wird.

Soll von vornherein der Kreis der Ansprechpartner auf den deutschen Raum beschränkt bleiben, so empfiehlt es sich, keine eng-
lischen Übersetzungen und Formulare innerhalb des Angebotes
zu verwenden.

Wenn dennoch eine englische Version auf der Seite erscheint, so
müssen andere Vorkehrungen getroffen werden, wie bspw. auf
der Page schriftlich fixierte Liefervorbehalte zu Lasten aller Länder, mit welchen keine Geschäftsbeziehungen aufgebaut werden
sollen[63] etc. Wenig bedeutsam ist die Währung, in der der Preis
der Ware oder Dienstleistung angegeben ist. Der bloße Umstand,
dass kein Euro-Preis erscheint, besagt somit nicht, dass die Werbung nicht auf den deutschen Markt gerichtet ist.[64]

Preise gem.
Preisangaben-
verordnung

Verkaufsofferten innerhalb des World Wide Web müssen sich
hinsichtlich der dort angepriesenen Produkte und deren Preisgestaltung   an   der   Preisangabenverordnung   orientieren.

Bruttopreise

Sobald ein Unternehmen auf der Web-Seite ein Produkt nicht
nur für sogenannte Zwischenhändler, sondern auch zugleich für
den Endverbraucher anbietet, besteht gem. § 1 Absatz 6, Satz 3
Preisangabenverordnung (PAngV) eine Verpflichtung zur Angabe
sowohl der Netto- als auch der Bruttopreise unter grafischer
Hervorhebung des Bruttopreises. Dies gilt, solange die Web-Site
sich ersichtlich auch an nicht-gewerbliche Verbraucher richtet. [65]

---

[62] LG Frankfurt MMR 2001, 243-249; LG München CR 2000, 464, 465;
Röhrborn, CR 2000, 466.

[63] So auch Kotthoff, CR 1997, 676, 682.

[64] So sinngemäß auch Kotthoff, CR 1997, 676, 682.

[65] LG Ellwangen CR 2000, 188, 189 = MMR 1999, 675, 676.

Zugleich liegt dann auch eine irreführende Werbung gem. § 3 des Gesetzes gegen den unlauteren Wettbewerb (UWG) vor. [66]

Die Rechtsprechung ist, was die Nennung derartiger Bruttopreise anbelangt, allgemein der Ansicht, dass der Verbraucherschutz die Nennung sämtlicher Preisbestandteile zur Vermeidung der Täuschung des Endverbrauchers über den tatsächlichen Preis und zum Zweck der Preiswahrheit und Preisklarheit sowie Erleichterung des Preisvergleichs verlange und es dem Endverbraucher unzumutbar sei, die Mehrwertsteuer selbst auszurechnen.[67]

Eine Ausnahme liegt nur dann vor, wenn die Werbung lediglich Unternehmern zugänglich gemacht wird, welche die im Kaufbetrag enthaltene Umsatzsteuer als Vorsteuer abziehen können. Dies kann durch vorherige Zuteilung von Passwörtern etc. an die betreffenden Firmen erreicht werden.

Gesonderte Anzeige über Preis der fortlaufenden Nutzung

Bei fortlaufenden Nutzungen innerhalb des Internets, wie bspw. Online-Recherchen in umfangreichen Datenbanken, normiert § 3 Satz 3 PAngV, dass die Preise vor dem Verkauf bzw. der Leistungserbringung offen gelegt werden müssen. Als Ort eines derartigen Leistungsangebots gilt dabei auch die Bildschirmanzeige, wenn die Leistungserbringung über die Bildschirmanzeige und die Berechnung nach unterschiedlichen Einheiten (z.B. nach Dokumenten, Zeit oder Menge der abgerufenen Daten) erfolgt. Erforderlich ist dabei eine gesonderte, unentgeltliche Anzeige über den Preis der fortlaufenden Nutzung.

Die Gerichte hat dagegen die Frage der Ausgestaltung der Preisinformation noch nicht beschäftigt. Insofern sind derzeit noch sämtliche denkbaren Varianten erlaubt, wie bspw. fortwährend auf dem Bildschirm aktualisierte Preisangaben, oder die Nennung des Preises nur jeweils vor Abruf der konkreten Leistung oder etwa auch erst nach eigener Nachfrage durch den User des Angebotes durch Mouseklick.

Datenschutz beim Messverfahren

Um die Seitenzugriffe auf die jeweiligen Pages im Netz ermitteln zu können, gibt es verschiedene Messverfahren. Anhand der beiden bekanntesten wird hier dargestellt, wie sich derartige Mechanismen auf den Datenschutz auswirken können.

---

[66] LG Ellwangen CR 2000, 188, 189 = MMR 1999, 675, 676; zur irreführenden Werbung s. B. II. 2.3.

[67] BGH GRUR 1979, 553, 554.

IVW

Die renommierteste objektive Kontrollinstanz in Deutschland zur Messung der Zugriffszahlen ist die IVW, die "Informationsgemeinschaft zur Feststellung der Verbreitung von Werbeträgern e.V." [68], welche für die Erfassung der objektiven, genauen Kontaktdaten ein bestimmtes Messverfahren einsetzt, wofür jedes einzelne Mitglied einen bestimmten Visit-Zahlen-abhängigen Jahresbeitrag entrichten muss. Bislang gab es für die Ermittlung der Zugriffszahlen eine bestimmte IVW-Software, die bald von sogenannten Zählboxen abgelöst werden soll, welche sich aber zum Zeitpunkt des Abfassens dieses Artikels noch in der Testphase befinden.[69]

Diese Methode wirft keine rechtlichen Probleme hinsichtlich des Datenschutzes auf, da es ein anonymes Verfahren ist, bei welchem die Visiter der gezählten Seiten als Individuum nicht erkennbar sind. Die Erfassung der Besuche und Seitenzugriffe auf eine Seite lässt sich vielmehr als eine Art Auflagenmessung einstufen

Media Metrix

Beim Media Metrix-Verfahren dagegen wird die benötigte Software direkt auf den PC eines repräsentativen User-Kreises installiert, sie läuft permanent im Hintergrund des PC´s ab und protokolliert sekundengenau, zu welchen Zeiten der User online ist und welche Websites er wann besucht und wieder verlässt. Der User selber wird mittels einer Stichprobe ausgewählt. Die Methode vollzieht eine Reichweiten-Messung (PC-Meter) und eine Messung der Verweildauer des Users in einem bestimmten Angebot. Es stellt demnach einen Standard zur Messung von Online-Reichweiten zusätzlich zur Auflagen-Messung dar. [70]

Dieses hat die Konsequenz, dass die Privatsphäre des Nutzers gem. Art. 2 Absatz 1 Grundgesetz (GG) tangiert ist.

Bei Mitarbeitern in Unternehmen, welche eine derartige Software auf ihren Arbeitsplatz installiert bekommen, richtet sich der Datenschutz nach § 3 TDDSG.

Werbebanner

Die Entwicklung von Werbebannern stellt innerhalb der Werbeindustrie eine gänzlich neuartige Form des Marketings dar, dessen spielerische Varianten dem Einfallsreichtum der technischen

---

[68] http://www.ivw.de.

[69] http://www.ivw.de/verfahren/index.html.

[70] Näheres dazu unter http://de.jupitermmxi.com/home.jsp.

Entwickler dieser bunten Werbefenster ganz neue Bandbreiten ermöglichen. Angefangen von interaktiven Bannern und Virtual Tags, bis hin zu Smart Bannern, Inter- und Superstitial-, Pop-Up- (oder als Unterkategorie Blow-Up-), Pop-Under, Sticky-, Scroll- und Intelligent Ads, Mouse-Move-Bannern, Sky-scraper, E-Mercials als auch Webformercials [71] werden sie quer durchs gesamte World Wide Web verteilt, um die Aufmerksamkeit des Zielpublikums auf sich zu ziehen.

Personalisierte *Banner*

Bei den personalisierten Rich-Media-Bannern, wird der User - im Gegensatz zu den normalen Gif-Bannern - individuell angesprochen, indem sein Internet-Spitzname (Nickname) in den Banner integriert wird. Dies ist nur auf solchen Web-Seiten möglich, auf denen sich der User mit einem Passwort und Nickname einloggen muss. Bei einer derartigen persönlichen Bezugnahme ist zwingend der Datenschutz der Anwender zu beachten.

Hierbei gelten die gleichen Anforderungen, wie dies für den Datenschutz beim Ausfüllen von Eingabemasken ausgeführt wurde, so dass in diesem Zusammenhang auf das entsprechende Kapitel verwiesen wird. [72]

Allgemeines *Wettbewerbs-* *recht*

Innerhalb der Jurisprudenz besteht die Forderung, dass Werbung von Internet-Anbietern grundsätzlich an den strengen Standards des bundesdeutschen Wettbewerbsrechts ausgerichtet werden soll. Höchstrichterlich geklärt ist dieses bislang aber noch nicht.

Legt man die allgemeinen Wettbewerbsregeln auch beim Webvertising zugrunde, so müsste man nachfolgend beschriebene Werbeformen als unzulässig bewerten.

§ 1 UWG

Einschlägig bei vielen Arten der Werbung, auch im World Wide Web, ist zunächst einmal § 1 UWG.

Schockwerbung *Werbung mit* *der Angst*

Bei der sogenannten Schockwerbung besteht das zu kritisierende Verhalten der Werbeschaffenden darin, dass dabei die Gefühle und das Vertrauen des Werbepublikums ausgenutzt werden sollen, indem die angegriffene Werbung in sittenwidriger Weise der Umsatzsteigerung mittels "emotionaler Ansprache" dient und

---

[71] Näheres zu den verschiedenen Bannerarten s.u. http://www.uni-wuppertal.de/FB5-Hofaue/Brock/Projekte/Internetseminar/Werbung/banner2.htm sowie Brechtel, Horizont 20/2001, 70.

[72] Siehe dazu Kap. B. I. 3.

damit außerhalb des Leistungswettbewerbs steht [73]. Eine derartige Werbung versucht, den Betrachter zu schockieren, um so sich oder seine Produkte dem umworbenen Verkehr einzuprägen, ohne dass das in der Werbung gewählte Motiv in einem Zusammenhang oder Sachbezug mit und zu den Produkten oder dem Unternehmen des Werbenden steht. [74] Bei der schockierenden Werbung geht es also um den Inhalt der Werbung mit Hilfe von Motiven, die so gewählt sind, dass sie den Verbraucher unvorbereitet "vor den Kopf schlagen" und dadurch eine psychische Beeinträchtigung darstellen. Die Werbung dringt demzufolge in die "geistige und emotionale Privatsphäre" ein. Kennzeichnend für die schockierende Werbung ist es, dass das jeweilige Werbemotiv in keinerlei Zusammenhang mit dem angepriesenen Produkt steht. [75]

Die ähnlich gelagerte Werbung mit der Angst will den Betrachter durch Wort oder Bild in nachvollziehbare Angst um sich, seine Angehörigen oder seine notwendigen Gebrauchsgegenstände versetzen.

Die Werbung mit der Angst ist in die Fallgruppe der unsachlichen Beeinflussung oder der gefühlsausnutzenden Werbung einzuordnen. Sie wirkt auf die Psyche des Umworbenen ein, um durch die Art und Weise der Information bei dem Umworbenen Angstgefühle hervorzurufen oder zu verstärken, so dass dadurch der Warenabsatz gesteigert wird. Das Mittel Angst wird dabei planmäßig und gezielt eingesetzt, um den Zweck der Absatzsteigerung zu erreichen[76]

Zwar ist gefühlsbetonte Werbung in Form der Schockwerbung oder Werbung mit der Angst keineswegs internetspezifisch, aber das Netz bietet durch animierte Banner eine ganz andere Ausgestaltung an Möglichkeiten, wie das nachfolgende Beispiel einer Werbung mit der Angst veranschaulichen soll:

---

[73] OLG Frankfurt AfP 1992, 378; Gamm, Kapitel 18, Rdnr. 7.

[74] OLG Frankfurt a. M. NJW-RR 1994, 945.

[75] Henning-Bodewig, WRP 1992, 533, 535, 536

[76] Schnorbus, GRUR 1994, 16-18.

Abb. 24 Werbung mit der Angst - "Achtung! Computer stürzt gleich ab, wenn Sie nicht auf diesen Banner klicken."

Nicht alle User können aufgrund technischem Wissen abschätzen, ob das Unterlassen des Anklickens dieses Banners tatsächlich bewirken kann, dass etliche oder sämtliche auf ihrem Computer befindlichen Dateien durch einen Computerabsturz beschädigt oder gelöscht werden. Folgen sie der Anleitung des Banners, so werden sie gezielt auf das Web-Angebot des den Banner ins Netz gestellten Unternehmens geleitet. Dort könnten sie zu Kaufentschlüssen verleitet werden, die den Warenabsatz dieses Unternehmens fördern würden.

Werbung mit der Angst verstößt nach § 1 UWG gegen den Grundsatz des fairen Wettbewerbs, weil Angst eine besonders starke Motivation ist, etwas zu kaufen und Angst daher nicht geeignet ist, als Grundlage für eine Kaufentscheidung zu dienen.[77]

Zulässig ist dagegen Werbung, die tatsächlich vorliegende Umstände, welche dem Käufer Angst bereiten, ausnutzt, denn Werbung mit der Realität ist wettbewerbsrechtlich nicht zu beanstanden [78] (z.B. eine in der Heimatstadt gegenüber anderen Städten erhöhte Kriminalitätsrate, eine Mückenplage etc.).

Boykottaufrufe   Auch Boykottaufrufe, also die Aufforderung zum Boykott von Mitbewerbern, ist wettbewerbsrechtlich nach § 1 UWG oder gem. § 21 Absatz 1 des Gesetzes gegen Wettbewerbsbeschränkungen (GWB) unzulässig. [79]

---

[77] Schnorbus, GRUR 1994, 16-17.

[78] OLG Frankfurt a. M. NJW-RR 1994, 945; Henning/Bodewig GRUR 1993, 952.

[79] BVerfG NJW 1992, 1153-1154; BGH DB 1984, 551-552.

Dies gilt ebenso für die Verbreitung derartiger Boykottaufrufe über das Medium "Internet". [80]

Diskriminie-rung

Unter die wettbewerbswidrigen Werbemaßnahmen fallen zudem diskriminierende Werbebotschaften, z.B. frauenfeindliche oder behindertenfeindliche Werbung etc. [81]

Untenstehendes Beispiel würde unter ein solches Verbot fallen, so dass ein derartiger Werbebanner gegen geltendes Recht verstoßen würde:

Abb. 25 Diskriminierung

§ 2 UWG Ver-gleichende Wer-bung

Ein weiteres Feld innerhalb der verschiedenen Arten von Werbeaktivitäten bildet die sogenannte vergleichende Werbung, welche sich nach der Umsetzung einer EG Richtlinie [82] in deutsches Recht nunmehr nach § 2 UWG beurteilt. Vergleichende Werbung ist nach § 2 Absatz 1 UWG jede Werbung, die unmittelbar oder mittelbar einen Mitbewerber oder die von einem Mitbewerber angebotenen Waren oder Dienstleistungen erkennbar macht.

Sie ist grundsätzlich zulässig. Absatz 2 und 3 des § 2 UWG legen aber einige sittenwidrige Verbotstatbestände fest. So muss sich der Vergleich auf Waren oder Dienstleistungen für den gleichen Bedarf oder dieselbe Zweckbestimmung beziehen (§ 2 Absatz 2 Nr. 1 UWG), objektiv auf eine oder mehrere wesentliche, relevante, nachprüfbare und typische Eigenschaften oder den Preis dieser Waren oder Dienstleistungen bezogen sein (§ 2 Absatz 2 Nr. 2 UWG). Ferner darf der Vergleich im geschäftlichen Verkehr

---

[80] Siehe dazu bspw. OLG Düsseldorf CR 1999, 230 / 231.

[81] BGH WRP 1995, 686, 687 / 688.

[82] 97/55/EG vom 06. Oktober 1997.

nicht zu Verwechslungen zwischen dem Werbenden und einem Mitbewerber oder zwischen den von diesen angebotenen Waren oder Dienstleistungen oder den von ihnen verwendeten Kennzeichen führen (§ 2 Absatz 2 Nr. 3 UWG). Sitten- und somit rechtswidrig ist nach § 2 Absatz 2 Nr. 4 UWG zudem eine vergleichende Werbung, welche die Unterscheidungskraft oder die Wertschätzung des von einem Mitbewerber verwendeten Kennzeichens in unlauterer Weise ausnutzt oder beeinträchtigt oder die gem. § 2 Absatz 2 Nr. 5 UWG die Waren, Dienstleistungen, Tätigkeiten oder persönlichen oder geschäftlichen Verhältnisse eines Mitbewerbers herabsetzt oder verunglimpft. Nach § 2 Absatz 2 Nr. 6 UWG schließlich ist eine solche vergleichende Werbung unerlaubt, die eine Ware oder Dienstleistung als Imitation oder Nachahmung einer unter einem geschützten Kennzeichen vertriebenen Ware oder Dienstleistung darstellt.

Absatz 3 des § 2 UWG legt fest, dass bei Angeboten mit Sonderpreisen oder anderen besonderen Bedingungen eindeutig der Zeitpunkt des Endes des Angebotes und, sofern dieses noch nicht gilt, der Zeitpunkt des Beginns des Angebotes anzugeben sind. Bei Angeboten, die nur solange gelten, wie die Waren oder Dienstleistungen verfügbar sind, muss dieser Vorschrift entsprechend darauf hingewiesen werden.

Werbung, in der Preise eines Anbieters mit denjenigen nur eines einzigen Mitbewerbers verglichen werden oder die isolierte Preisvergleiche beinhaltet, also solche Vergleiche, die sich nur auf den Preis beschränken und nicht das gesamte Angebot des Wettbewerbers einbeziehen, ist nicht von vornherein rechtswidrig. Es ist gem. § 2 Absatz 2 UWG nicht erforderlich, den Vergleich stets mit allen oder einer erheblichen Anzahl von Mitbewerbern anzustellen.[83] Vielmehr ist es nach diesen Voraussetzungen auch möglich, Waren oder Dienstleistungen nur mit denen eines bestimmten Mitbewerbers zu vergleichen.[84]

Schmähkritik im Internet über die Produkte eines Wettbewerbers ist in Deutschland in jedem Fall rechtswidrig.[85]

Nachfolgend ein Beispiel von zulässiger vergleichender Schmäh-Werbung im Ausland, welche hier in Deutschland verboten

---

[83] OLG Düsseldorf CR 1999, 22, 24.

[84] Wuermeling/Fuchs, CR 2000, 587, 593.

[85] LG München CR 1997, 155, 157.

wäre, da sie die Produkte des Konkurrenzunternehmens herabsetzend darstellt:

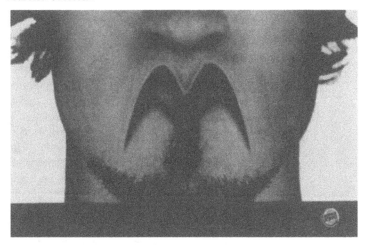

Abb. 26 Vergleichende Werbung

In dem obigen Beispiel wäre dem deutschen Schwesterunternehmen des US-Unternehmens der Hyperlink auf dessen nach deutschem Recht unzulässige vergleichende Werbung verboten, weil sich andernfalls das deutsche Unternehmen die hier verbotene Werbung durch den Link zu Eigen machen würde.

§ 3 UWG: Irreführende Werbung in Form der Täuschung

Eine ebenso große Bedeutung im Bereich der werberechtlichen Wettbewerbsverstöße spielt die Vorschrift des § 3 UWG.

Hiernach ist irreführende Werbung in Form der Täuschung untersagt. Irreführende Werbung begeht ein Werbender gem. § 3 UWG, wenn er im geschäftlichen Verkehr zu Zwecken des Wettbewerbs über geschäftliche Verhältnisse irreführende Angaben bspw. über die Beschaffenheit, die Herkunft oder den Preis usw. einer Ware tätigt.

Im Internet geschieht dieses insbesondere durch falsche Angaben zu den Seitenzugriffen des Web-Angebotes. Irreführend ist jede Werbung, die in irgendeiner Weise – einschließlich ihrer Aufmachung – die Personen, an die sie sich richtet oder die von ihr erreicht werden, täuscht oder zu täuschen geeignet ist und die infolge der ihr innewohnenden Täuschung ihr wirtschaftliches Verhalten beeinflussen kann oder aus diesen Gründen einen Mitbewerber schädigt oder zu schädigen geeignet ist. [86]

Eine spezielle Form der Täuschung ist die des Lockvogelangebotes, wobei Waren angeboten werden, die überhaupt nicht oder nur in unzureichender Menge zu dem beworbenen Preis vorhanden sind. [87]

Der Verbraucher dürfe bei öffentlicher Werbung für den Verkauf bestimmter Waren im Einzelhandel zu Recht erwarten, dass eine angekündigte Ware zu dem angekündigten Zeitpunkt, in der Regel also mit Erscheinen der Werbung, und für eine Zeit, die der Verkehr der Werbung und den sonstigen Umständen entnehmen darf, zur Verfügung stehen muss. Andernfalls wird der Verbraucher irregeführt und ggf. veranlasst, andere Waren zu kaufen. [88] Eine solche Werbung ist auch im Netz unzulässig.

Verstöße nach dem MDStV

Werbung, die sich an Kinder oder Jugendliche richtet oder bei denen diese Bevölkerungsgruppe eingesetzt wird und die gleichzeitig deren Interessen schadet oder deren Unerfahrenheit ausnutzt, verstößt gegen § 9 Absatz 1 MDStV. Eine derartige Werbung ist ebenso im Internet gesetzeswidrig.

Keyword-Advertising (oder Keyword-Targeting)

Beim Keyword-Targeting erscheint der Banner des Werbenden dann auf dem Bildschirm, wenn der eingegebene Suchbegriff mit einem der vorher vom Werbenden bei der Suchmaschine für den Aufruf seines Werbebanners angeführten Schlüsselbegriffe übereinstimmt. Bei einer Möbelfirma wären dies beispielsweise Stichworte wie Möbel, Einrichtungsgegenstände oder Wohnaccessoires.

Keyword-Targeting wird dann noch einmal unterteilt in Content-Targeting, wobei Bannermotive innerhalb bestimmter Themenbereiche aufgerufen werden, und in European-Country-Targeting, was die Einbindung von Bannern in verschiedenen geografischen Gebieten ermöglicht. Diese Form der "nutzerspezifischen Werbung" erleichtert das Eingrenzen der gewünschten Partiku-

---

[86] Gemeinschaftsrechtliche Definition in Art. 2 Nr. 2 und Art. 3 der Richtlinie 84/450/EWG.

[87] Baumbach/Hefermehl, § 3 UWG, Rdnr. 279, 280.

[88] OLG Frankfurt a. M. WRP 2001, 66, 67; BGH NJW 2000, 3001, 3002; 1985, 2333.

larzielgruppen.[89] Hierbei empfiehlt sich ein zeitgenaues Abruf-protokoll anhand von wöchentlichen oder täglichen Auswertun-gen. [90]

Suchmaschi-nen-Link durch Verwendung sogenannter Meta-Tags

Meta-Tags sind Zusatzangaben im Head-Bereich einer HTML-Datei für eine einzelne Webseite. Mit ihnen können Anweisun-gen für Browser, Server und Such-Robots angegeben werden. [91] Durch diese kodierten Informationen, häufig Schlagwörter, wird der Inhalt einer Web-Seite beschrieben. Anhand derartiger Schlagwörter können somit Suchprogramme die betreffende Web-Site auffinden, wenn ein Internet-Nutzer das Schlagwort als Suchwort verwendet. Die Suchprogramme durchsuchen das In-ternet nach Web-Sites, die das Suchwort aufweisen und stellen sodann Listen auf, in denen die "Treffer" in hierarchischer Ord-nung nach abnehmender Relevanz aufgeführt werden. [92]

Zu rechtlichen Problemen kann es dann kommen, wenn kenn-zeichenrechtlich geschützte Begriffe in Meta-Tags verwendet werden.

So versuchen manche Anbieter von Web-Seiten mit Hilfe soge-nannter Crawler von Suchmaschinen über einen entsprechenden Meta-Tag-Eintrag eines kennzeichenmäßigen oder markenrecht-lich geschützten Begriffes, welcher aller Voraussicht nach oft von Usern in die Suchmaschine eingegeben wird, eine Verbindung zur eigenen Homepage herzustellen. Bei den sogenannten "keyword buys", also der gekauften, anfrageabhängigen Werbe-einblendung, wird dementsprechend über Meta-Tags unter Ver-wendung derartiger Kennzeichen oder Marken eine Verbindung zum eigenen Werbebanner erzeugt, mit der Möglichkeit, durch Hyperlink auf die eigene Website zu gelangen. Diese Technik ist in beiden Alternativen unzulässig, da der eine solche Werbeprak-tik Ausnutzende die Suche im Internet mit Hilfe der Suchmaschi-ne in wettbewerbswidriger Weise kanalisiert. [93] Dies bedeutet

---

[89] Näher dazu: Karro, Horizont Nr. 10/99, 51 sowie Werner, Horizont Nr. 19/98, 56.

[90] Krautwald, Horizont Nr. 22/98, 62.

[91] http://www.at-web.de/suchmaschinen/metatag.htm.

[92] Viefhues, MMR 1999, 336.

[93] LG Hamburg CR 2000, 392, 395; OLG Hamburg CR 1999, 779; LG Mannheim CR 1998, 306.

wettbewerbsrechtlich eine unzulässige Rufausbeutung und planmäßige Ausbeutung des Werbewertes eines Fremdproduktes, um sich selbst einen Vorsprung vor eventuellen Mitbewerbern zu verschaffen. [94]

Die Eingabe von Begriffen, die kennzeichenmäßig oder markenrechtlich der Konkurrenz zuzuschreiben sind, führt hier dann also zum Aufruf der eigenen Web-Site bzw. zum Werbebanner desjenigen, der das entsprechende Stichwort zuvor beim Suchmaschinenbetreiber gekauft hat. [95]

Wenn also bspw. bei Eingabe des Begriffs "Siemens" automatisch auf die "Bosch"-Web-Site oder einen entsprechenden Werbebanner gelinkt wird, so ist dieses nicht erlaubt, da dieses unlauteren Wettbewerb in Form des sogenannten "Abfangens von Kunden" bzw. "Anhängens an einen fremden Ruf" darstellt, da dieses sitten- und somit rechtswidrig ist.

Möglich ist auch, dass es dadurch, vor allem wenn Branchenidentität besteht, zu unmittelbaren Verwechslungen kommt, falls der Besucher denkt, er habe die Web-Site oder den Werbebanner des Konkurrenten vor sich. [96] Mittelbare Verwechslungsgefahr besteht dann, wenn der User annimmt, zwischen beiden bestehe eine Verbindung oder Kooperation. [97]

Eine solche Praktik gibt dem Markeninhaber einen Unterlassungsanspruch gem. § 14 Absatz 2 Nr. 1 Markengesetz (MarkenG) i.V.m. § 1 UWG [98] bzw. gem. §§ 5 Absatz 2, 15 Absatz 3 MarkenG i.V.m. § 1 UWG. [99]

Aber auch ohne markenrechtliche Wertung ist die Verwendung fremder Kennzeichen in Meta-Tags unter §§ 1, 3 UWG zu fassen und zwar in Form des Ausnutzens eines fremden Rufs gem. § 1

---

[94] LG Hamburg CR 2000, 392, 393, 395.

[95] LG Hamburg CR 2000, 392, 393.

[96] LG Hamburg MMR 2000, 46; OLG München MMR 2000, 546, 547 = CR 2000, 701, 702.

[97] LG Hamburg CR 2000, 121.

[98] LG Frankfurt a. M. MMR 2000, 493, 494,495; Landgericht Frankfurt a.M. CR 2000, 462, 464; OLG München MMR 2000, 546, 547 = CR 2000, 701, 702.

[99] LG Hamburg CR 2000, 121.

UWG, der Irreführung nach § 3 UWG sowie der Behinderung von Mitbewerbern gem. § 1 UWG,[100] so dass auch dann ein Unterlassungsanspruch besteht.

Mit Hilfe dessen kann der Markeninhaber den Konkurrenten auf Unterlassung in Anspruch nehmen, indem er ihn zunächst abmahnt und ihn zugleich zur Abgabe einer strafbewehrten Unterlassungserklärung auffordert. Ferner muss der Konkurrent dafür Sorge tragen, dass die Verbindung zwischen ihm und dem Markeninhaber aus dem Bestand sämtlicher Suchmaschinen entfernt wird, bei denen entsprechende Links festgestellt wurden. [101]

Dies gilt auch, wenn der Konkurrent den Link nicht selbst gesetzt hat, weil als Störer auch derjenige gilt, der markenrechtswidriges oder wettbewerbswidriges Verhalten eines Dritten für sich ausnutzt, es aber durchaus verhindern könnte. [102] Diese Grundsätze stehen im Einklang mit der Rechtsprechung des Bundesgerichtshofes zum weiten Störerbegriff im allgemeinen Wettbewerbsrecht. [103]

Der Suchmaschinenbetreiber selber wird ebenfalls in diese Haftung einbezogen. [104] Rechtlich gleich bewertet wie die Problematik bei den Meta-Tags wird die Methode, bei der die gleichen Kennzeichen wie die eines Konkurrenten in weißer Schrift auf weißem Grund unsichtbar in der Kopfzeile eines Dokumentes angegeben werden, da manche Suchmaschinen auch auf diesen für den Benutzer zunächst verborgenen, nur im Source Code sichtbaren Text zurückgreifen. [105]

Legitim und wirtschaftlich ist es dagegen, wenn ein Hersteller von Zubehör in einen Meta-Tag den Markennamen des Produkts einfügt, für das die Zusatzausrüstung bestimmt ist. [106]

---

[100] Ernst, CR 2000, 123, 124, 125.

[101] LG Frankfurt a. M. MMR 2000, 493, 494,495; LG Frankfurt a. M. CR 2000, 462, 464.

[102] LG Mannheim CR 1998, 306.

[103] BGH GRUR 1976, 256, 258.

[104] LG Hamburg CR 2000, 392, 397.

[105] Ernst, CR 2000, 121, 123.

106 Kochinke/Tröndle, CR 1999, 190, 192.

Wer dennoch einen Weg sucht, markenrechtlich geschützte Begriffe im Internet für sich nutzen zu können, der kann einen, zugegeben unkonventionellen, anderen Weg beschreiten: Da manche Suchmaschinen mit Hilfe von Robots sämtliche Internet-Seiten durchforsten und im Anschluss daran alle dort gefundenen Begriffe und Umschreibungen, Eigennamen etc. in einer entsprechenden Suchmaschine gelistet werden, ist es möglich, bspw. durch lobende Erwähnung eines Konkurrenten und dessen fremdem Markennamen im Volltext auf der eigenen Web-Site von derartigen Robots aufgespürt zu werden. Dadurch erhält die eigene Web-Seite unter dem markenrechtlich geschützten Stichwort des Konkurrenten einen eigenen Eintrag und wird dann innerhalb einer Liste angeführt, wenn ein User diesen Begriff in die Suchmaschine eingibt. Dies stellt per se keinen unlauteren Wettbewerb dar, sondern nur in den Fällen, in denen erkennbar keinerlei Bezug zum Rechtsinhaber besteht und § 23 Nr. 2 MarkenG ausscheidet, der eingreift, wenn eine Markenbenutzung zur Beschreibung einer Ware erforderlich ist. Das gilt auch bei der Verwendung von Quasi-Gattungsbegriffen, deren Markenschutz erhalten wurde.[107]

Die gleichen rechtlichen Überlegungen gelten im übrigen für die Verlinkung über Nutzung von Meta-Tags innerhalb von sogenannten Webringen, wobei verschiedene Internet-Seiten zu einem bestimmten Thema in einer Ringstruktur zusammengeschlossen werden. Dabei zeigen Links auf den beteiligten Seiten nicht direkt auf die Nachbarn, sondern auf eine zentrale Verwaltungssoftware, die den Ringbesucher zu den benachbarten Seiten weiterleitet. [108]

Anzeigenkenn-zeichnung gem. Landespressege-setz und werbe-rechtliches Trennungsgebot

Es muss zudem gewährleistet sein, dass die Werbung nach den einzelnen entsprechenden Landespressegesetzen als solche kenntlich gemacht und gem. § 9 Absatz 2 MDStV, § 1 UWG räumlich getrennt vom übrigen Seiteninhalt platziert wird.

Dadurch ist es untersagt, Textpassagen in Internet-Angeboten durch Werbeblöcke zu trennen oder unterschwellige Techniken einzusetzen.

Es ist wettbewerbswidrig, wenn eine Werbung so gestaltet wird, dass der Verkehr, welcher redaktionell aufgemachten Beiträgen

---

[107] Anm. von Ernst zu LG Hamburg CR 2000, 121 ff., 123.

[108] http://www.webring.de sowie Heidekrüger, Horizont 32/2000, 76.

in Zeitungen, Zeitschriften und ähnlichen Veröffentlichungen e-
her vertraut als werbenden Mitteilungen, über das Vorliegen von
Werbung getäuscht wird. [109] Das gilt auch für online abrufbare
Beiträge.

Werbung per E-
Mail

Werbung per E-Mail wird oftmals durch das sogenannte Spamming betrieben, dem unaufgeforderten Zusenden von Werbebotschaften in Form von unübertroffen kostengünstigen E-Mails. [110]

Der Name geht zurück auf eine Monty-Python-Serie, wo die a-
merikanische Dosenfleischmarke "Spam" als sogenannter Run-
ning Gag diente, weil es einem Ehepaar in einem Cafe bei der
Frühstücksauswahl nicht gelang, Spam zu entgehen. Denn es
blieb ihnen fortwährend nur die Wahl zwischen einem Frühstück
mit Spam oder gar keinem Frühstück. [111]

Beim Spamming werden die E-Mail-Werbebriefe an eine Vielzahl
von E-Mail-Adressen versandt und das in aller Regel ohne eine
Unterscheidung zu treffen, ob es sich um Kunden handelt oder
nicht.

Es existieren generell zwei gängige Methoden im Rahmen der
Versendung von E-Mail-Werbung.

Beim Opt-Out-Verfahren kreuzt der Nutzer nach Erhalt einer
Werbe-E-Mail an, dass er keine unerwünschten Informationen
mehr erhalten will, wenn er sich von der erhaltenen Post belästigt fühlt. In dem Fall unterbleibt zumindest bei seriösen Absen-
dern zukünftige Werbung an diesen Adressaten. Solange der
Beworbene nicht widerspricht, darf ihm dagegen E-Mail-
Werbung zugesandt werden. [112]

Beim Opt-In-Verfahren dagegen, auch "Mail on Demand" genannt, muss sich der Empfänger vor dem Versand derartiger
Werbepost vor der Zusendung der Werbebotschaft mit der Bewerbung einverstanden erklärt haben [113] bzw. ausdrücklich dar-

---

[109] BGH NJW-RR 1993, 868, 869; BGH NJW-RR 1994, 1385, 1386.

[110] Ziem MMR 2000, 129, 130; Schrick, MMR 2000, 399, 400.

[111] Ziem, MMR 2000, 129, 130; der Wortlaut des Sketches ist nachzulesen unter http://bau2.uibk.ac.at/sg/python/Scripts/TheSpamSketch.

[112] Anm. von Westerwelle zu LG Berlin MMR 1999, 43.

[113] Anm. von Westerwelle zu LG Berlin MMR 1999, 43; Ziem, MMR
2000, 129.

um bitten, diese E-Mails zu erhalten. Diese Variante ist wettbewerbsrechtlich unbedenklich. [114]

Demgegenüber wirft das Opt-Out-Verfahren rechtliche Probleme
auf.

Europarechtlich gesehen ist derartiges Spamming nach der Fern-
absatzrichtlinie und dem E-Commerce-Richtlinienentwurf grundsätzlich zulässig. [115] Streitig und somit unklar ist nach wie vor,
ob Deutschland demgegenüber strengere Bestimmungen erlassen
bzw. Urteile fällen darf, welche das Spamming unter Nutzung
des Opt-Out-Verfahrens per se untersagen. [116]

Im 2000 erlassenen Fernabsatzgesetz wurde ein Verbot von
Spamming nicht aufgenommen. Auch in anderen deutschen Gesetzen wird das Vorgehen in Bezug auf Spamming nicht näher
festgelegt.

Was die deutsche Rechtsprechung anbelangt, so wird die rechtliche Beurteilung von Werbe-E-Mails uneinheitlich vorgenommen.

Einige Gerichte sind der Auffassung, dass die Übermittlung unerwünschter Werbung durch elektronische Post eine Störung des
Eigentums- und Persönlichkeitsrechts des Empfängers darstellt,
so dass dieser vom Absender gem. §§ 823, 1004 BGB (beim
Versenden an Gewerbetreibende als Eingriff in den eingerichte-
ten und ausgeübten Gewerbebetrieb [117]) Unterlassung verlangen
könne. [118] Dann gibt es Gerichte, welche ungebetene Werbe-E-

---

[114] LG Kiel MMR 2000, 704, 705.

[115] So auch Ziem, MMR 2000, 129, 135.

[116] Der genaue Streitstand findet sich bspw. bei Schrick, MMR 2000,
399,402, 404 sowie bei Ziem, MMR 2000, 129, 131-134; bejahend bspw.
Schrick, MMR 2000, 399, 403; Hoeren, MMR 1999, 197, ; Möschel, Fest-
schrift Zäch 1999, 382, ; verneinend bspw. Ziem, MMR 2000, 129,
133/134; Günther, CR 1999, 172, 184.

[117] LG Berlin MMR 1999, 43 = CR 1999, 187, 188, 189; LG Berlin NJW-
CoR 1999, 52; AG Berlin-Charlottenburg MMR 2000, 775, 776 = CR 2001,
197; LG Berlin CR 2000, 854; andere Ansicht LG Kiel MMR 2000, 51, 54.

[118] LG Berlin MMR 2000, 704; AG Essen-Borbeck MMR 2001, 261; AG
Brakel MMR 1998, 492; LG Berlin MMR 2000, 571; LG Hamburg MMR
1999, 248 = CR 1999, 326; LG Berlin MMR 1998, 491 = CR 1998, 499; Pa-
landt/Bassenge, § 1004, Rdnr. 7; Baumbach/Hefermehl, Wettbewerbs-

Mail als Verstoß gegen § 1 UWG und somit ebenfalls als rechtswidrig einstufen. Spam würde dem Empfänger Zeit und durch die verbrauchte Online-Zeit beim Herunterladen Geld kosten, was für ihn eine unzumutbare Belästigung bedeute, die nach § 1 UWG rechtswidrig sei. [119] Zudem sei durch Spam-Mails zu befürchten, dass die Speicherkapazität der Empfänger-Mailbox überschritten wird, was einen Datenverlust oder Rücksendungen mit Fehlermeldung der eingehenden Nachrichten an den Absender hervorrufen könne. [120] Dieses gelte ebenso bei Wettbewerbern, welche Werbe-E-Mails an Kunden des Konkurrenzunternehmens versenden. [121] Bei alldem sei darüber hinaus die Gefahr der Nachahmung groß, [122] denn wettbewerbsrechtliches Verhalten ist unlauter im Sinne des UWG, wenn es den Keim des weiteren Umsichgreifens in sich birgt und somit zu einer Verwilderung der Wettbewerbssitten führt. [123]

Andere Gerichte sind der divergierenden Auffassung, dass dem Empfänger unaufgeforderter E-Mail-Werbung gegen den Absender kein Unterlassungsanspruch wegen einer Störung des Eigentums- und Persönlichkeitsrechts aus §§ 823, 1004 BGB oder § 1 UWG zustehe. Begründet wird dies damit, dass beim Verschicken von Werbe-E-Mails weder eine vorsätzliche oder fahrlässige Verletzung des Eigentums nach § 823 Absatz 1 BGB noch eine Verletzung des Rechts auf negative Informationsfreiheit, also das Recht, selbst zu bestimmen, welche Informationen man erhält, aus Artikel 5 Absatz 1 GG gegeben sei. [124] Denn es entstünde

---

recht, § 1 UWG, Rdnr. 70a; Schad, WRP 1999, 243 f.; Strömer, S. 140 ff.; Schmittmann, DuD 1997, 636, 639; Ultsch, DZWir 1997, 466, 471; Ernst, BB 1997, 1057, 1060.

[119] LG Berlin NJW-CoR 1998, 431; LG Ellwangen CR 2000, 188, 189; LG Ellwangen MMR 1999, 675, 676 = LG Ellwangen CR 2000, 188, 189; LG Berlin MMR 2000, 441, 442; LG Traunstein MMR 1998, 53 = LG Traunstein CR 1998, 171, 172; LG Traunstein MMR 1998, 109.

[120] LG Berlin MMR 1999, 43; Schmittmann, MMR 1998, 55.

[121] LG Ellwangen MMR 1999, 675, 676 = LG Ellwangen CR 2000, 188, 189.

[122] s. bspw. Schrick, MMR 2000, 399, 404.

[123] BGH GRUR 1988, 614, 616.

[124] LG Kiel MMR 2000, 704, 706 = CR 2000, 848, 849, 850; AG Kiel MMR

keine unzumutbare Belästigung, weil man Werbe-E-Mails als Empfänger problemlos wegdrücken könne. Zudem sei es zumutbar, an den Versender der E-Mail eine Mail zu senden, mit der er sich aus dem weiteren Versand austrägt.

Vermittelnde Ansichten wollen Werbe-E-Mails unter der Voraussetzung zulassen, dass sie per entsprechendem Gesetz in der Betreffzeile, dem sogenannten Header, einer Kennzeichnungspflicht unterliegen (bspw. durch die dort anzugebenden Begriffe "Werbung" oder "Advertisement") sowie deutlich lesbar den Namen, die Anschrift, die E-Mail-Adresse und die Telefonnummer des Absenders enthalten sollen. Zudem sollen bei Gestattung von Werbe-E-Mails Internet-Service-Provider gesetzlich dazu verpflichtet werden, ihren Mitgliedern sogenannte Spam-Filter anzubieten, mit deren Hilfe der elektronische Briefkasten derartig gekennzeichneter E-Mails blockiert werden könnte. [125]

Werbung per E-Mail ist somit meines Erachtens nur dann nach allen Ansichten problemlos zulässig, wenn der Empfänger explizit oder konkludent sein Einverständnis zum Empfang solcher E-Mails erteilt hat oder wenn im gewerblichen Bereich der Absender durch konkrete Anhaltspunkte davon ausgehen durfte, dass der Empfänger mit derartiger Werbepost einverstanden ist. [126] Ein mögliches Indiz dafür kann evtl. eine laufende Geschäftsbeziehung zwischen dem Absender und dem Empfänger sein oder die Tatsache, dass die Werbung Güter betrifft, die das Unternehmen unbedingt benötigt.

Völlig unbedenklich ist der Versand von Werbe-E-Mails ansonsten nach momentaner Rechtslage nur dann, wenn der Werbende sich zunächst auf dem normalen Postwege dem Beworbenen vorstellt und ihm die Möglichkeit offeriert, zukünftig regelmäßig interessante Neuigkeiten des werbenden Unternehmens per E-Mail zu erhalten, sofern der Beworbene ihm ein entsprechendes Interesse als Nachricht zukommen lässt. So könnte der Werbende bei Zuspruch des Beworbenen diesem rechtmäßigen Werbe-E-Mails zusenden. Fraglich ist allerdings, ob die Quote derjenigen Firmen, die ein derartiges Interesse bekunden wür-

---

2000, 51, 53; LG Braunschweig MMR 2000, 50, 51.

[125] Entsprechend dem in den USA vorliegenden Entwurf eines "Unsolicited Commercial Electronic Mail Choice Act 1997"; so auch Schmittmann, MMR 1998, 53, 54

[126] So auch Schrick, MMR 2000, 399, 405.

den, den Kostenaufwand der einmaligen Postaktion per Brief rechtfertigen würde. Dieses muss bezweifelt werden.

Sollte man entgegen diesen Grundsätzen mit einer unerwünschten Werbeflut via E-Mail konfrontiert werden, bildet die Abmahnung mit Aufforderung zur strafbewehrten Unterlassungserklärung eine wirksame Gegenmaßnahme.

Lässt auch dieses den Werbe-E-Mail-Empfang nicht abreißen, käme im Anschluss daran eine Unterlassungsklage in Betracht.

Cookies

Cookies werden von Firmen, die ein Web-Angebot im Internet vorhalten, als Instrument zur Sammlung von Kundendaten eingesetzt.

Cookies sind Informationen im ASCII-Format, die durch CGI oder JavaScript generiert werden, wenn man auf eine entsprechende Seite surft. In ihnen werden verschiedene Informationen, die während einer Online-Sitzung gesammelt wurden, abgelegt. Es handelt sich also um Informationen, die zuvor auf der Festplatte abgelegt worden sind und nur an den Server zurückgesandt werden, der sie damals gesetzt hatte. Es sind demnach kleine Stückchen Information, die der verwendete Web-Browser im Auftrag des Web-Servers zunächst im Speicher des Rechners festhält und unter Umständen bei Verlassen des Browsers in eine Datei schreibt. [127]

Die inzwischen üblichen Web-Browser sind in der Regel mit drei verschiedenen Funktionseinstellungen ausgerüstet, so dass man die Möglichkeit hat, entweder Cookies generell abzulehnen, oder einen Warnhinweis zu erhalten, wenn versucht wird, einen Cookie zu setzen oder aber Cookies generell zu akzeptieren.

Rechtliches zu Cookies

Die Rechtsprechung hat sich zur Frage der datenschutzrechtlichen Zulässigkeit von Cookies noch nicht geäußert. Entscheidend ist zunächst einmal, ob mit den Cookies personenbezogene oder nicht personenbezogene Daten gesammelt werden.

Personenbezogene Daten

§ 3 Abs. 1 Bundesdatenschutzgesetz (BDSG), auf den die Bestimmungen des Telekommunikations-, Tele- und Mediendienstedatenschutzrechts verweisen, definiert personenbezogene Daten als Einzelangaben über persönliche oder sachliche Ver-

---

[127]   http://www.raven.to/cookie/index.htm;   http://www.bingo-ev.de; http://www.rewi.hu-berlin/Datenschutz/DSB/HmbDSB/.

hältnisse einer bestimmten oder bestimmbaren natürlichen Person.

Es sind folglich Angaben, mit deren Hilfe natürliche Personen identifiziert werden können. Dazu gehört bspw. auch die Telefonnummer, vor allem bei der Möglichkeit heutzutage, über entsprechende Telefon-Recherche-Software durch die Eingabe einer Telefonnummer den dazugehörigen Teilnehmer zu ermitteln.

Die Erhebung personenbezogener Daten innerhalb von Cookies ist nach § 3 Absatz 1 TDDSG nur bei Einwilligung des Nutzers erlaubt.

Vor der Erhebung von personenbezogenen Daten innerhalb von Cookies ist es gem. § 3 Absatz 5 TDDSG bei automatisierten Verfahren, die eine spätere Identifizierung des Nutzers ermöglichen und eine Erhebung, Verarbeitung oder Nutzung personenbezogener Daten vorbereiten, wozu auch das Setzen von Cookies gehört, unerlässlich, die Nutzer schon vor Beginn des Verfahrens über die Art, den Umfang, den Ort und den Zweck der Erhebung, Verarbeitung und Nutzung zu unterrichten.

Zudem muss der Inhalt dieser Unterrichtung nach § 3 Absatz 5 TDDSG für den Nutzer jederzeit abrufbar sein.

Wenn der Nutzer auf eine solche Unterrichtung verzichtet, dann muss der Anbieter sowohl die Unterrichtung als auch den Verzicht gem. § 3 Absatz 5 TDDSG protokollieren.

Entsprechendes ist in § 12 Absatz 6 MDStV geregelt.

Bei Zuwiderhandlung wird diese mit hohen Bußgeldern oder mit Maßnahmen der Strafverfolgung sanktioniert.

In den meisten gebräuchlichen Cookies werden aber, zumindest zum Zeitpunkt des Abfassens dieses Artikels, in der Regel keine personenbezogenen Daten gespeichert.

Nicht personen-
bezogene Daten Bei nicht personenbezogenen Daten kommen §§ 3 Absatz 5 TDDSG, 12 Absatz 6 MDStV nicht zur Anwendung, so dass bei diesen kein Verstoß gegen datenschutzrechtliche Verbotstatbestände vorliegt. Das gilt aber selbstverständlich nur insoweit, als in Cookies tatsächlich keinerlei personenbezogene Daten gesammelt werden.

Datenverände-
rung gem. § 303
a StGB Immer dann, wenn auf dem Rechner des Nutzers eine bestimmte Datei in Form eines Cookies gespeichert wird, ändert sich dadurch automatisch das Inhaltsverzeichnis der Festplatte – der File Allocation Table (FAT). Eine solche Datenveränderung wäre

zwar strafbar gem. § 303 a StGB. In aller Regel wird jedoch eine Einwilligung des Festplattenbesitzers vorliegen, zumindest dann, wenn dieser in seinem Web-Browser die Einstellung vorgenommen hat, dass er für den Fall, dass ein Cookie auf seine Festplatte gesetzt werden soll, eine entsprechende Meldung erhält und er durch Mouseklick vor dem Herunterladen des Cookies sein Einverständnis dazu erteilt.

Datenaustausch von Firmen untereinander zur besseren Profilerstellung

In der Regel sollen Cookies nur an jene Rechner übertragen werden, die sie auch ursprünglich gesetzt haben.

Da aber die Adserver der Vermarkter auf etlichen Sites eingesetzt werden, können mit Hilfe von Cookies auch Bewegungsprofile von Anwendern erstellt werden, obwohl die Cookies dieses eigentlich nicht erlauben sollten.

Dieses geschieht durch das Senden von Cookie-Daten an einen anderen Webserver als denjenigen, der den betreffenden Cookie gesetzt hat.

Besonders kritisch ist dies bei der Verbindung von Cookie-Informationen mit persönlichen Angaben, also etwa dann, wenn sich ein Anwender auf Site A namentlich registriert, diese Daten aber auch auf Site B zur Verfügung stehen, weil der Vermarkter die persönlichen Daten von seinem Werbepartner erhält und anhand der Cookies den Benutzer identifizieren kann.

Ein Datenaustausch von Firmen untereinander zur besseren Profilerstellung ist aber gem. § 4 Absatz 3 TDDSG, § 13 Absatz 3 MDStV verboten.

Alles zuvor Gesagte gilt für beide Cookie-Arten, also sowohl für das Cookie, das nur unverzüglich zurückgesendet wird, als auch für jenes, welches mit einem bestimmten Verfalldatum versehen auf der Festplatte abgelegt wird.

Spyware

Spyware ist ein Programm, das immer dann, wenn ein Anwender online ist, Informationen über den Rechner, die Surfgewohnheiten etc. in das Netzwerk sendet. Es ermöglicht den Aufbau großer Datenbanken, die wesentlich mehr und detailliertere Informationen bieten als Cookies, wobei beide Mechanismen auch kombinierbar sind. [128]

---

[128] http://home.t-online.de/home/TschiTschi/spyware.htm.

Rechtliches zu Spyware	Hinsichtlich der rechtlichen Problematik gilt nichts Abweichendes zum oben Gesagten für Cookies [129], d.h. es ist zwingend der Datenschutz gem. §§ 3 Absatz 5 TDDSG, 12 Absatz 6 MDStV bei personenbezogenen Daten sowie das Verbot des Datenaustausches von Firmen untereinander zur besseren Profilerstellung, § 4 Absatz 3 TDDSG, § 13 Absatz 3 MDStV zu beachten. Bei nicht personenbezogenen Daten liegt auch bei Anwendung von Spyware keine Verletzung des Datenschutzes vor.
Channel-Technik	Bei den sogenannten Channel-Techniken können Kunden durch den Einsatz von Push-Technologien bei den entsprechenden Anbietern im Internet Informationen abonnieren und dadurch interessante Inhalte jederzeit abrufen. [130] Insofern werden, sobald der Kunde eine Internetverbindung aufbaut, je nach Angebot täglich, wöchentlich oder monatlich geänderte Web-Seiten auf den Abonnenten-Rechner übertragen.
Rechtliches zur Channel - Technik	Channeling verstößt nach geltendem deutschem Recht gegen keinerlei datenschutzrechtliche oder sonstige Vorschriften. Der Kunde hat den Service selbst bestellt, also insofern in die Channel-Technik eingewilligt, und er hat es selbst in der Hand, das Prozedere, wann immer er will, wieder zu kündigen. Problematisch wird es wiederum nur dann, wenn der Kunde vor der Erhebung von personenbezogenen Daten, die er bei seiner Anmeldung angegeben hat, nicht über die Art, den Umfang, den Ort und den Zweck der Erhebung, Verarbeitung und Nutzung unterrichtet wurde. [131]
Gewinnspiele und Online-Games	Möchte der Anbieter Gewinnspiele oder Online-Games (insbesondere die sogenannten Rallyes, bei denen die User durch virtuelle Schnitzeljagden zur Beantwortung von Fragen auf verschiedene Web-Sites gelotst werden [132]) auf seiner Seite veranstalten, so empfiehlt es sich, auch hierbei das höchstmögliche Maß an Seriosität zugrundelegen, um die Visiter nicht zu verärgern.

---

[129] S. dazu B. IV.

[130] Loewenheim/Koch, Niebler, 265.

[131] S. dazu IV. 1.2.1.

[132] S. Horizont 32/2001, 41.

Derartige Spiele sollen die Verweildauer des Users auf den Web-Seiten erhöhen, [133] da diese als Parameter für die Werbewährung immer wichtiger wird. [134]

Für die Teilnahme an derartigen Glücksspielen sollte man keinesfalls mehr Datenangaben fordern, als für eine solche Verlosungsaktion erforderlich sind, um den Datenschutz der Mitspieler zu gewährleisten. [135]

Die Datenpreisgabe unterliegt auch hierbei § 3 Absatz 7 TDDSG, § 12 Absatz 8 MDStV, die beide bei personenbezogenen Daten eine Einwilligung des Gewinnspielteilnehmers zur Offenbarung der Daten verlangen.

Nachfragen nach Alter, Geburtstag und Beruf oder akademischem Grad übersteigen bereits die Mindesterfordernisse und sollten demzufolge, wenn möglich und entbehrlich, unterbleiben, denn man sollte nicht mehr Datenangaben fordern, als erforderlich und so wenig wie möglich personenbezogene (§ 3 Absatz 4 TDDSG).

Unverzichtbar für den Anbieter eines Gewinnspiels ist es auch, den Spielverlauf und den Ausgang des Spiels transparent zu machen sowie eine Gewinnerliste zu veröffentlichen und anzugeben, auf welche Art und Weise der Gewinner ermittelt wird, da dieses die Seriosität des Anbieters vermuten lässt. [136]

Werbe-finanzierte Gratis-Software

Im Internet ist es möglich, Gratis-Software auf den eigenen Rechner herunterzuladen. Diese Programmpakete sind jedoch in den meisten Fällen anzeigenfinanziert, d.h. bei Nutzung derselben wird dem Anwender diverse Werbung in Form von Bannern etc. auf den Bildschirm eingespielt. Dabei kann es gar passieren, dass derartige Programme beim Anklicken eines solchen Banners bei Rechnern, die für einen "Dial on Demand" eingerichtet sind, eigenständig eine Internetverbindung aufbauen, auch wenn man selber gar nicht online ist bzw. sein wollte. Im Anschluss vollzieht sich ein Datenaustausch zwischen Anwender-Computer und Provider. Ansonsten findet ein Datenabgleich erst dann statt, wenn der Nutzer sich eigenständig einwählt, denn durch ausge-

---

[133] S. Horizont 32/2001, 41.

[134] S. dazu Horizont 19/2001, 53.

[135] So auch Benning, c't 2/2000, 96.

[136] Benning, c't 2/2000, 96.

klügelte Programmiertechniken können die gewünschten Daten bis zum Netzaufbau entsprechend gespeichert werden. Gesammelt werden Informationen darüber, welchen Käuferprofilen seine Anzeigen-Empfänger entsprechen. Dabei kommen unter Umständen auch Fragen nach Beruf, Schulbildung und Jahreseinkommen etc. vor. [137]

Die Datenerhebung bei werbefinanzierter Gratis-Software ist juristisch nicht anders zu bewerten als die Datenermittlung bei Gewinnspielen und Online-Games. [138] Es müssen auch insoweit § 3 Absatz 7 TDDSG bzw. § 12 Absatz 8 MDStV beachtet werden, also die Voraussetzung, eine Einwilligung des Nutzers zur Offenbarung der Daten zu haben. Fragen nach Beruf, Schulbildung und Jahreseinkommen etc. sind dagegen unter der Prämisse von § 3 Absatz 4 TDDSG (keine Forderung von Datenangaben, welche über das erforderliche Maß hinausgehen, zudem so wenig personenbezogene wie möglich) unangemessen.

Fazit

Es gibt viele rechtliche Stolpersteine, auf die ein Werbeschaffender im World Wide Web ganz unvorbereitet stoßen kann. Werden diese jedoch bereits im Vorfeld vor der Bereitstellung eines Angebotes oder Werbebanners etc. im Netz kompetent aus dem Weg geräumt, stellt das Webvertising abgesehen von anderen Werbemaßnahmen eine weitere ausgezeichnete Visitenkarte für das werbende Unternehmen dar.

---

[137] Schüler, c´t 16/2000, 74.

[138] S. dazu B. VII.

4 Online-Public Relation

Von Volker Martens

4.1 Online-PR – Disziplin mit vielen Gesichtern

Wie unklar die Möglichkeiten der Online-PR im Praxisalltag der Agenturen und Unternehmen noch immer sind, können Sie ganz einfach selber testen: Fragen Sie Ihre Kollegen über die Aufgabenfelder der Online-PR – in aller Regel werden Sie über die Corporate-Website, den Online-Pressebereich und die E-Mail-Kommunikation mit Journalisten informiert – das war's. Der Agenturalltag bestätigt diese Einschätzung und lässt dem Betrachter die Wahl: Positiv formuliert kann sich die noch junge Kommunikationsdisziplin auf die Schulter klopfen. Online-PR ist fest im Bewusstsein der Entscheider und Macher verankert – jeder hat eine mehr oder weniger klare Vorstellung über deren Inhalte und Definition und integriert die Handlungsfelder in Konzeption und Umsetzung kommunikativer Aufgaben. Bei alternativer Betrachtungsweise wird allerdings der Grund und die Notwendigkeit für die folgenden Kapitel klar: Das Potenzial der Online-PR wird häufig überhaupt nicht ausgeschöpft!

Die Gründe sind vielfältig – und beginnen bei den simpelsten Dingen wie Begriffsdefinitionen oder der Abgrenzung zu Kommunikationsdisziplinen wie Online-Marketing, Online-Kommunikation oder Netz-PR. Wer sich dem Thema über die Suchmaschine Google (http://www.google.de) nähert, erhält einen ersten Einblick über die Relevanz der entsprechenden Begriffswelten. Nach Online-Marketing mit über 2,9 Mio. Einträgen oder Online-Kommunikation mit 430.000 Treffern wird es relativ überschaubar. Online-Relations bringt es noch auf 2.550, PR-Online auf 4.960 und Online-PR auf ca. 12.000 Einträge.

Die Praxis in Online-Redaktionen und PR-Abteilungen gibt auch kein klares Bild – da werden PR-Kampagnen von der Online-Marketing Unit vorangetrieben oder andersrum Content-Kooperationen von der PR-Abteilung mitbetreut. Und in der Tat – der Kanal Internet mit seinen spezifischen Eigenschaften verwischt die ansonsten aus der Offline-Welt gelernten Unterscheidungsmerkmale. Alles geht – jeder kann theoretisch alles. Als symptomatisch mag dabei der häufig anzutreffende unternehmensinterne Zwist zwischen PR, Marketing und Vertrieb über die Themen- und Gestaltungshoheit der unternehmenseigenen Website angesehen werden.

Was also soll Online-PR sein und leisten können? Vereinfacht ist Online-PR erst einmal nichts anderes als die Übertragung der herkömmlichen PR-Aufgaben auf Online-Medien. Die Aufgaben und Begriffsdefinitionen der klassischen Public Relations sind allgemein akzeptiert und sollen hier nicht wiederholt werden. Unter Online-Medien verstehen wir unter anderem das World Wide Web, E-Mail, Newsgroups sowie File Transfer und zukünftig auch die sich durch den Mobilfunk bietenden Möglichkeiten wie WAP-Portale, i-mode oder SMS-Services.

Die Abgrenzungsproblematik der Online-PR entsteht erst durch die „I-Dimensionen" des Internet – zum Beispiel Interaktivität, Integration, Intensivierung aber auch Individualismus und Internationalität.

Interaktivität: Vor dem Einsatz der Internet-Kommunikation verlief PR-geleitete Kommunikation linear, vom Unternehmen (Sender) über die Dialoggruppe (Journalist / Medium) zum Endkunden. Ein Dialog direkt mit dem Endkunden kam selten zustande, es gab keinen etablierten Rückkanal außer Telefon oder Leserbrief. Das neue Medium ermöglicht dagegen spontane und direkte Rückmeldungen eines Empfängers an den Absender. Mehr noch: Über eine einzige kommunikative Plattform können Organisationen mit ihren Zielgruppen kommunizieren und diese sogar in Teilen miteinander verbinden, sie in Chats, Foren, Newsgroups untereinander „vernetzen".

Integration: Das Internet ermöglicht eine neue Medienintegration. Zum einen die Informationsträger wie Text, Bild, Bewegtbilder und Ton. Vor allem aber verbindet das Internet unterschiedliche Typen öffentlicher Kommunikation auf einer Oberfläche: Wenn sich neben PR-Informationen, werbliche Aussagen (als Werbebanner für ein externes Unternehmen oder Promotionaktionen für hauseigene Dienstleistungen) aktuelle Wirtschaftsmeldungen und politische Nachrichten auf einer Unternehmenswebsite finden, werden damit Werbung, Marketing, PR und Journalismus zusammengeführt.

Intensivierung: Die Kommunikation in einem Dialogmedium wird intensiver, komplexer und vor allem schneller. Dabei geht die Beschleunigung in zwei Richtungen: Unternehmen können ihre Botschaften schneller und direkter verbreiten. Aber sie müssen auch aktuell auf Anfragen, Gerüchte und Negativmeldungen reagieren.

Eine treffende Definition der Online-PR kommt von Stefan Wehmeier: Online-PR „ist ein kommunikatives Verfahren, das unterschiedliche Typen öffentlicher Kommunikation sowie einzelne Instrumente der Public Relations auf einer strategischen Kommunikationsplattform integriert, heterogene Teilöffentlichkeiten avisiert und miteinander vernetzt sowie schnell und dialogfähig kommuniziert.“[139]

Wie eng dabei Online-Kommunikation mit seiner Ausprägung Online-Werbung und die Online-PR zusammenhängen verdeutlich die Abbildung 27 – Online-Kommunikation.

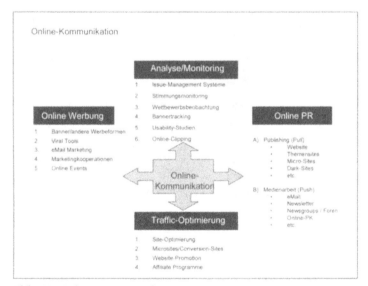

Abb. 27 Online Kommunikation

Online-PR ist zu unterscheiden in die klassische Publishing-Funktion (Pull), die u.a. häufig die Corporate-Website, themenspezifische Websites, den Online-Pressebereich und z.B. die

---

[139] Wehmeier, Stefan: Online-PR: neues Instrument, neue Methode, neues Verfahren, neue Disziplin? PR-Guide, S.4 Online Dezember 2001

Dark-Sites der Krisenkommunikation umfasst. Die Interaktion (Push) lässt sich dabei am besten in Aufgaben wie z.B. E-Mail-Versand, Newsletter oder Online-Pressekonferenzen aufteilen.

Die Erfolgskontrolle erfolgt über Online-Clippings und Online-Monitoring – die genaue Beobachtung der produkt- und unternehmensbezogenen Stimmungen im Netz. Die Anwendungsfelder der Online-PR sind u.a. die Medienarbeit, Krisenkommunikation und das Campaigning. Die Abbildung 28 zeigt exemplarisch, wie sich die Funktionen der Online-PR mit den Anwendungsfeldern überschneiden. Dieses Schaubild kann jetzt beliebig nach Anwendungsfeldern der Online-PR und nach Funktionsbereichen der Online-PR z.B. Mobilfunk erweitert werden.

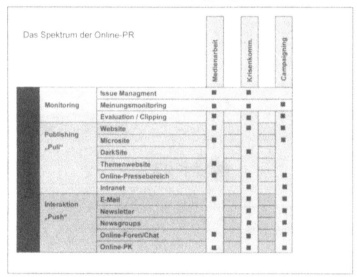

Abb. 28 Spektrum der Online-PR

Doch wie ist es in der PR-Praxis um die Funktionen und Anwendungsfelder der Online-PR bestellt? Wie bereits erwähnt ist die gängige Praxis häufig beschränkt auf das Denken in Online-Medienarbeit per E-Mail. Viele sehen noch das Potential des Webs für die Krisenkommunikation und einige wenige nutzen das Web als Medium für die gezielte PR-Kampagnensteuerung. Die Online-PR bleibt in der Praxis weit hinter ihren Möglichkeiten zurück. Das Denken in Themensites, Online-Specials für Multiplikatoren oder das kontinuierliche Screening von Newsgroups als Bestandteil der täglichen PR-Arbeit ist heute nicht gängige Praxis. Online-PR ist häufig das fünfte Rad am Kommunikationskarren der Entscheider und hat nicht den Stel-

karren der Entscheider und hat nicht den Stellenwert, den sie haben müsste.

In Briefing- und Konzeptionsgesprächen hören wir dabei immer wieder zentrale Vorbehalte gegenüber dem Internet und seiner Bedeutung als Medium:

- Ein Online-Clipping ist nur halb so viel wert wie ein Printclipping

- Eine Online-Redaktion ist kein vollwertiger Ansprechpartner

- Online ist doch nur Spielkram – wir reden nur mit der etablierten Print- und TV-Presse

Diese Einschätzungen und Urteile treffen nicht die journalistische Online-Realität und sind komplett überholt. Ein Netzauftritt wie http://www.spiegel.de ist heute online als Meinungsmacher genauso ernst zu nehmen wie offline. Die Online-Redaktionen der überregionalen Tageszeitungen von FAZ, WELT, Handelsblatt oder FTD haben mit Ihren Online-Angeboten feste Online-Stammleser aufgebaut und sind als Einflussfaktoren auch online eine Macht. Noch einflussreicher sind die Angebote aus dem Computer- und IT-Umfeld. http://www.heise.de, http://www.chip.de oder http://www.zdnet.de erreichen heute pro Tag hunderttausende von Empfängern und haben sich als glaubwürdige journalistische Angebote fest etabliert – mit enormer Reichweite und enormem Einfluss.

Auch der Mediensprung aus der On- in die Offlinewelt sollte nicht vergessen werden – denn der Ausgangspunkt für die Offline-Berichterstattung liegt häufig im Netz. Der Grund liegt wiederum in der Schnelligkeit und „Leichtfertigkeit" des neuen Mediums: Hier werden Gerüchte, Meinungen und Stimmungen ausgetauscht und eben nicht nur sorgfältig recherchierte, ausgewogene Berichte. Wenn das Gerücht dann auch noch stimmt, dann steht es in der Regel zuerst im Internet, bevor die Offline-Medien die Geschichte aufgreifen und weiter verbreiten können. Das war – um ein populäres Beispiel zu nennen – bei der Lewinski-Clinton-Affäre der Fall: Sie stand zuerst im Drudge-Report, dem Webmagazin des Klatschreporters Matt Drudge[140]. Oder – um eine Wirtschaftsnachricht zu nennen – die Datenschutzaffäre um den Online-Werbevermarkter DoubleClick fand über US-

---

[140] Vgl. Iburg/Oplesch, S. 22

amerikanische Web-Veröffentlichungen den Weg in deutsche Online- und Print-Medien.

Die Beispiele machen es deutlich: Das Netz ist der wichtigste und erste Recherchekanal der Journalisten - egal für welches Medium und welchen Kanal sie arbeiten. Hier haben sie Zugriff auf Informationen, Meinungen, Gerüchte, Stimmungen rund um die Uhr. Dazu sind sie eingetragen in speziellen Newsgroups und haben fachbezogene Newsletter abonniert – und der Info-Update morgens beginnt oft mit dem Blick in den aktuellen Newsletter. Medienjournalisten lesen etwa den Horizont und wuv-Newsletter; IT-Journalisten http://www.heise.de; Nachrichtenredakteure „Der Tag" vom Spiegel Online oder http://www.cnn.com. Diese Form der Recherche und Information sollte auch für PR-Berater selbstverständlich sein und der Blick auf die kundenrelevanten Online-Foren vollständig in den Tagesablauf integriert sein.

E-Mail und Webrecherche sind Standard für Journalisten, wie auch Umfrageergebnisse untermauern: So nutzten bereits im Jahr 2000 fast 98 Prozent der Journalisten Online-Medien für ihre redaktionelle Arbeit, so das Ergebnis der „media studie 2000" von News Aktuell und Forsa (newsaktuell.de). 99 Prozent nutzen E-Mail für ihre tägliche Arbeit: 88 Prozent häufig, 11 Prozent selten. Rund ein Drittel der Journalisten besitzen bereits einen Standleitungszugang[141].

Es ist Aufgabe der Online-PR, Entscheider über die Bedeutung und Potenziale des Kanals bei Multiplikatoren aufzuklären, damit sie die Tragweite der Online-PR richtig einschätzen können. Einige Entwicklungen erschweren diese Diskussion:

- Die generelle Abkühlung für alle Internet-relevanten Themen nach dem Crash der NewEconomy

- Die mangelnde Integration der Online-PR in die Gesamt-PR und in die Online-Marketing-Kommunikation.

Budgetzwänge

Dabei liegen die Antworten auf der Hand:

---

[141] Vincent Löhn: Pressearbeit im Internet: PR-Guide Januar 2002; http://www.dprg.de

Sachlichkeit: die Akzeptanz des Mediums Internet nimmt insgesamt deutlich zu. Bei den Journalisten und Multiplikatoren ist es fest in den täglichen Ablauf integriert.

Potenziale aufzeigen: Durch die beschleunigende Funktion des vierten Medienkanals, seine Breite und Tiefe ("Unendlichkeit"), ständige Verfügbarkeit und Interaktivität kommt dem Internet eine besondere Bedeutung für den Erfolg der Kommunikation zu.

Integration in alltägliche Abläufe: Online-PR sollte Handwerkszeug jedes Kommunikationsprofis werden.

Eigenheiten beachten: Die Kommunikationsmaßnahmen müssen kanalspezifisch aufbereitet und umgesetzt werden. Wer den Webauftritt zur Kopie der Pressemappe macht und Online PR als Anhängsel der klassischen PR begreift, verspielt seine Chancen.

Online-PR verdrängt nicht die klassische PR, sondern ergänzt sie: Beispielsweise findet nicht jedes Print-Objekt die angemessene Adaption im Netz – und andersrum lässt kann man auch mit dem multimediafähigen Web in Zeiten hoher Standleitungsdichte nicht auf gedruckte Informationen verzichten.

Bleibt ein weiteres zentrales Problem zu lösen – die Budgetfrage. Zweigleisig zu publizieren und zu kommunizieren, bringt neue Kosten mit sich – Online-Redaktion und Newsletter-Technik wollen bezahlt werden. Aber wer im Web seine Möglichkeiten nutzt, dem eröffnen sich neue und sinnvolle Kommunikationswege für eine effektivere und vielfältigere Öffentlichkeitsarbeit. Dass einige Funktionsbereiche der Online-PR wie z.B. das Monitoring eigentlich nie in dem Basis-Setup Ihrer Öffentlichkeitsarbeit fehlen dürfen wird sonst spätestens der nächste Krisenfall zeigen.

4.2   **Online-PR – Publishing**

Online-PR-Publishing ist die etablierte Form der Online-PR. Websites oder Themenspecials zu konzipieren und gemeinsam mit den Redakteuren, Programmierern und Screen-Designern online-stellen gehört heute zum Alltag der Kommunikationsprofis. Gerade für diesen Bereich gibt es Fachliteratur, Kurse und Beispiele in Überzahl. Interessanter wird es beim Thema Vermarktung der Site – was stellen Sie an damit Ihre Zielgruppen auf das neue Angebot auch aufmerksam werden? Und wenn die gewünschten Zielgruppen das Angebot gefunden haben – kommen diese damit auch zurecht?

Erfolg heißt vor allem, im Internet gefunden zu werden. Es gibt bereits 5 Millionen .de-Domains. Entstanden innerhalb von 15 Jahren – und jeden Monat kommen 80.000 bis 90.000 dazu. Mag sein, dass sich die Entwicklung inzwischen verlangsamt hat und die Zahl der „Leichen" unter den DNS-Einträgen (Domain-Name-Servern) weiter gestiegen ist, die Konsequenzen sind jedoch geblieben: So richtig es auch für Organisationen und Unternehmen ist, „im Internet" zu sein, so wichtig ist dabei die Anbindung an die Zielgruppe. Wo ist meine Zielgruppe im Netz? Was sucht sie? Wie kann ich sie auf meine Homepage bringen?

Fragen, die bei der Website-Planung in der Regel beachtet werden – Rageber gibt es hier genug. Was aber dann häufig vernachlässigt wird, ist die Pflege, Weiterentwicklung, der Ausbau der Site. Jede Site hat ihren Lebenszyklus. Sie geht erfolgreich vermarktet an den Start, findet viel Beachtung, Anregungen, Kritik und fällt spätestens nach einem Jahr steil ab. Selbst wenn die Grundregeln der Aktualität gewährleistet sind und Sackgassen-Links und News, die lange keine mehr sind, rechtzeitig ausgetauscht werden: Das genügt nicht, wenn mit der Entwicklung des WWW Schritt gehalten werden soll. Auch die Site selber, Konzeption und Aufbau müssen den aktuellen Entwicklungen angepasst werden. Jede Site sollte regelmäßig relauncht werden – mindestens einmal im Jahr.

Websites werden häufig als Visitenkarte der Unternehmen im Netz bezeichnet. Doch diese Sichtweise greift zu kurz: Sie gibt der Unternehmenspräsentation Vorrang gegenüber dem Nutzen der Site für den Kunden. Dabei ist doch allein die Sicht der User, ihr „erster Blick" entscheidend für den Erfolg der Site. Ist die Navigation klar und übersichtlich und fühlt sich der Besucher persönlich angesprochen, bleibt er. Ist die Site aus seiner Sicht multimedial überfrachtet oder schlicht unlogisch, glänzt der Kunde mit Abwesenheit. Schon bei Ladezeiten, von mehr als 10 Sekunden verlieren Nutzer das Interesse. Ticker, blinkende Texte, Plug-Ins, viele Frames – verwirren nur! Willkommen, Gästebuch, Besucherzähler – wo ist der Mehrwert für den Surfer? Websites sollten daher nicht als Visitenkarte, sondern als Kontaktpunkt eines Unternehmens im Internet verstanden werden.

Die häufigste Form des Internetauftritts ist die klassische Corporate Website: Sie dient als Plattform für alle Basisinformationen rund um ein Unternehmen. Bei großen Unternehmen kann es auch Sinn, machen zwischen allgemeineren Interessen und Imagebildung einerseits sowie Kernzielgruppe und Produktpräsentation andererseits zu unterscheiden. So hat z.B. Audi zwei Webseiten, die sich in Design und Navigation entsprechen und inhaltlich überschneiden: Die internationale Site für die Imagebildung (http://www.audi.com/com), die deutschsprachige Seite für konkrete Produktpräsentation (http://www.audi.de).

Bei zeitlich befristeten Aktionen eignen sich auch Microsites für die Präsentation: Das ist ein zusätzliches Fenster, das sich bei Aufruf der Page öffnet. Es bleibt erhalten, auch wenn die Ursprungsseite verlassen wird. Microsites bieten sich für spezielle Events, etwa Messen an, aber auch für aktuelle Ereignisse wie das Krisenmanagement im Internet. Sie müssen sich im Hintergrund vorbereiten und im Krisenfall nur noch angepasst und ins Netz gestellt werden. Dadurch dass sich die Site zwar automatisch öffnet, aber separat geschlossen werden muss, wird eine aufmerksamkeitsstarke, optimale Ansprache der Zielgruppe gesichert.

Neben Corporate und Produkt Sites sollten auch Themenwebsites für die Online-Kommunikationsziele genutzt werden. Das sind unternehmensübergreifende Plattformen, die Themenfelder besetzen, Zusammenhänge herstellen, Entwicklungen aufzeigen. Beispielsweise unterhält der Mineralölkonzern Aral neben der Corporate Website (aral.com) weitere Websites, die eine eigene URL aufweisen, aber unter dem Logo und im Design von Aral stehen: http://www.fuehrerschein.de mit Informationen, Tipps, Theore-Prüfungstest und http://www.bikerclub.de, ein Angebot für Motorradfahrer. An die Zielgruppe von morgen (und ihre Eltern) richtet sich ein weiteres Aral-Angebot: http://www.kidstation.de.

Solche zielgruppenspezifischen, imageträchtigen oder eben the-
menspezifischen Plattformen aufzubauen, ist sinnvoll im Rahmen
von Kampagnen-Arbeit, wenn die verschiedenen Anspruchs-
gruppen einer Organisation systematisch berücksichtigt werden
sollen. Allerdings ist das auch sehr aufwändig. Themensites und
Portale müssen mindestens so wie die Corporate Page ständig
aktualisiert werden. Kostengünstiger ist das Content-Sponsoring:
Man bereitet einen Inhalt auf, der thematisch zum Sponsor passt,
und stellt ihn auf der bestehenden Seite ein.

Einen Schritt weiter geht das sogenannte Web-Napping: Darunter
versteht man die kostenlose Bereitstellung gebrandeten Contents,
etwa wenn http://www.wetter.de die aktuelle Temperaturanzeige
inklusive seinem Logo anderen Webseiten-Betreibern zur Verfügung stellt. Wird das Recht auf Zweitverwertung nicht kostenlos,
sondern über Marktplätze oder Content-Börsen vertrieben,
spricht man von Syndication. Nach der anfänglichen Euphorie
über die Möglichkeiten der Content-Zweitverwertung hat sich
dieser Markt allerdings erheblich abgekühlt. Nur wenige Inhalte
eignen sich für eine Web-Mehrfachverwendung.

Der themen- und zielgruppenorientierten Kontext spielt auch bei
Affiliate-Programmen eine wichtige Rolle. Affiliate-Programme
dienen der Traffic-Optimierung und damit, um die Frage, wie
man seine Zielgruppe zu den eigenen Angeboten bringt. Je
schlechter der Banner performt und je spezifischer das Web-
Nutzungsverhalten der Zielgruppen wird desto entscheidender ist
eine breite Präsenz in thematischen Umfeldern. Content- und
Community-Websites erfreuen sich permanent steigender Nut-
zungszahlen. Lassen diese eine synergetische Verbindung zwischen dem Themenkontext und dazu passenden kommerziellen
Anbietern zu, ist der Weg frei für Partnerprogramme.

Ein gutes Beispiel für das Affiliate Marketing ist das Touristik
Partnernetzwerk http://www.www.touristikboerse.de. Über einzelne Module wie Sparten-Shops, etwa für Musicaltickets, Kreuz-
fahrten, Last Minute Reisen, über Buchungsmaschinen oder Rei-
seziele können sich die Partner eine individuelle Touristik-
Website zusammenstellen. Partner ohne Web-Design-Kenntnisse
können fertige „Online-Reiseshops" per copy & paste übernehmen. Die Angebote der Partner werden über einfache Textlinks,
redaktionelle Inhalte, Microsites oder Mini-Shops präsentiert. [142]

---

[142] Vgl. http://www.aboutit.de/01/33/06.html

Auch Scout24 bietet ein Affiliate-Programm – hier können die Betreiber von Websites einfach durch die Platzierung eines Scout24-Banners von dem umgelenkten Traffic profitieren.[143]

Das Besondere an dieser Partnerschaft ist die erfolgsgebundene Vergütung: Sämtliche Transaktionen über den Link von einer Partner-Website zur Website des Anbieters, vom ersten Klick bis zum Verkauf werden registriert und je nach Partnerprogramm mit einer Provision vergütet. Pay-per-Click (pro Click), Pay-per-Lead (pro Interessent) und Pay-per-Sale (pro Verkauf) sind die gängigen Varianten. Die durchschnittliche Vergütung liegt bei 5 Cents. Affiliate-Programme, Web- oder Contentnapping sind gängige Instrumente des Web-Marketing. Sie spielen auch im Rahmen der Online-PR eine Rolle: Geht es doch auch um den Einsatz der Internet-Site für die Kommunikation und die Pflege der Unternehmens-Marken. Voraussetzung für ein gelungenes Web-Marketing ist Web-Promotion, die Verbreitung (off- und on-line) der Internet-Site bei den ausgewählten Zielgruppen – vom Endkunden bis zum Journalisten.

Eine bedeutende Rolle bei der Website-Vermarktung kommt naturgemäß den Suchmaschinen zu – wie wird im Web gesucht und gefunden?

Zur Suche: Je nach Umfrage sind es zwischen 70 und 90 Prozent der Nutzer, die über Suchmaschinen und Web-Kataloge Informationen suchen. Bei den Suchdiensten kann sich jeder, der ein Informationsangebot zur Verfügung stellt, anmelden. Die Einordnung in die Datenbank nach Suchbegriffen erfolgt automatisch per „Spider". Dabei kommt allerdings jede Suchmaschine zu einer unterschiedlichen Bewertung und Einordnung ein- und derselben Website – und damit zu unterschiedlichen Ergebnissen. Bei Webkatalogen oder Verzeichnissen übernehmen Redakteure die Auswahl und Bewertung der Websites. Das hat zur Folge, dass nur qualitative Angebote aufgenommen werden und die Wartezeiten lang sind.

Zum Finden: Nur die wenigsten User klicken über die erste Ergebnis-Seite hinaus! Als Folge dieser Umfrageergebnisse werden Top-Positionen in den Suchmaschinen verkauft. Allerdings werden sie dann in der Suchmaschine als gesponserte Links gekennzeichnet. Beispielsweise wenn auf den Schlüsselbegriff Reise ein gesponserter Link vom Reiseanbieter erscheint. Ein kostenpflich-

---

[143] Vgl. http://affiliate.scout24.de/

tiger und nicht immer erfolgreicher Weg in die Suchmaschine geht über Multisubmitter, die automatischen Eintragungsprogrammen für Suchmaschinen und Kataloge. Doch Vorsicht, dieser Schritt kann sehr leicht in die falsche Richtung losgehen: Zum einen, es reicht nicht, in Suchmaschinen möglichst weit vorne zu stehen. Man muss auch von den richtigen Leuten gefunden und über den Link auf der Suchmaschine besucht werden. Zum anderen führt übertriebenes Mitteilungsbedürfnis zu Spam, der die Kunden nicht nur Geld, sondern vor allem Image kostet.

Zwar kann eine regelmäßige Wiederholung der Suchmaschinen-Anmeldung notwendig sein, um eine gute Platzierung zu behaupten, denn einige Suchmaschinen sortieren die Ergebnisse nicht nur nach Relevanz, sondern auch nach dem Datum des Zugangs oder dem Datum der Veröffentlichung. Aber wer die automatische Anmeldung über Multisubmitter mehrmals hintereinander wiederholt, löst den Spam-Schutz der Suchmaschinen aus und fliegt aus dem Index.

Eine gute Platzierung in den Suchmaschinen, die auch die Kunden nutzen, ist damit eine entscheidende Voraussetzung für qualifizierte Besucher. Dass bei der Traffic-Optimierung nicht nur in der Online-Dimension konzipiert werden sollte, versteht sich von selber:

Dass die URL in allen Veröffentlichungen und Veranstaltungen auf Plakaten, Pressemappen und Rednerpulten kommuniziert wird, sollte selbstverständlich sein.

Ebenfalls simpel und ohne Aufwand ist die Multiplikation mittels der E-Mail-Signatur der Mitarbeiter. Sie gibt unaufdringlich, aber unverwechselbar neben den Kontaktdaten einen Hinweis auf die Dienstleistung und die URL. Bei fundierten, öffentlichen Äußerungen, auch wenn sie außerhalb des Kerngeschäftes liegen, gehört die Signatur in den Abspann. So kann man in Newsgroups, Mailing-Listen, Foren oder Chats Spuren hinterlassen – eine fundierte Meinung, Erfahrungen oder einen Web-Tipp. Es ist Ihrer Kreativität überlassen, wie diese Signatur genutzt wird – permanente und statische Promotion der top-level domain oder ergänzend wechselnde Hinweise auf Themenspezials oder Relaunches.

Von der so entstehenden Interaktion mit den Zielgruppen ist es dann kein weiter Schritt mehr zum aktiven Push – der direkten und gesteuerten Ansprache an die Zielgruppe.

**Weiterführen-
de Links**

Ausführliche Informationen über Redaktionssystem, sowie Markt-
und Produktübersichten

http://www.www.contentmanager.de

Tipps zur Suchmaschinen-Optimierung

http://www.www.searchcode.de

http://www.www.webmasterplan.de

4.3   **Online-PR – Interaktion**

Der Werkzeugkasten der Online-PR bietet eine Vielzahl an Instrumenten, um in einen gesteuerten Dialog mit den Zielgruppen
einzutreten. Das geschieht über Push-Instrumente wie E-Mail
oder Newsletter und Dialog-Instrumente wie Newsgroups, Foren
oder Chats.

Newsletter sind genaugenommen Online-Publikationen, aber indem der Abonnent seine Daten hinterlässt und das Interesse am
Newsletter per Mail bestätigt, tritt er schon in direkten Kontakt
mit dem Unternehmen. Weiterhin nutzen viele Newsletter die
Möglichkeit zur Rückkopplung durch Umfragen oder die Veröffentlichungen von eingeforderter Kritik, Kommentaren, Erfahrungen in den Folgeausgaben. Der Response kann automatisch ausgewertet werden und ermöglicht damit eine Erfolgsmessung der
Maßnahme.

Ein erfolgreicher Newsletter berichtet über aktuelle und neue Inhalte – nicht über Hintergrund- oder Basiswissen. Er darf nicht
zu lang sein und nicht zu viele Werbeanzeigen enthalten (je
nach Länge empfiehlt newsmarketing.de 1-3 Werbeanzeigen).
Newsletter sollten weiterhin regelmäßig, am besten wöchentlich
oder 14tägig versandt werden. So das Ergebnis einer Forrester-
Umfrage: Newsletter werden demzufolge abbestellt, wenn die
Inhalte nicht relevant sind (55%) oder wenn der Newsletter zu
oft versandt wird (52%)! Zu viel Werbung und Überlänge sind für
30 Prozent der Befragten Grund zur Abmeldung.[144]

Ein weiteres Umfrageergebnis: E-Mail-Newsletter werden gelesen. Fast 40 Prozent öffnen jeden, immerhin fast 30 Prozent noch
jeden zweiten elektronischen Serienbrief, so eine Umfrage des
Online-Marktforschers Speedfacts für w&v-online[145]. Aber auch
hier gilt: Bevor sie gelesen werden können, müssen sie gefunden
werden. Newsletter können in Datenbanken angemeldet werden,
ein   kostenloses   Angebot   hält   etwa   der   http://www.
newsletterberater.de parat.

Newsletter sind ein gutes Mittel für die Zielgruppenbindung. Um
sich mit potenziellen Kunden und Partnern auszutauschen, emp-

---

[144]   Newsletter   Newsmarketing,   Ausgabe   Januar/2   2002
http://www.newsmarketing.de

[145] Panel: 3300 repräsentative Web-Nutzer, Januar 2002

fehlen sich Dialog-Instrumente. Das sind zum einen Newsgroups, die elektronischen „Schwarzen Bretter" im sogenannten Usenet, die wie eine Artikelsammlung über einen weltweiten Rechnerverbund für alle Teilnehmer verfügbar sind. Zum anderen Online-Foren, der Diskussions- und Meinungsaustausch im WWW oder Mailing-Listen per E-Mail. Die Online-PR sollte die unternehmensrelevanten Diskussionsinstrumente kennen und nutzen. Nicht, um dort Pressemeldungen zu „posten" – das ist gegen die Netiquette. Aber um Trends herauszufiltern, Stimmungen einzuschätzen und gegebenenfalls kompetente Beiträge mit eingebauter Signatur zu verbreiten.

Ein Schritt weiter geht die Einrichtung und Etablierung einer eigenen Diskussionsplattform. Das wird in der Regel nicht die Newsgroup sein, die offiziell mit einem eindeutig relevanten Titel und Thema angemeldet werden muss, sondern eher ein Online-Forum sein. Im Gegensatz zu den Newsgroups wird ein Web-Forum mit dem Web-Browser aufgerufen und kann nach Belieben auf Webseiten eingerichtet werden. Dafür gibt es mittlerweile Standardsoftwarelösungen.

Doch mit den Ausgaben für die technische Lösung ist es nicht getan. Aufwendiger ist die kontinuierliche Pflege sowie die Betreuung: Die Kommunikation untereinander muss initiiert und gefördert werden. Unsachliche Äußerungen, die gegen die Netiquette verstoßen oder das Hausrecht der eigenen Site, müssen gelöscht und die Urheber aus dem Forum ausgeschlossen werden. Mit anderen Worten, man sollte sich vorher genau überlegen, ob man diesen Ansprüchen auch im täglichen Geschäft gerecht werden kann. Dabei lassen sich die Investitionen deutlich reduzieren, wenn man das Forum nicht auf der eigenen Website einrichtet, sondern sich mit anderen Unternehmen die vorhandene Infrastruktur teilt.

Sind die Kapazitäten da und gelingt es, ein aktives Forum mit einer offenen Gesprächsatmosphäre zu schaffen, hat man ein sensibles Meinungsforschungsinstrument in der Hand. Die User äußern sich aus der Anonymität des Netzes, ohne ein Blatt vor den Mund zu nehmen. Organisationen – auch Pressestellen – bekommen so eine direkte Rückmeldung über die Dienstleistungsqualität ihres Unternehmens. Damit muss man aber auch wissen, dass man abweichende oder gar entgegengesetzte Meinungen auf seiner Internetseite zulässt. Dieses gilt insbesondere für Chats, die ja Live-Veranstaltungen sind. Wer die Kontrolle über jede Veröffentlichung auf seiner Seite haben will, bietet Chats besser auf vielbenutzten Portalen oder Medienseiten an.

Letztlich ist jede Art von Web-Veranstaltung ein Interaktionsinstrument. Die wichtigsten sind Online-Pressekonferenzen, virtuelle Trainings, Coachings, Online-Auktionen oder virtuelle Messen.

Online-Publikationen, Umfragen, aber auch virtuelle Trainings sind nicht nur Interaktionsmöglichkeiten nach außen. Sie sollten auch intern eingesetzt werden, um den Austausch anzuregen und Mitarbeiter zu informieren. Schließlich beeinflussen die neuen Informationstechnologien die Unternehmenskultur und Arbeitswelt tiefgehend.

Eines der wichtigen Instruments der Online-PR für die Mitarbeiterkommunikation ist das Intranet, ein organisationsinternes EDV-Netz, das alle Mitarbeiter und gegebenenfalls Partner miteinander verbindet. Die Vorteile liegen auf der Hand: Wissen und Informationen können intern schneller und gezielter verbreitet werden, egal zu welchem Zeitpunkt und an welchem Unternehmensstandort. Das integriert alle, auch entfernte oder mobile, Mitarbeiter wie den Außendienst. Und es spart in den Bereichen Transaktion, Verwaltung und Schulung Kosten.

Über den Erfolg des internen Netzwerkes entscheiden die Mitarbeiter. Sie sind es, die das Intranet nutzen, speisen und damit am Leben halten sollen. Und hier setzt die Aufgabe der Kommunikationsabteilung an: Online-PR sollte die Mitarbeiter von Anfang an über die Ziele, Inhalte und die Anwendungsmöglichkeiten des Netzwerkes informieren, ihre Erwartungen und Wünsche einfordern, Schulungen organisieren.

Weitere interne Online-Instrumente sind Newsletter für Mitarbeiter, Gewinnspiele, Kampagnen. Auch hier gilt wieder: Sie ergänzen die Offline-Mittel, etwa die Mitarbeiterzeitung, aber verdrängen sie nicht, wenn diese beliebt sind und sich bewährt haben.

Newsletter- und Newslettervermarktung

http://www.newsletterberater.de
http://www.newsmarketing

Newsgrouparchiv und Verzeichnis:

http://www.google.de

4.4   Online-PR – Medienarbeit

„What good is a story about something everybody already knows because it was trumpeted all over your Web site?"[146] Wenn es einen Reminder gibt, den sich alle Onliner täglich in ihren Kalender eintragen oder zum Bildschirmschoner bauen sollten, dann diese: „Die besten Stories über unser Unternehmen sind die, die wir den Journalisten selbst finden lassen!" Medienarbeit bedeutet, Journalisten dabei zu helfen, ihren Job zu tun.

Grundlage einer erfolgreichen Online-Medienarbeit ist daher wie immer der Aufbau und die Pflege eines Verteilers: Welches sind meine Key Kontakte? Welche fehlen mir noch? Welche Art von Informationen benötigen meine Ansprechpartner? Und in welcher Form möchten sie die Informationen bekommen? Um das zu ermitteln lohnt es sich, einen klassischen Brief mit beispielsweise den wichtigsten aktuellen Daten über die jeweilige Organisation zu verbreiten. Dabei liegt ein Rückantwortfax-Formular, bei dem Journalisten gegebenenfalls ankreuzen können, dass sie keinerlei Informationen zu bekommen wünschen. Oder via E-Mail, Fax oder auf dem Postwege. Es ist logisch und doch muss es betont werden: Nur Journalisten, die Informationen per E-Mail erhalten möchten, gehören in den E-Mail-Verteiler!

Dabei gilt die Richtlinie: ein Ansprechpartner pro Medium und Thema. E-Mail-Verteiler können in Sekunden kopiert und verbreitet werden. Da unterliegen PR-Leute leicht der Versuchung, die Verteiler großzügig anzulegen und ihre Botschaften breit über die Redaktionen eines Mediums zu streuen: "Die Pressemitteilung wird gerne an verschiedene Redakteure unterschiedlicher Ressorts parallel geschickt. So nach dem Motto: Einer wird schon zuständig sein, einer wird es schon nehmen", zeigt Axel Postinett, Redakteur beim Handelsblatt in Düsseldorf das ungeschickte Vorgehen der PR-Leute auf. Auch der Mehrfach-Versand von Einladungen oder Gesprächsangeboten an Redaktionen verursacht dort nur unnötigen zusätzlichen Abstimmungsbedarf. "Das bringt nur so viel: Gleich mehre Redakteure, die sauer sind, weil sie sich gegeneinander ausgespielt fühlen."

Personalisierte Mails haben mehr Erfolg als allgemeine, an die Medien-Adresse gerichtete Meldungen. Allerdings nur, wenn sich

---

[146] Shel Holtz, 1999

der Journalist auch tatsächlich persönlich angesprochen fühlt und nicht nach dem Gießkannenprinzip bedacht wird. PR-Berater sollten die Funktion und das Ressort ihres Ansprechpartners kennen. Vor allem sollten sie ein ziemlich genaues Bild von dem Auftrag und den Zielgruppen des Mediums haben: "Ich bekomme täglich Personalmeldungen und Nachrichten von Etatgewinnen - das interessiert die dpa nun wirklich nicht", sagt Christoph Dernbach, Managing Editor der dpa info.com GmbH in Hamburg. Circa 75 Prozent der Informationen, die täglich in seinem Postfach landen, gehen unbearbeitet in den Müll. "Ich arbeite dabei im Outlook E-Mail-Programm mit dem Vorschaufenster. Wer es nicht schafft, mich per Betreffzeile und den ersten drei Zeilen zu überzeugen, hat Pech gehabt." Dernbach steht damit nicht allein: Journalisten selektieren ihre Mails zu 34 Prozent nach Absender und zu 28 Prozent nach Betreffzeile.[147]

Pech kann es natürlich auch sein, wenn der Journalist für längere Zeit nicht an seinem Arbeitsplatz ist und er von unterwegs seine Mails nicht bearbeiten kann oder will. Dann verfällt die Nachricht ungenutzt in seinem Briefkasten. Bei tagesaktuellen Nachrichten kann man daher auf Nummer sicher gehen und parallel zur Personalisierung allgemeine Redaktionsadressen wie info@medium.de oder redaktion@medium.de bedienen.

Grundsätzlich hat sich E-Mail als Informationsträger bei den Journalisten bewährt: Die Möglichkeiten, Informationen als E-Mail-Anhang zu verschicken oder zu erhalten, ist für 72 Prozent der Redakteure von Tageszeitungen und Nachrichtenagenturen und für 92 Prozent der Online-Redakteure die wichtigste E-Mail-Funktion.[148] Die unterschiedliche Wertschätzung beruht darauf, dass die tagesaktuell arbeitenden Redakteure besonders unter Zeitdruck stehen und unter der täglichen E-Mail-Flut am meisten zu leiden haben: Für 58 Prozent der Redakteure der Tageszeitungen / Nachrichtenagenturen ist die E-Mail-Flut das größte Problem, bei den Online-Redaktionen sind es noch 48 Prozent.

Und: 85 Prozent der in der Media Studie befragten Journalisten lehnen den unaufgeforderten E-Mail-Versand von Pressemitteilungen ab: Massen-Aussendungen, gerade weil der Versand per

---

[147] Vincent Löhn: Pressearbeit im Internet: PR-Guide Januar 2002; http://www.dprg.de

[148] media studie 2000, http://www.newsaktuell.de

E-Mail so kostengünstig und einfach ist, sind wie Spamming – und rufen auf der Empfängerseite die entsprechenden Reaktionen hervor: Bestenfalls die Löschtaste, in der Regel Unmut, im schlechtesten Fall ein bissiger Kommentar und ein Kontakt, der ein für allemal verloren ist. Eine Vielzahl der Redakteure pflegt inzwischen auch eigene Absender Black-Lists – E-Mail-Adressen die sich durch Spam oder sonstigen Unsinn disqualifiziert haben, finden dann überhaupt nicht mehr den Weg in das E-Mail-Posteingangsfach des Redakteurs.

Das belegt auch: Eine enge und langfristige Zusammenarbeit mit einem Journalisten beginnt nicht per elektronischer Post. Dafür ist eine E-Mail zu schnell und zu einfach geschrieben, sie kann mit einem Klick tausendfach Verbreitung finden. Das wissen Journalisten und es macht sie misstrauisch. Der Weg der Online-PR führt daher immer auch über den telefonischen und persönlichen Draht. Hat man sich aber als verlässlicher und glaubwürdiger Partner erwiesen, nimmt der Journalist in der Regel dankbar das Angebot der elektronischen Kommunikation und Zustellung an.

Noch persönlicher und enger und damit auf den engsten Kreis der Journalistenkontakte begrenzt ist die Kommunikation per AIM: Über den kostenlos beziehbaren AOL-Instant-Messenger (www.aol.de) kann man Telegramme austauschen, sobald man online ist. "Hier liegt noch großes Potenzial für den persönlichen und schnellen Austausch in eng geknüpften Mediennetzwerken", schlägt Axel Postinett vor. Das kurze und schnelle Telegramm ersetzt umständliche Telefonate (siehe Abbildung 29) - und unterstützt so das enge und persönliche Verhältnis zu seinen wichtigsten Kontakten. "Wichtig ist dabei aber, dass sich alle an die Spielregeln halten und wirklich nur kurze und wichtige Meldungen oder Fragen austauschen. AIM ist nicht das permanente Einfallstor in eine Redaktion. Manchmal „redet" man wochenlang nicht miteinander, um im Bedarfsfall dann aber ganz schnell agieren zu können," so Postinett zur selektiven Nutzung des AIM.

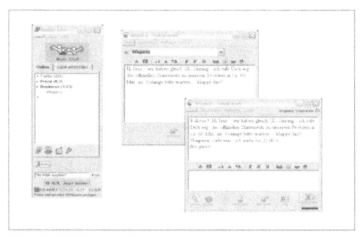

Abb. 29 AIM für schnelle Anfragen

E-Mails haben das Fax als Instrument zur Verteilung von Presse-meldungen weitgehend abgelöst, weil die Journalisten sie sofort, notfalls per „Suchen/Ersetzen" verarbeiten können. Allerdings ist der Kommunikationserfolg an Kriterien gebunden. Für die E-Mail Pressemitteilung gibt es folgende Formvorgaben (siehe Abb. 30):

1. Blind Copy: Die E-Mail-Adressen dürfen nicht für jeden Emp-fänger offen gelegt werden. Der Verteiler gehört daher ins Bcc-Feld (Blind Carbon Copy)! Es wirkt nur abschreckend, wenn di-gital nachzulesen ist, dass die Konkurrenz, die einen Tag eher erscheint, auch auf dem Verteiler steht und widerspricht zudem dem Datenschutz.

2. Aussagekräftiges Betreff: das digitale Nadelöhr auf dem Weg zum Journalisten entscheidet, ob die Mail überhaupt geöff-net wird.

3. Kürze: Der Text sollte nicht viel mehr als 15 Zeilen umfassen. Wer mehr zu sagen hat, kann die Mitteilung mit einer Langversi-on auf der Homepage verlinken.

4. Abspann: Auch das Unternehmensprofil am Ende ist kurz und wesentlich, enthält aber in jedem Fall eine Antwortmöglich-keit durch einen Link zum Ansprechpartner.

5. Keine Sondertypographie: Nur-Text-Format gewährleistet die Lesbarkeit auf jedem Bildschirm.

6. Zeilenbreite: Maximal 70 Zeichen, um auch auf kleineren Bildschirmen einheitlich gelesen werden zu können.

7. Links statt Anhänge: Offline Pressemitteilungen gehören ebenso wenig in den Anhang wie digitale Fotos. Sie verzögern nur die Download-Zeit beim Empfang der Mail. Stattdessen Links einfügen, wo im Netz ausführlichere Texte oder Fotos heruntergeladen werden können.

Abb. 30 Muster E-Mail-Pressemitteilung

Auch Christoph Dernbach sind die noch immer vorkommenden handwerklichen Fehler unverständlich: "Viele Pressestellen sind offensichtlich schon technisch überfordert, ihre Ansprechpartner richtig zu bedienen". Fotos, Anhänge und Beispielprogramme haben als Dateianhang der Pressemitteilung eine kurze Halbwertszeit: Der Weg zur Löschtaste ist kürzer als der zum Papierkorb!

Die Geschwindigkeit des Mediums führt immer wieder zu Schnellschüssen, die nach hinten losgehen. Der Highttext-Verlag hat dazu die bissig-ironische Seite, „PR-Agenturen: Mittler zwischen Realität und Wirklichkeit" eingerichtet. Darauf wird sich seitenweise über „Pressemitteilungen, die wir lieben gelernt haben" ausgelassen.[149] Daher ein Tipp: Vor dem Versand die E-Mail einmal ausdrucken und Korrekturlesen. Auf diese Weise

---

[149] http://www.ibusiness.de/unsinn

werden, so die Rezipientenforschung, 20 Prozent der Fehler vermieden – sie fallen auf dem Bildschirm einfach nicht so auf wie im Ausdruck.

Grundsätzlich   lohnt es sich, zwischen Push und Pull-Informationen zu unterscheiden. Pull-Themen gehören auf die Webseite. Das sind beispielsweise Unternehmensdaten, die Unternehmensstory und Hintergrundberichte. Push-Themen werden über den E-Mail-Verteiler vertrieben, für den man sich auf der Webseite auch registrieren kann. Das sind Nachrichten, die für das Unternehmen, seine Kunden und das Marktumfeld von Bedeutung sind. Natürlich kann es auch Sinn machen, Push-Themen nachträglich in einem Archiv auf der Webseite verfügbar zu machen.

Auch für die digitale Verbreitung von Presseinformationen gibt es kommerzielle Anbieter. Allerdings ist die Streuung über Mediendienste sehr breit: Mit der Anzahl der Abonnenten steigt nicht automatisch die Zahl der Abdrucke, die man auf diese Weise erzeugen will. Für die Imagebildung kann es aber gut und wichtig sein, Präsenz zu zeigen. Der größte Mediendienst ist die dpa-Tochter http://www.newsaktuell.de, der sich auf die digitale Verbreitung von Unternehmens-Presseinformationen im In- und Ausland spezialisiert hat. Organisationen stellen kostenpflichtig ihre Pressemeldungen in den Originaltextservice (OTS), der übrigens nicht nur Texte, sondern auch Logos, Bilder, Info-Grafiken und O-Töne umfasst.

Journalisten und Meinungsbildner, wir alle, können dann die Nachrichten ressortbezogen stündlich oder tagesaktuell beziehen. News aktuell wirbt damit, dass alle maßgeblichen Redaktionen in Deutschland mit dem Nachrichtennetzwerk erreicht werden. Die Frage ist nur, wer liest die mehr als 3.500 Pressemitteilungen, die da monatlich die Postfächer füllen? Die dpa-Journalisten bei der Muttergesellschaft von http://www.newsaktuell.de erwarten jedenfalls nach wie vor, von ihren PR-Partnern persönlich informiert zu werden.

Weitere Anbieter dieser Art sind: news4press.com, der europaweit arbeitet, http://www.pressrelations.de, der bei selbständiger Eingabe im Portal auch für die Anbieter von Pressemeldungen kostenlos ist; sowie press1.de, Online-Pressedienst des Hightext-Verlags, der sich auf die Verbreitung von PR-Meldungen an die deutsche IT-Presse (Computer/EDV und Telekommunikation) spezialisiert hat.

Diese Online Mediendienste bieten beide Distributionswege an: Push ist der Versand der Pressemeldungen an die Abonnenten; Pull sie für Recherchezwecke in den Datenbanken verfügbar zu machen. Das geschieht etwa bei News aktuell über das Recherchetool http://www.presseportal.de. Ganz auf den Pull-Markt beschränkt ist das Angebot zimpel-press.net vom Verlag Dieter Zimpel. Medienvertreter können sich über die Kontext-Recherche die für sich relevanten News aus dem Internet laden.

Klassischer Pull-Bereich in der Online-PR ist der Internet-Pressebereich: Egal ob man sich für die Minimal- oder Maximalversion entscheidet, der Grundsatz heißt immer: Soviel Aktualität und Service wie möglich, aber nie mehr anbieten, als man halten kann. Ein Beispiel: 78 Prozent der Journalisten wünschen sich den sogenannten Call-Back-Service, wie die von der Online Relations Consulting gemeinsam mit Profnet durchgeführte Studie „Journalisten 2000" ermittelte. Da können sich Journalisten eintragen, wenn sie für eine Frage oder ein Gespräch zurückgerufen werden wollen. Nur: Geschieht dies nicht innerhalb eines kurzen Zeitraumes, ist der Servicegedanke tot und der Button kontraproduktiv.

Weiterhin wünschen sich Journalisten einen eigenen Navigationsbutton „Presse" auf der Homepage, eine Suchfunktion im Pressebereich selber und die E-Mail-Adressen des Pressesprechers. Dabei muss auf E-Mail-Anfragen innerhalb eines Tages reagiert werden. Formulare haben auf Journalisten eine abschreckende Wirkung. Daher sollte - auch wenn das kontrovers diskutiert wird – der Offenheit des Mediums auch im Pressebereich Rechnung getragen werden und auf Zugangsbeschränkungen verzichtet werden. Der Akkreditierungsprozess ist zeitaufwendig und für die Mehrheit der Journalisten nervig.

Für die inhaltliche Ebene gilt: Aktuelle Pressemitteilungen werden angeteasert, die Texte stehen zum Download und Ausdruck bereit. Da Journalisten die Texte per „Drag & Drop" übernehmen, sollte auf Frames und Tabellen verzichtet werden. Weiterhin stehen Fotos und Grafiken zum Download bereit – und zwar für die verschiedenen Zielgruppen: zur Online-Nutzung in 72 dpi, zum Druck in 300 dpi. Dabei gibt es das Bildmaterial als "thumbnail" im Kleinformat zur Ansicht, mit der Möglichkeit das Bild in vollständiger Größe herunterzuladen. Damit der Pressebereich stets aktuell ist, sollte er einfach zu pflegen sein, ohne HTML-Kenntnisse, beispielsweise über ein Redaktionstool. Hier ein Beispiel des Online-Pressebereichs der Lufthansa AG.

Abb. 31 Online-Pressebereich

Neben Pressemitteilungen gehören aktuelle Geschäftsberichte, Bilder, Programme und Presse-Veranstaltungen in den Online-Pressebereich. Dazu gehören auch Telefon- und Videokonferenzen. Grundsätzlich gilt: So wie digitale Informationen die klassische Pressemappe ergänzen und verändern, so ist auch die virtuelle Pressekonferenz lediglich eine Ergänzung der realen Veranstaltung. "Reine Online-Pressekonferenzen sind ein investigativer Rückschritt", sagt Axel Postinett. "Das ist sehr unpersönlich, man bekommt kein Gefühl für die handelnden Personen und das Unternehmen. Direktes und schnelles Nachhaken funktioniert technisch nicht – daher verkommen Online-PK's häufig zu reinen Informationsveranstaltungen."

Die Vorteile einer Pressekonferenz im Internet: Die räumliche Unabhängigkeit spart Zeit und dem Unternehmen Geld. Nachteil: die persönliche Atmosphäre und die Möglichkeit zum vertraulichen Gespräch nach der Konferenz fehlen. Eine gute Lösung ist es daher, die Vorteile der klassischen Pressekonferenz mit den Möglichkeiten des Internets zu verbinden und sie live zu übertragen: die Reden in Text und Ton, die Redner im Bild und parallel dazu in einem weiteren Fenster die Präsentationsfolien.

Voraussetzung ist, dass die Pressekonferenz professionell aufgenommen wird und die Vortragsfolien HTML-fähig sind.

Dienstleister wie www.presse-tv.de stellen Kamerateams, die auch für die Übertragung ins Netz sorgen. Die Präsentationsmaterialien sollten auch im Nachhinein von der Seite heruntergeladen werden können und die Videos im digitalen Archiv abrufbereit sein.

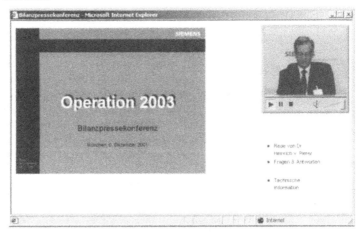

Abb. 32 Bilanzpressekonferenz 2001 der Siemens AG als Videostream – live.

Weiterführende Links

Informationsplattform für Online-Journalisten

http://www.onlinejournalismus.de

online Magazin: Dr. Web http://www.drweb.de

4.5   Online-PR – Krisenkommunikation

Gute Nachrichten verbreiten sich schnell - schlechte verbreiten sich extrem schnell. Dass schlechte Meldungen eher zur Nachricht werden als gute, das war schon vor dem Internet so. Aber mit der vierten Mediensäule haben nicht nur Journalisten, sondern auch frustrierte Mitarbeiter, genervte Kunden oder unliebsame Konkurrenten ein wirksames Mittel in der Hand, um sensible Informationen weltweit zu verbreiten. Ein Gerücht in einem Forum, ein falscher Eintrag auf http://www.dotcomtod.de oder gleich eine ganze Website zu den Produktionsbedingungen Ihrer Firma in Indien – schwerwiegende Behauptungen sind leicht aufgestellt und verbreiten sich dank Internet in Sekundenschnelle. Die angemessene Reaktion fällt nicht immer leicht – der Absender ist nicht greifbar, das Gerücht hat schon seine Runde gemacht und man möchte es nicht zusätzlich befeuern oder es fehlt schlicht an der Informationsplattform für die Darstellung der eigenen Version.

Dem Kanal Internet kommt so gerade unter dem Aspekt Krise – sei es präventiv oder schon mitten in der aktiven Krisenkommunikation - eine zentrale Bedeutung zu. Jedes Unternehmen sollte sich gut vorbereiten und laufend über den aktuellen Stand der relevanten Diskussionen informieren.

Die wichtigste Krisenprävention ist das Monitoring von Nachrichtenagenturen, Online-Publikationen und Meinungsseiten. Dazu gehören Online-Angebote, die sich den Themen und Dienstleistungen einer Organisation befassen, beispielsweise Konsumentensites wie http://www.ciao.de oder Spezialangebote wie die Gruppe http://de.rec.motorrad für zum Beispiel Motorradanbieter; Protestgruppen wie http://www.boykott.de ; Gerüchtesites wie http://www.dotcomtod.de oder Anti-Sites wie etwa die Seite „unhapi", die Probleme mit dem Schweizer aktienbasierten Ferienanbieter, der Hapimag AG auflistet. Die Liste der Angebote ist sehr lang – und das Unternehmen muss nicht DaimlerChrysler oder Siemens heißen um im Web kontroverse Diskussionen hervorzurufen. Oftmals reicht ein einziger entlassener Mitarbeiter.

Um 24 Stunden am Tag rund um den Erdball Millionen von Nachrichten scannen, braucht man technische Hilfsmittel. Nur: Suchmaschinen nehmen einem nicht die ganze Arbeit ab; die Suchergebnisse sind nicht spezifisch genug. Und wenn Offline-Medienbeobachter ihr Handwerk – denn genau das ist es noch –

auf den Online Bereich ausdehnen, bleiben sie meist noch bei den Online-Publikationen stecken. Online-Foren oder gar die schätzungsweise 40.000 Newsgroups, die auf verschiedenen Newsservern liegen, bleiben somit unbeachtet. Dabei ist die Suche nach Newsservern und den Beiträgen aus Newsgroups kein Problem mehr, seit die Suchmaschine google.de die größte Übersicht über Newsserver im Netz zur Verfügung stellt. Auch bei http://www.web.de und http://www.yahoo.de finden sich Verweise auf Newsgroups und die Volltextsuche durch gespeicherte Artikel.

Dass die Online Marketing Düsseldorf (OMD), Fachmesse für Onlinewerbung- und marketing, ihr Ausstellungsangebot auch auf den Bereich Web-Monitoring ausdehnt, beweist, wie wichtig der Bereich für die Online Kommunikation inzwischen geworden ist. Weberprobte Anbieter arbeiten mit Software-Robots. Das sind Programme, die Informationsträger, eben auch Newsgroups und Online-Foren nach bestimmten Kriterien automatisch analysieren und die Ergebnisse aktuell zur Verfügung stellen. Komplettanbieter leiten nicht einfach nur die Ergebnisse weiter, sondern gewichten sie auch nach bestimmten Kriterien. So erfährt der Kunde „zeitnah", was das Volk denkt: Im individuellen Webinterface können ausgewählte Mitarbeiter die Berichterstattung in den Medien verfolgen.

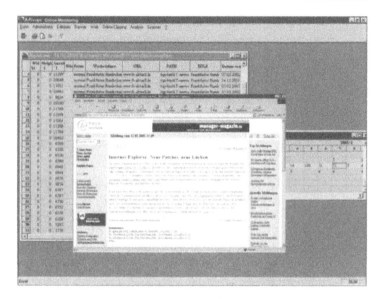

Abb. 33 Online-Monitoring der Adscope GmbH http://www.adscope.de

Diese Informationen bedeuten einen echten Vorsprung, wenn damit die Effizienz der eigenen Kommunikationsmaßnahmen und die Branchen- und Marktentwicklung überwacht wird. Im Falle einer Negativmeldung, die unbegründet über eine Dienstleistung oder eine Organisation verbreitet wird, hilft nur die prompte und gezielte Reaktion. Dabei sollten die Online-Kritiker direkt und sachlich angesprochen werden, man muss klar als Vertreter der betroffenen Organisation auftreten und die Netiquette respektieren.

Was aber, wenn es tatsächlich Probleme gibt und die Kritik begründet ist? Die meisten großen und viele mittelständische Unternehmen haben die Bedeutung der Krisenkommunikation inzwischen erkannt. Ihr Krisenmanagement setzt nicht erst ein, wenn das „Kind bereits in den Brunnen gefallen ist", wie bei dem schon legendären Fall der Berliner Strato AG.[150] In Echtzeit arbeiten bedeutet für die Krisenkommunikation, sich bereits im Normalzustand mit möglichen Schwachstellen auseinander zusetzen, die Krisenanfälligkeit des Unternehmens zu prüfen und eine

---

[150] http://www.krisennavigator.de

langfristige und vertrauensvolle Kommunikation zu den Bezugs-
gruppen aufzubauen. Mit anderen Worten: Krisenkommunikation
ist gesteuerte Kommunikation zu jedem Zeitpunkt – vor allem,
bevor andere, das Ruder an sich reißen!

Der Krisenforscher Frank Roselieb von der Christian-Albrechts-
Universität, Kiel hat das übliche Vier-Phasen-Modell der Krise (1.
Die potenzielle Krisenphase; 2. Die Latente Phase; 3. Die Akute
Krise; 4. Die Nach-Krisenphase) anhand des Beispiels der Strato
Medien AG erläutert (siehe Fußnote 150). Der Krisenfall Strato
gilt als Musterbeispiel für Krisenverläufe und ist mehrfach dokumentiert. Krisenmotor war eine Informationspolitik, die keine
war, weil sie sowohl gegenüber den verunsicherten Mitarbeitern
als auch gegenüber den enttäuschten Kunden auf Stillschweigen
und Vertuschung setzte – und damit das ganze Thema im Netz
erst so richtig in Schwung brachte.

Potenzielle Kri-
senphase

An diesem und anderen Fällen lassen sich geeignete Lehren und
Online-Strategien für die vier Krisenphasen aufzeigen: Die „potentielle Krisenphase" ist keine Krise und es gibt auch keine Sig-
nale, dass eine kommt. Dennoch gehört die Vorbereitung auf
den Ernstfall, der Krisenplan und ein entsprechendes Budget dafür in jedes Unternehmen – ganz so wie der Business-Plan. Speziell die Online-Kommunikation muss bei der Krisenplanung von
Anfang an dabei sein: Sie legt Kompetenzen fest, stellt Verhal-
tensregeln auf und übt diese auch per Simulation ein. Der Krisenstab stimmt die interne und externe Kommunikation aufeinander ab, zentralisiert alle eingehenden und beschleunigt die
ausgehenden Kommunikationsströme.

In den Bereich Prävention fällt weiterhin das Briefen der Online-
Redaktion, die schnell mit ein paar Klicks aktuelle Informationen
auf die Unternehmensseiten stellen und andere im Krisenfall un-
angemessene Angebote, wie etwa Gewinnspiele, austauschen
kann. Sie bereitet auch krisenbezogene Webangebote vor. Diese
sogenannten „Dark Sites" werden erst im Krisenfall freigeschaltet.
In der Ruhe vor dem Sturm – der hoffentlich woanders vorüber-
zieht – werden aber schon einmal Argumentationsmaterial (häufig gestellte Fragen und Antworten), Stellungnahmen, Ansprechpartner, Mail-Manager, der Informationen an vordefinierte Zielgruppen schickt, sowie die Verlinkung mit der Homepage eingerichtet und immer wieder überarbeitet. Natürlich kann man nicht
jede Krise vorwegnehmen, aber Transportunternehmen sollten
auf Verkehrsunglücke, Provider auf technische Störungen und
börsennotierte Unternehmen auf den Kurssturz vorbereitet sein.

Im Falle der Strato Medien AG fehlten diese Vorkehrungen in der potenziellen Krisenphase völlig. Auch gab es kein systematisches Wissensmanagement oder Stellvertreter-Regelungen für die interne oder externe Kommunikation. Mit dem Thema Krisenkommunikation bei der Strato Medien AG war es so wie in vielen jungen, dynamischen Unternehmen – es stand nicht auf der Agenda.

Latente Krisen-
phase

In der „latenten Krisenphase" liefert das Web-Monitoring erste Anzeichen einer drohenden Krise. Jetzt muss die Geschäftsleitung eingebunden und das Thema bewertet werden. Hier ist vor allem Urteilsfähigkeit gefragt – was kann aus den bisherigen Informationen entstehen? Wer nimmt den Ball auf und wie könnte sich die Story weiterentwickeln?

Wenn zu einem frühen Zeitpunkt die Brisanz schon abgesehen werden kann, sollte die Reaktion schnell kommen. Fehler einräumen, Kontakt zu den Kritikern per E-Mail aufnehmen, an Online-Diskussionen offen als Sprecher des Unternehmens mitwirken. Parallel dazu sollten Partner gesucht werden: Journalisten, die man mit exklusiven, ungeschönten Informationen versorgt und dafür eine faire Berichterstattung erwartet; Mitarbeiter, die über das Intranet interne Informationen und Anweisungen finden.

Bei der Strato Medien AG kommt es zwischen 20. und 22. September 1999 zu Verkaufsgerüchten Da die Pressestelle hierzu nicht Stellung nehmen will, suchen die Journalisten nach anderen Informationsquellen. Sie finden sie bei den empörten Mitarbeitern, die bereitwillig Auskunft geben oder sich ungefragt online Gehör verschaffen: „Die Luft beim Hoster Strato brennt."

Zu diesem Zeitpunkt hatte die Strato Medien AG weder die interne noch die externe Kommunikationslage richtig eingeschätzt – und brachte mit der unterlassen Kommunikation das Thema erst richtig ins Rollen.

Akute Krisen-
phase

Man erkennt das leicht daran, dass es nicht mehr möglich ist, sich den alltäglichen Unternehmensgeschäften zu widmen. Oder auch so: Man lädt zur virtuellen Pressekonferenz ein - alle kommen und alle reden nur über das eine – die Krise wird intern und extern als solche wahrgenommen. Hier helfen nur noch Offenheit und Offensive – und hoffentlich gute Vorbereitung, die auch den Online-Part beinhalten. Die Online-Standards für den Notfall:

- Dark Site online stellen mit konkreten Hilfe-Tipps und Notrufnummern für die Betroffenen. (Hier müssen eventuell zusätzliche Leitungskapazitäten zur Verfügung gestellt werden. Eine Site, die ständig überlastet ist, ist kontraproduktiv)

- Zusatzinformationen für Journalisten zur Verfügung stellen (Sonst recherchieren sie nur auf eigene Faust und die Berichterstattung wird fremdbestimmt)

- Allgemein verständliche Darstellung der Ereignisse

- Alle Informationen täglich aktualisieren

- Gesprächsbereitschaft signalisieren (Chat-Möglichkeiten für Betroffene)

Das Wichtigste bei der Bewältigung von Krisensituationen ist die Durchgängigkeit der Kommunikation: Die kleinste Ungereimtheit genügt, wie etwa die Inkongruenz in der internen und externen Kommunikation, um das Vertrauen endgültig zu erschüttern.

Bei der Strato Medien AG wird die Krise am 23. September 1999 durch die Mitarbeiterdrohung ausgelöst, den Betrieb im Falle eines externen Verkaufs lahm zu legen. Viele Kunden fürchten um ihre Internet-Präsenzen und gründen die „Interessengemeinschaft Kunden der Strato Medien AG". Diese Interessensgemeinschaft wird in allen Medien-Berichten publik gemacht. Dennoch dauert es noch fast drei Monate bis sich Strato-Mitarbeiter im Online-Diskussionsforum der Interessengemeinschaft zu Wort melden, um dann früheren Strato-Vorständen und Zuliefererdiensten die Schuld an der Lage zu geben. Parallel dazu sind fast alle Führungspositionen im Unternehmen unbesetzt – auch die der Pressesprecherin.

Diese Informationspolitik, die auf Desinformation setzt, verlängerte die Krise nur unnötig und führt dazu, dass Strato Medien AG auch heute noch als Präzedenzfall für internetbasierte Kommunikationskrisen gilt.

Nach-
Krisenphase

Die Nach-Krisenphase erkennt man daran, dass die Aufmerksamkeit der Öffentlichkeit spürbar nachlässt und es wieder möglich wird, sich den eigentlichen Unternehmenszielen zu widmen. Jetzt gilt es, Lehren für die Zukunft zu ziehen: Wurde die Krise nicht rechtzeitig vor der akuten Phase erkannt, muss das Screening erweitert und angepasst werden. Wurde unkoordiniert kommuniziert, muss der Krisenstab die Regeln für Krisensituationen überarbeiten. Vor allem muss die Koordination mit dem Online-Team und die Webnutzung während der Krise ausgewertet werden: Wie hat sich das Medium bewährt (Anzahl und Verweildauer der User, Rückmeldungen per E-Mail) und wo gab es noch Probleme.

In dieser Phase kann man die Zeit nicht einfach zurückdrehen und den Webauftritt aus der Zeit vor der Krise reanimieren. Die Krise sollte im Web noch weiterhin dokumentiert und mit kurzen, klaren Statements, die eine Bewertung der Ereignisse vornehmen, versehen werden. Durch kontinuierliche Kommunikation kann der Vertrauensverlust aufgehoben werden. Mehr noch: die souveräne Bewältigung einer Krise kann sogar einen Imagegewinn erzielen.

Der Fall der Strato Medien AG ist auch in dieser Phase ein Musterbeispiel für ungeschickte Kommunikation mit seinen Interessensgruppen: Zwar wurde der Verkauf ausgesetzt – wohl auch aus marktpolitischen Erwägungen. Und es gibt immer noch einen Kundenbeirat, der sich für die Belange der Kunden einsetzt. Aber der Berliner Hoster versucht immer wieder, sich von dem Kundenbeirat zu trennen. Kunden, die Schadensersatzforderungen stellten, weil ihre Präsenzen im März 2001 für mehrere Tage nicht verfügbar waren, werden immer noch vertröstet.

Dabei hätte gerade der Kundenbeirat für das Unternehmen einen Neuanfang darstellen können. Die „Verbraucherschutzzentrale im eigenen Haus" liefert nicht nur ein einfaches Mittel, um neue Impulse und Kundenwünsche zu ermitteln, sie hat zudem eine nicht zu unterschätzende Imagewirkung: Kundennähe als Markenzeichen.

Weiterführende Links

http://www.krisennavigator.de

4.6   Online-PR – Campaigning

Wer die bisher dargestellten Multiplikator-Effekte im Web für konkrete, klar definierte Kommunikationsziele nutzt, setzt das ABC der Online-PR ein und kann sich der Kür widmen: Online-Campaigning. Spätestens seit dem US-amerikanischen Wahlkampf 2000, der virtuellen Präsidentschaftskandidatin Jackie Strike oder der Blair Witch[151] Project-Kampagne sind PR-Fachleute fasziniert von Kommunikationskampagnen, die über vielfältige Internet-Formate den Weg zur Zielgruppe finden. Online-Campaigning ist zumindest in den Köpfen ein Trend, wenn auch gelungene Umsetzungsbeispiele immer noch Seltenheitswert haben. Allein die Vorstellung mit minimalem Aufwand ein Millionen-Publikum nicht nur zu erreichen sondern direkt in Handlungsabläufe zu integrieren fasziniert die Kommunikationsprofis aus Unternehmen und Organisationen.

In US-amerikanischen Wahlkämpfen war das Internet bisher erfolgreich beim Aufbau von Sympathisanten-Netzwerken, für die Rekrutierung freiwilliger Helfer und Spendengelder (Online-Fundraising) sowie beim „Negative Campaigning": Bei diesen Online-Kampagnen gegen den politischen Widersacher werden dessen unpopuläre Entscheidungen, widersprüchliche oder ungeschickte Äußerungen in Text, Bild und Ton minutiös auf Microsites dokumentiert. So gab es allein über Bush vier negative Seiten (http://www.gwbush.com; http://www.bushandguns.com; http://www.bushwatch.dom; http://www.bushinsecurity.com), eine über Gore (http://www.algore-2000.org) und zwei über Hillary Clinton (http://www.hillaryno.com; http://www.hillary2000.com)

Auch in Deutschland wird diese Form der politischen Online-Kampagnenführung inzwischen eingesetzt. So setzt die SPD-Wahlkampfzentrale Kampa02 neben dem Online-Auftritt http://www.spd.de auch auf das Spezial-Angebot wie http://www.nicht-regierungsfaehig.de - konkret auf den politischen Gegner zugeschnittene Online-Angebote. Auch die CDU bedient sich dieser Online-Mittel – mit der Site www.rapid-response.de wird aktuell auf Äußerungen der Regierung geantwortet.

---

[151] Vgl. http://www.blairwitch.com

Doch Online-Campaigning ist nicht nur auf politische Ziele beschränkt. So war die virtuelle Kandidatin „Jackie Strike", die e-
benfalls im US-Wahlkampf mitmischte, alles andere als politisch
motiviert: Die imaginäre „Mutter der Nation" sollte ihre „Eltern",
deutsche Internet-Firmen kostengünstig in den USA ins Gespräch bringen und deren Technologien einem breiten Publikum
bekannt machen. Die Idee stammt von der Hamburger Böttcher-
Hinrichs AG. Das Kommunikationsunternehmen gründete die
Jackie for President GmbH, die das Kommunikations- und In-
formationsportal Jackie-strike.com entwickelte und die Präsident-
schaftskandidaten über Medienarbeit und Sponsoring promotete.
Die Vermarktung lief über die eigene Internet-Plattform Politik-
Digital sowie über die Web Pilots AG, die Internet-User mit re-
daktionsgestützten Empfehlungsmaschinen auf Themenreisen
begleiten.

Technologische Partner der Jackie for President GmbH waren die
noDNA AG aus Köln, einer Spezialagentur für virtuelle Charaktere sowie die kiwilogic.com AG aus Hamburg, die Sprachsysteme
entwickelt. Gemeinsam stellten sie die interaktive 3D-Kandidatin
online: eine Frau, die gestikuliert, lacht oder lächelt und sprechen kann. Im Unterschied zu den Chats mit den echten Kandi-
daten stand die 3D-Kandidatin rund um die Uhr zur Verfügung.
Dabei machte Jackie eine Entwicklung durch. Während sie anfangs nur Phrasen dreschen konnte, Versatzstücke aus Reden
Gores und Bush mit Kreationen der Programmierer vermengt,
passte sich das System Lingubot immer weiter den Fragen der
User an: Die Gesprächsprotokolle gaben Aufschluss darüber, wo
bei den Antworten noch nachgebessert werden musste.

Abb. 34 Präsidentschaftskandidatin Jackie Strike

Die virtuelle Präsidentschaftskandidatin Jackie Strike – im Dialog mit einem Robot.

Der Dialog mit der virtuellen Kandidatin in Schrift und Ton wurde auf der Website ergänzt durch ihre Biografie, ein Kampagnen-Tagebuch und Statements. Dazu gab es ein „Volunteer to Vice-President"-Programm: User konnten für das Amt des Vizepräsidenten kandidieren. Um sich dafür zu qualifizieren, sollten sie möglichst viele Freunde finden, die dann auch Jackies Freunde wurden – Netzpropaganda pur mit hohem nationalen und internationalem Medienecho.

Aber Online-Campaigning kann auch für konkrete Marketingziele eingesetzt werden – und so aufwendige Werbekampagnen ersetzen oder begleiten – zum Beispiel bei der Filmpromotion. Mit dem Blair Witch Project (1999) schafften es die Jungregisseure Daniel Myrick und Eduardo Sanchez, zusammen mit der auf Independent-Filme spezialisierten Verleihfirma Artisan Entertainment ausschließlich über eine geschickte Vermarktung im Internet - ohne großes Marketing-Budget – aus dem Low Budget produzierten Film einen Kassenschlager zu machen. Nur im Internet mit immer neuen Geschichten beworben, entwickelte sich im Netz schon vor der Premiere ein regelrechter Kult.

Der Film beruht auf einer einfachen Grundidee: Drei Studenten machen sich mit einer 16-Millimeterkamera auf in die Wälder von Maryland, um das Geheimnis der Hexe von Blair zu erkunden. Erst ein Jahr später findet man ihre Ausrüstung mit bespielten Kassetten und belichteten Filmrollen. Ihre Geschichte wird anhand pseudodokumentarischer Amateuraufnahmen erzählt.

Abb. 35 http://www.blairwitch.com - eine der besten Online-Kampagnen der letzten Jahre

Schon Monate vor dem Kinostart war eine Webseite unter www.blairwitch.com ins Netz gestellt worden, die stetig mit neuen Informationen und weiteren Hinweisen aktualisiert wurde. Dabei wurde so getan, als wären die drei Jungfilmer tatsächlich verschwunden. Es entstand eine regelrechte Mythologie über die Hexe von Blair mit den verschiedensten Hintergrundgeschichten. Über Mund-zu-Mund-Propaganda verbreitete sich die Geschichte im Netz, auf Fan-Seiten und in Newsgroups wurde über die Echtheit der Geschichte spekuliert. Selbst die Internet Movie Database[152], die größte Filmdatenbank im Netz, spielte mit und führte die Hauptdarsteller eine Zeit lang als „vermisst und wahrscheinlich tot".

Konzeption und Einsatz der Online-Methoden verlangen ein sehr tiefes Verständnis von den angepeilten Zielgruppen und den Wirkmechaniken in bestimmten Branchen.

Erfolge wie Jackie Strike oder Blair Witch Project sind in dieser Form nicht reproduzierbar – es bedarf einer jeweils neuen, indi-

---

[152] Vgl. http://www.imdb.com

viduellen und kreativen Konzeption. Was scheinbar so einfach und kostengünstig daherkommt, ist mit viel Arbeit verbunden: Online-Campaigning im Netz verlangt klare Spielregeln, Strategiedenken und Interneterfahrung. Die langfristigen Strategieziele müssen in kurz- und mittelfristigen Operationsziele übersetzt werden. Dabei wird den Initiatoren viel Flexibilität abverlangt - weshalb sich Nicht-Regierungsorganisationen wie Bürgerinitiativen oder Greenpeace sehr gerne dieser Methodik bedienen und in der Vergangenheit häufig als die besseren Online-Campaigner entpuppten.

Die genannten Beispiele verdeutlichen, wie Synergien und Multiplikationseffekte genutzt werden können: erstens online durch Vernetzung von Webseiten mit der Kampagnen-Seite, Mailing-Listen und Partnerprogramme. Zweitens über E-Mail-Aktionen: Dabei werden Ketten-Mails an Freunde und Bekannte weitergeleitet, um die Kampagne bekannt zu machen und bei Protestaktionen eine Lawine auszulösen. Drittens ist die Bekanntmachung der Kampagne nach wie vor auf die Massenmedien angewiesen, sowohl online als auch offline.

Zielgruppen von Internet-Kampagnen sind Journalisten und Endverbraucher. Um sie zu gewinnen, benötigt man aufmerksamkeitsstarke Themen. „Public Interest", Unterhaltung und Emotion spielen eine wichtige Rolle, wenn Botschaften Beachtung finden sollen. Vor allem muss immer wieder „Zündstoff" nachgeliefert werden, damit die Kampagne am Leben gehalten wird. Eintagsfliegen im Web sind nicht dazu angetan, ein unverkennbares Profil der Organisation zu vermitteln.

Mit anderen Worten, eine Internet Kampagne ist aufwändig - selbst wenn der Versand von E-Mail effizient und billig sein mag. Damit ist es eben nicht getan: Online-Campaigning bindet gute Leute über einen längeren Zeitraum – nur so lassen sich die gewünschten Effekte erzielen.

Vor allem sind die internen Voraussetzungen genau zu prüfen: Online-Campaigning erfordert eine interne Organisationsstruktur, die schnell, konzentriert und vor allem koordiniert handeln kann. Es muss allen Beteiligen klar sein, was sie wozu nach welchen Sprachregelungen sagen dürfen. Die zweite Grundvoraussetzung heißt Integration. Die Integration der Kampagne hat verschiedene Dimensionen. Inhaltlich: Jede Kommunikationsmaßnahme und jede Äußerung muss ein klares Profil der Organisation vermitteln und sie von der Konkurrenz unterscheidbar machen. Formal: Es gibt eine Corporate Identity, die sich durch die

Online-Kampagne zieht. Partner: Die Kampagne wird rechtzeitig mit Mitarbeitern und Partnern aus der Klassik, dem Marketing und Monitoring abgestimmt und zeitlich integriert durchgeführt. Die kommunikativen Elemente müssen online und offline aufeinander abgestimmt und vernetzt sein, um ein konsistentes kommunikatives Gesamtbild zu ergeben.

Besonderer Augenmerk gilt abschließend dem Tracking der gesamten Kampagne. Wie viele Besucher kamen auf die Kampagnen-Seite? Auf welchen Weg (über welchen Link, von welcher Website)? Welche Seiten der Kampagne haben sie besucht? In welcher Reihenfolge? Was haben sie dort wie lange gemacht? Wer von Anfang an messbare Ziele im Online-Campaigning setzt, hält ein starkes Tool in der Hand, um die Web-Wirkungen diesen Zielsetzungen entgegenzustellen. Welcher Aufwand hat welchen Nutzen gebracht? Diese Frage lässt sich im Internet vergleichsweise gut beantworten – auch wenn der Streit über Brandingeffekte und Imagewirkung noch lange nicht beendet ist.

4.7   Online-PR - Fazit

Die vorangegangenen Kapitel haben gezeigt, wie das Internet das professionelle Management von Kommunikation verändert hat. Das interaktive Dialogmedium beeinflusst durch die Faktoren Geschwindigkeit, Verfügbarkeit und Reichweite das operative Geschäft. Demnächst sprechen wir wieder nur noch von PR, aber diese arbeitet online und offline, mit neuen Zielgruppen und neuen Konzepten. Was bedeutet das für die Praxis der Kommunikationsprofis von morgen? Dazu vier Thesen:

- Das Netz bietet fantastische Möglichkeiten. Die Frage ist nur, wie viel ist wann sinnvoll!

- Fest steht, die Multiplikation der Botschaft ist im WWW oft erfolgreicher als auf den Wegen der klassischen Print-, TV- oder Radio-Kommunikation. Aber wo ist meine Zielgruppe genau, wie wende ich mich an sie? Wer ist wichtig, wer nicht mehr? Wende ich mich an Journalisten oder an die selbsternannten Meinungsmacher in Newsgroups und Online-Foren? Der Grad der Bearbeitungstiefe ist häufig schwierig abzuwägen – und daher wie so häufig nur im Einzelfall zu beantworten.

- Auch das Thema Monitoring bietet enorme Potentiale - fest steht, eine rechtzeitig im Netz erkannte und verhinderte Krise erspart manchmal Millionenbeträge. Nur Timing und Tiefe sind schwierig zu beantworten – hier gilt sicher: Lieber zu viel, als zu wenig. Selektion ist im Laufe der Zeit dann ein Erfahrungswert im Umgang mit seinen wichtigsten Dialoggruppen im Netz.

- Journalisten sind die extremsten User. Sie erwarten Speed, Struktur, Service und eine ansprechende Schreibe. Wer sie beeindruckt, hat schon viel gewonnen.

Zum Basis-Set-up der Online-PR gehört mit Sicherheit für ein Unternehmen - nicht für jedes Produkt - die eigene Web-Site, die einen Online-Pressebereich enthält. Hierbei sollten die Informations- und Kommunikationswünsche der Ansprechpartner, in diesem Fall der Key-Journalisten einbezogen werden. Warum nicht im persönlichen Kontakt mit dem Gegenüber über den geplanten oder bestehenden Pressebereich sprechen, Anregungen und Meinungen einfordern? Auch Newsletter und eine professionelle E-Mail-Integration in den PR-Alltag sind Standardinstrumente.

Schließlich gehört der regelmäßige Besuch der branchenspezifischen Informations-Knotenpunkte und das Monitoring der Kommunikationsplattformen, gegebenenfalls die Beteiligung an Foren zum Basis-Programm jedes PR-Mitarbeiters. Dafür und darüber hinaus müssen die Mitarbeiter für die neuen Anforderungen und Technologien geschult werden: Grundwissen von der Netiquette bis zu den Spielregeln von Suchmaschinen und Promotion-Kanälen oder jpg und tif-Formaten ist nützlich und notwendig.

Denn: Wer später kommt, muss nicht alle Fehler noch mal machen!

Von der inzwischen verabschiedeten „New Economy" kann man lernen, dass PR im Netz ein kostengünstiges, effektives Instrument ist, um seine Botschaften effektiv zu transportieren. Aber auch: der Massenversand von E-Mail, die eigene Selbstüberschätzung, Aufmerksamkeit um jeden Preis, ein mit heißer Nadel gestricktes Image wirken kontraproduktiv. Gerade Online-Kampagnen sollten sauber konzipiert und eng durch kompetente Mitarbeiter geführt werden – sonst sind die Ergebnisse alles andere als positiv.

Online-PR ist nicht Luxus – sondern messbarer und integraler Bestandteil der Gesamt-Kommunikationsstrategie.

Online-PR ist nicht Euro-Grab sondern eine sinnvolle und wirksame Kommunikation mit den wichtigen Dialoggruppen. Die Ergebnisse und teilweise sogar der Verlauf sind messbar und führen häufig zu direktem Response der angesprochenen Zielgruppen. Quantitative Messgrößen wie PageImpressions, Visits etc. oder qualitative Messgrößen wie Userbefragungen, Newsletter-Feedback etc. geben den Online-PR Verantwortlichen sehr schnell ein realistisches Bild über Erfolg- oder Misserfolg der Online-PR Maßnahmen.

5 Personalisierte Online-Kommunikation

5.1 Innovationsstufen der WWW-Präsenz von Unternehmen

Von Marius Dannenberg

Mit innovativem Technologiemanagement zum „virtuellen Unternehmen"

Ging es in den vergangenen Jahren bei Unternehmen vorrangig darum, sich im World Wide Web (WWW) durch einen ansprechend gestalteten Auftritt zu positionieren und weniger um die Erwirtschaftung von Gewinnen, so steht jetzt Aufbau, Verteidigung sowie Ausbau der beanspruchten Marktanteile im Vordergrund. Die Wettbewerbsintensität wird durch die bekannten Struktureffekte der Internetökonomie noch forciert. Niedrigere Markteintrittsbarrieren, geringe Wechselbarrieren für Kunden, kritische Masseneffekte und nicht zuletzt positive Netzwerkeffekte bestimmen heute den Wettbewerb. Damit gewinnt das Management der digitalen Kundenbeziehungen, insbesondere die Kundenorientierung und -bindung, eine hohe Bedeutung: Der Wettbewerber ist nur einen „Mausklick" weit entfernt.

Der WWW-Auftritt von Unternehmen durchläuft in der Regel vier Entwicklungsstufen: Beginnend mit einem rein statischen Auftritt, einer Art elektronischen Visitenkarte (Stufe 1), über eine Dynamisierung des Inhaltes durch interaktiv gestaltete Datenbankabfragen, die eine erste Abwicklung von Transaktionen ermöglicht (Stufe 2), hin zur personalisierten Website (Stufe 3), bis schließlich ein personifizierter Auftritt durch Integration von interaktiven Beratungsmethoden (Stufe 4) erreicht wird.

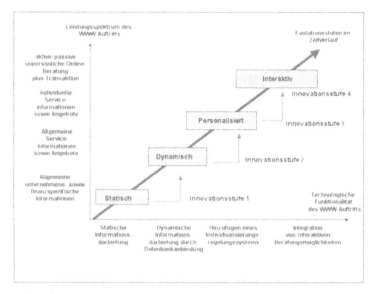

Abb. 36 Innovationsstufen der Internetpräsenz von Unternehmen

Innovationsstu-
fe 1:

Statischer WWW-Auftritt: Die elektronische Visitenkarte

Die ursprünglichste und einfachste Form der Internetpräsenz ist eine sogenannte statische Website. Der Nutzer solch einer Website hat keinen Einfluss auf deren Informationszusammensetzung. Der Internetauftritt stellt auf dieser Entwicklungsstufe lediglich eine rein multimediale Unternehmenspräsentation dar, in der allgemeine institutsspezifische Informationen beispielsweise zu Historie, Geschäftsprinzipien, Töchtern, Kooperations- und Ansprechpartnern, Service, Konditionen, Produkten, Berichte, Marktdaten, -studien und -kommentare etc. öffentlich zugänglich dargeboten werden. Dieses Entwicklungsstadium zeichnet sich durch eine undifferenzierte und unpersönliche Kundenansprache aus. Das Problem dieser Stufe liegt in der statischen Informationsdarbietung der Websites begründet.

Der Umfang des Webauftrittes fällt in diesem Entwicklungsstadium im Vergleich zu den Möglichkeiten, die das Internet bietet, sehr bescheiden aus. Diese bewusste Beschränkung auf das Nötigste ist jedoch gewollt, da die Kosten der Wartung von umfangreichen Websites voraussichtlich noch nicht durch entsprechende Erlöse kompensiert werden können, sodass aus Wirtschaftlichkeitsgründen mit einem relativ geringen Budget operiert wird.

*Innovationsstu-
fe 2:*

Dynamische Informationsdarbietung durch Datenbankanbindung

Mit Eintritt in die zweite Stufe wird den Nutzern in der Regel eine interaktive Abfrage aus einer Website heraus auf existierende Datenbanken ermöglicht. Der statische Webauftritt wird hierdurch entscheidend erweitert. Dieses geschieht durch Einfügen von sogenannten „Platzhaltern" in den Webauftritt. Diese Platzhalter können mit Informationen aus einer Datenbank gefüllt werden. Auf diesem Weg sind Aktualisierungen auf der Website durch verschiedene Datenbanken möglich, die eine einfache und somit schnelle Aktualisierung der Webinhalte gewährleisten. So kann sich der Kunden beispielsweise relativ aktuell über Standardangebote informieren, z.B. über Finanzangebote oder Zinssätze von Kreditinstituten.

*Innovationsstu-
fe 3:*

Personalisierung der Website

Der Schritt zur Personalisierung von Websites wird im folgenden am Beispiel von Finanzdienstleistern deutlich und anschaulich aufgezeigt:

Für den anonymen Besucher einer Banken-Website ist ein Übergang von der zweiten auf die dritte Entwicklungsstufe kaum wahrzunehmen, da sowohl hinsichtlich der Gestaltung als auch des Umfangs des Onlinefinanz- und -informationsangebotes keine wesentlichen Veränderungen sichtbar werden. Aus Perspektive des Bankkunden verändern sich allerdings Inhalt und Wert der Informationen sowie des Kunde-Bank-Dialoges beträchtlich, da sie nun an seinen individuellen Bedürfnissen und Wünschen ausgerichtet sind. Aus Kundensicht nehmen somit Umfang, Dichte und Detailliertheit der automatischen Informationsdarbietung zu.

In diesem Stadium des WWW-Auftritts kommen Pull- sowie Push-Personalisierungstechnologien zum Einsatz, die eine Personalisierung der Website ermöglichen. Zur Individualisierung der Website bedarf es insbesondere des Einsatzes von Individualisierungs-Regelungs-Systemen (IRS), mit deren Hilfe festgelegt werden kann, welche Informationen und Dienstleistungsangebote in welcher Form welchem Kunden, basierend auf dessen Präferenzprofil, mittels Website präsentiert werden. Der Einsatz von Pull-Personalisierungstechniken ermöglicht dem Kunden, sich Informationen auf der Website seines Finanzdienstleistungsanbieters aktiv durch Selbstkonfiguration zusammenzustellen (Customization).

Zum Onlineservice Pull-basierter Websites gehören über das allgemeine Angebot hinausgehende interaktive Informationsangebote wie das Einholen von Kontoinformationen (Saldo sowie Umsätze), die Ermittlung von Ratenzahlungen für einen bestimmten Kredit, die Einrichtung von Daueraufträgen, die Abfrage von Wertpapierdepotwerten sowie von Umsätzen und die Platzierung von Wertpapierorders. Im Rahmen dieser Stufe können außerdem interaktive Berechnungsmodelle zum Einsatz kommen, wie beispielsweise die Analyse einfacher finanzmathematischer Probleme durch Finanzplaner für Kredite, Sparplaner für Anlageprodukte sowie Kontorechner zur Bestimmung von Gebühren und Courtagen. Für die Berechnung werden anonyme und statistische Daten verwendet. Hier wird noch kein verbindliches Rechtsgeschäft eingegangen. Konditionen und Preise werden lediglich mit Hilfe interaktiver, einfacher, standardisierter Beratungstools online ausgehandelt, wobei der Kunde alle notwendigen Daten am Bildschirm in ein Formular eingibt. Die Bank bereitet auf Grundlage dieser Daten alle für den Vertragsabschluss notwendigen Unterlagen vor und hält sie zur handschriftlichen Signatur in der Zweigstelle bereit oder sendet sie dem Kunden nach Hause.

Eine echte Personalisierung der Website liegt dann vor, wenn Kundenprofile durch den Einsatz von expliziten Erhebungstechniken (Online-Monitoring) automatisch während einer Internet-Session erhoben und aufgezeichnet werden. So genannte Trackingverfahren ermöglichen es, das Surfverhalten der Kunden aufzuzeichnen. Durch den Einsatz von Business Intelligenz-Technologien, die beispielsweise im Rahmen eines Data Warehouses implementiert sein können, lassen sich aus historischen Offline- und aktuellen Onlinekundendaten zukünftige Kaufverhaltensmuster prognostizieren. Im Gegensatz zu den vorherigen beiden Entwicklungsstufen ist jetzt eine eindeutige Identifikation und Autorisierung des Kunden unabdingbar. Die Vorlieben des Kunden, die das System kennen gelernt hat, lassen sich durch Einsatz von Push-Personalisierungstechniken in konkrete Regeln sowie Handlungsempfehlungen, d.h. Produktempfehlungen (Cross Selling, Up Selling, Down Selling), umsetzen.

Interessant im Sinne des One-to-One-Marketings sind bei der Personalisierung von Webauftritten so genannte intelligenzbasierte Internet-Software-Agenten. Hierbei handelt es sich um eine bestimmte Art von Computersoftware, die im Auftrag eines Benutzers selbstständig Aufgaben erledigt, also autonom ist. Diese Agenten können den individuellen Präferenzen und Vorgaben ihrer Auftraggeber (Kunde/Bank) angepasst werden und selbstständig an spezifischen Problemstellungen arbeiten. Sie nehmen Ergebnisse ihrer Umgebung wahr, reagieren auf diese und liefern ihren jeweiligen Auftraggebern mit Hilfe ihrer künstlichen Intelligenz (KI) Handlungsempfehlungen sowie Lösungsvorschläge.

Die Übertragung der aktiven Informationssuche auf Software-Agenten kann entscheidend zur Personalisierung der Internetpräsenz von Kreditinstituten beitragen. So könnten Banken ihr Finanzangebot durch den Einsatz von rationalen Preis-/Leistungsagenten, basierend auf dem Präferenzprofil, dem Customer Life Time Value sowie der Zahlungsbereitschaft des Kunden, um objektive Daten zu institutsfremden Finanzprodukten ergänzen. Diese vom Kunden wahrgenommene größere Preis-/Leistungstransparenz bewirkt eine Verringerung der individuellen Unsicherheit sowie des Risikos und trägt zur Stärkung der Vertrauensbasis bei. Wichtig ist dabei zu betonen, dass der Kunde für das ihm zuteil werdende Privileg – die Orientierung an seinen Interessen – nicht bezahlen muss. Der Einwand, dass dies einen ruinösen Preiswettbewerb forcieren könnte, ist nicht berechtigt, da neutrale Finanzinfointermediären (z. B. Quicken, MoneyExtra, Aspect-online) bereits eine institutsunabhängige Aggregation von Finanzdienstleistungen anbieten und somit dem Kunden die Möglichkeit zur Optimierung seiner Konsumentenrendite bieten.

Innovationsstufe 4: **Interaktive Online-Beratung in der virtuellen Bankfiliale**

Die derzeit letzte Entwicklungsstufe des WWW-Auftritts von Kreditinstituten zeichnet sich dadurch aus, dass nahezu alle Finanzdienstleistungen online angeboten werden und ohne Medienbrüche vom Kunden erworben werden können. Aufgrund der besonderen Merkmale der Finanzdienstleistungen und der sowohl begrenzten als auch relativ teuren Übertragungskapazitäten im Internet lassen sich gerade komplexere Aufgaben, d.h. Finanzdienstleistungen mit einem höheren Erklärungs- sowie Individualisierungsgrad, gegenwärtig noch nicht im vollen Umfang online betreiben. Daher können Banken ihren Kunden mit Eintritt in die vierte Entwicklungsstufe zunächst nur relativ einfache Routinetransaktionen wie Cash-Management, Wertpapierorder, Vermögensbilanz, Portfolio-Performance und die Zeichnung von IPOs anbieten. Für den Absatz anspruchsvollerer Finanz- sowie Serviceleistungen im Individualkundensegment, wie beispielsweise individuelles Vermögensmanagement oder beratungsbedürftige Kreditprodukte, stellt die integrierte Zweikanalberatung via Internet eine Kosten sowie zeitsparende Alternative zum üblichen persönlichen Betreuungsgespräch dar. In diesem Zusammenhang können zwei grundlegende Typen von Onlineberatungsansätzen unterschieden werden, die durch das Internet realisiert werden können:

(1) Aktive unpersönliche Onlineberatung

Über den Aufbau von personalisierten Websites (Evolutionsstufe 3) lässt sich eine stärkere Kundenbindung sowie höhere Abschlusswahrscheinlichkeit erreichen, indem sich die angebotenen Leistungen an den Bedürfnissen des Kunden orientieren. Mithilfe der darauf aufsetzenden Zweikanalinfrastruktur wird die Möglichkeit realisierbar, jederzeit telefonisch einen Bankbetreuer in den Dienstleistungsprozess mit einzubeziehen. Dies bedeutet eine Intensivierung der digitalen Kundennähe, da die Anonymität zumindest teilweise aufgehoben wird.

Zur Realisation der interaktiven Zweikanalberatung lädt der Kunde eine Java-basierte Anwendung auf seinen Rechner, die ihm kostenlos von der Bank zur Verfügung gestellt wird und ihn bei der strukturierten Erfassung der Beratungsdaten unterstützt. Entweder der User nimmt mit dem Berater Kontakt auf, indem er auf einen Button klickt, auf dem sinngemäß zu lesen ist: Hier geht's zur Live-Beratung. Automatisch öffnet sich ein Pop-Up-Fenster mit der Kommunikationsschnittstelle. Eine weitere Variante ist, dass der Berater dem Kunden die Beratungsschnittstelle (Push Page) auf dessen Bildschirm schickt. Eine andere Möglichkeit ist, dass das Beratungsfenster (Pop-Up-Fenster oder Frame) parallel mit dem Betreten der Website auf dem Bildschirm des Users erscheint. Gleichzeitig oder beim Aufruf der Onlineberatung ertönt beim Berater ein akustisches Signal. Sollte der Berater bereits in einem anderen Gespräch sein, so zeigt ihm das Signal den Kommunikationsbedarf des Kunden an.

Ist gerade kein Berater online, wird dem Kunden das Kommunikations-Tool „Leave a Message" angezeigt. Er erhält die Möglichkeit, direkt eine Nachricht, z. B. in Form einer E-Mail zu hinterlassen. Schon in dieser Phase kann der Kunde jederzeit zusätzliche, auch telefonische Unterstützung von einem Kundenberater hinzuziehen. Da sich viele Fragen in einer Onlineberatung wiederholen, bietet es sich aus Effizienzgründen an, die Funktion vorgefertigter Antworten (Canned Responses), die auf Doppelklick eingespielt werden, anzubieten. Nach Erfassung der Daten werden diese an die Bank übermittelt, dort in einem zentralen Speicher abgelegt und von einem oder mehreren kooperierenden Anwendungen, die lesenden und schreibenden Zugriff auf den Datenbestand haben, zu Lösungsvorschlägen verarbeitet.

Diese Vorschläge können nun zugleich dem Kunden und dem Berater in der Bank auf geeignete Weise, z. B. multimedial, veranschaulicht werden. Während des Beratungsdialoges kann der Kunde den Berater, beispielsweise in der linken Bildschirmhälfte, eingeblendet und die Internet-Umgebung der Bank in der rechten Bildschirmhälfte sehen. Die Bilder werden über kleine, am PC installierte Webcams gesendet; die Tonübertragung verläuft über Mikrofone und Kopfhörer bzw. Lautsprecher. Im Rahmen der Beratung wäre es dann vorstellbar, dass zunächst eine Ist-Analyse der Vermögenssituation des Kunden, anschließend die Erläuterung der Vermögensaufbaustrategie der Bank mit Beispielrechnungen zu den einzelnen Anlageprodukten unter steuerlichen sowie Renditeaspekten und zuletzt der Vertragsabschluss über das Internet stattfinden.

Der Kunde und der Berater können hierbei die jeweils relevanten Punkte gemeinsam durchgehen. Da Gestik, Intonation und Mimik des Gesprächspartners mit übertragen werden, stehen dem Berater weitestgehend die gleichen Möglichkeiten zur Gesprächsbeeinflussung zur Verfügung wie bei einem persönlichen Gespräch. Der Berater hat die Möglichkeit, die Reaktionen des Kunden unmittelbar wahrzunehmen, auf diese einzugehen und individuelle Fragen sofort zu beantworten. Am Ende des Beratungsgesprächs kann der Kunde, beispielsweise durch Eingabe von PIN und TAN, mit seiner Smart-Card oder durch Übermittlung seiner digitalen Signatur, das Finanzgeschäft rechtsgültig abschließen.

Gesprächsprotokolle ermöglichen es dem Berater, nach dem Kundengespräch das Protokoll zu archivieren, dem Kunden zuzuordnen bzw. die Beratung zu dokumentieren. History Tools zeigen auch später noch, wie sich der Kunde während der Online-Beratung bewegt hat und dokumentieren sein Verhalten während früherer Besuche samt der zugehörigen Gesprächsprotokolle und der gespeicherten Kundendaten. Damit werden optimale Voraussetzungen geschaffen, um eine effiziente „Nachbearbeitung" des Gesprächs durch den Berater zu realisieren.

Unabhängig vom Standort des Kunden und der Bank gelten die Vorteile des persönlichen Gesprächs für eine individuelle und flexible Beratung, verbunden mit den Vorteilen von Anwendungssystemen für eine multimediale Datenerfassung und Lösungspräsentation. Vorteile eines personalisierten WWW-

175

Angebotes mit Zweikanalfunktion sind somit der Ausbau der Marktpräsenz durch direkte interaktive Kommunikation zwischen Bank und Kunde, Vermeidung bzw. Reduzierung von Medienbrüchen, Erhöhung von Innovationsfähigkeit und -schnelligkeit.

(2) Passive unpersönliche Onlineberatung

Multimediale Mensch-Maschine-Interaktionen sind von immenser Bedeutung, da sie einen wesentlichen Beitrag zur komfortablen, zeitgemäßen Visualisierung von relevanten Informationen leisten und damit helfen, den Grad der Akzeptanz von intelligenten Internet Software-Agenten durch den Kunden zu verbessern. Dies kann insbesondere durch den Einsatz von persönlichen, adaptiven Benutzerassistenten in Form von glaubwürdigen, lebensechten Charakteren erfolgen. Eine Weiterentwicklung der Website-integrierten Zweikanalberatung stellt die passive semipersönliche Beratung durch intelligente virtuelle Berater, den Avataren (z.B. Cor@, Nick, Lara Croft, E-Cyas, Kyoko Date etc.), dar. Diese künstlichen Beratungsexperten werden zukünftig erklärungsbedürftige Aktiv- und Passivprodukte mit einer Beratungsqualität anbieten, die sich von der Standardberatung in der Geschäftsstelle kaum mehr unterscheidet.

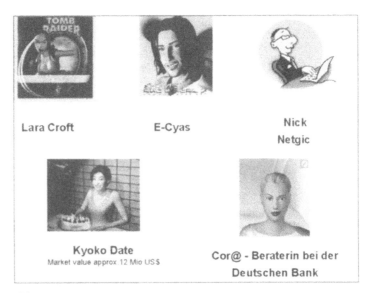

Abb. 37 Avataren, die virtuellen Stars im E-Business

Personifizierte Dialogpartner in Gestalt von Avataren avancieren derweil zu virtuellen Stars, indem sie durch ihren Entertainment- und Fun-Charakter die Verkehrsdichte und die Verweildauer im Internet erhöhen und damit zunehmend zu einem Differenzierungsmerkmal im Bereich des E-Business werden.

Virtuelle Berater stellen eine ideale Möglichkeit dar, personifizierte Navigation und Orientierung anzubieten, z. B. durch Begrüßung des Kunden, die Präsentation produkt- und seitenspezifischer Inhalte, durch Interaktion mit dem Ziel einer individuellen Bedarfsanalyse, interaktive Site Maps und Site Searchs, Guided Tours für ungeübte Internetnutzer etc. Im Bereich Customer Support und Help Desk können sie eine direkte Beantwortung von Frequently Asked Questions (FAQs) sowie die Vorfilterung von Call Center-Anfragen realisieren. Aus Marketingsicht tragen Avataren als animierte, kommunizierende Markenrepräsentanten bzw. Sympathieträger entscheidend zur digitalen Markenbildung bei. Virtuelle Beratungsexperten sind effektiver als traditionelle Suchmaschinen, dynamischer als FAQs-Listen, kostengünstiger als traditionelle Call Center und interaktiver als E-Mail oder automatisierte E-Mail-Programme. Zudem ist eine problemlose Anbindung des Dialogs an Datenbanken, Call-Center sowie E-CRM-Systeme möglich.

Ausblick: **Aktive unpersönliche 3-D-Onlineberatung**

Die Anreicherung der integrierten Zweikanalberatung durch virtuelle Realität macht die virtuelle Bankfiliale schließlich zu einer sinnlich erlebbaren, individuell gestaltbaren dreidimensionalen Erlebniswelt.

Fasst man die Bank als Gebäude, als Bankfiliale auf, so wird durch den Einsatz von virtueller Realität die Finanzdienstleistung sinnlich erlebbar, indem der Bankkunde sich als Teil einer virtuellen Umgebung empfindet. Aus der Kombination von Interaktions- und Wahrnehmungsvorteilen folgt, dass der bei herkömmlichen Medien passive Beobachter zu einem aktiven Benutzer wird. Denn bisher war die Dialogmöglichkeit auf Tastatur, Maus und Bildschirm beschränkt. Der User konnte lediglich von außen in das interne Geschehen des Computers eingreifen. Durch virtuelle Realität wird der Aktionsraum des Users mit dem intendierten Ziel erweitert, ein effektiveres Arbeiten zwischen Mensch und Maschine zu ermöglichen sowie die Informationsaufnahme und -abgabe an Vorgaben aus der physischen Realität anzupassen.

Der Vertriebsweg virtuelle Bankfiliale stellt somit eine dreidimensionale Erlebniswelt dar, in der der Kunde aktiv agieren kann. So sieht Prof. Ambros den künftigen virtuellen Bankbesuch derart, „(...) dass sich der Kunde die vom Teleshopping, von Unterhaltungs- und Lernprogrammen bereits gewohnte Cyberbrille aufsetzt, über sein multimediales Endgerät die virtuelle Stadt aktiviert und nach einigen Sekunden die virtuelle Bankfiliale am gewohnten Ort betritt. In einer 3-D-Welt, in der sich der Kunde räumlich bewegen kann und die ihm in allen Blickrichtungen seiner Bewegung folgend die Bankfiliale widerspiegelt, geht er zu dem ihm vertrauten Servicecenter, wo er ohne Wartezeiten von einem virtuellen Bankmitarbeiter bedient wird, dem er ohne Formular und nur durch die verbale Wunschübermittlung seinen Überweisungsauftrag gibt. Der Bankangestellte in Form eines Avataren zeigt ihm daraufhin das ausgefüllte Formular und bittet um seine digitale Unterschrift, was zur prompten Ausführung des Auftrags führt. Der Kunde kann nun den neuen Saldo seines Girokontos über den virtuellen Kontoauszugsdrucker in der virtuellen SB-Zone beim Verlassen der virtuellen Filiale überprüfen". [153]

Dieses virtuelle Szenario eines Bankbesuches ist sehr nah an der physischen Realität der sogenannten „Old Economy", da es eine digitale 1:1-Abbildung darstellt. Visionäre des Softwareherstellers IBM sehen zukünftig unter Bequemlichkeitsaspekten eine Visualisierung des Bankbesuches der Art, dass die Finanzdienstleistung in die digitale Gefühls- und Erfahrungswelt des Kunden implementiert wird (Kundenorientierung). Cross Selling sowie Up Selling wird somit gleichzeitig betrieben, z. B. durch das Eingehen auf bestimmte im Kundenprofil gespeicherte Interessen (Sicherheitsbedürfnis sehr hoch, da vermehrt eingebrochen wurde, daher Angebot einer Hausratsversicherung etc.).

Fazit   In Bereich des Internet-Bankings dürften dauerhaft nur diejenigen Kreditinstitute erfolgreich sein, die in mehreren evolutionären Schritten ihren Webauftritt zu einer intelligenten Form der Kundenbeziehung und Kundenbindung weiterentwickeln. Der überlegenste Weg zur E-Loyalität ist die Schaffung von substanziellen, onlinespezifischen Nutzenvorteilen für den Kunden. Einen solchen Vorteil stellt die Personalisierung der Website dar, die derzeit zum Einsatz kommende semipersönliche Beratung via interaktiver Echtzeit-Zweikanalberatung sowie zukünftig die 3-D-

---

[153] Siehe Ambros, Hans (1995): Virtual Reality – Virtual Banking, S. 205

Onlineberatung im Rahmen eines Multi Channel-Ansatzes insbesondere im Individualkundensegment. E-Loyalität dürfte zukünftig einer der zentrale Erfolgsfaktor im E-Business sein.

Hersteller/ Anbieter	Produkt	Firmenhauptsitz
Bluehands http://www.suhi-on.ice.de	Sushi-on-ice	Deutschland
Cahoots http://www.cahoots.com	Customer Connect	USA
Human Click http://www.humanclick.com	Human Click Free/Express/Pro	USA
LivePerson http://www.liveperson.com	Chat Pro	USA
NetEmpire http://www.netempire.de	Support Chat	Deutschland
NovoMind/Convidis http://www.novomind.de	TrueTalk	Deutschland
Tenovis http://www.tenovis-gate.de	WebContact	Deutschland

Abb. 38 Überblick: Hersteller/ Anbieter von Online-Beratungstools für eine Echtzeit Beratung im Internet

Zusatzinfo Virtuelle Realität

Virtuelle Realität stellt eine Mensch-Maschinen-Schnittstelle dar, die es erlaubt, eine computergenerierte Umwelt in Ansprache mehrerer Sinne als Realität wahrzunehmen. Sie ermöglicht durch mediale Aspekte wie 3-D-interaktive-Echtzeitdarstellungen die Suggestion von synthetischen Welten, einen psychischen Verlust der Wahrnehmung sowie durch technische Aspekte wie anwenderfreundliche Datenübertragung und durch einen attraktiven Informationszugang ein Eintauchen in neue surreale Erlebniswelten. Die Virtuelle Realität definiert somit ein Konzept, das den Benutzer glauben lässt, er befände sich in einer anderen Umgebung (synthetischen Welt), indem seine Sinnesorgane mit Informationen versorgt werden, die von einem Computer erzeugt werden. Die Mensch-Maschine-Schnittstelle orientiert sich dabei an Ein- und Ausgabemedien, die an die physikalische Realität angelehnt sind. In der Regel sind dies Datenhandschuhe, die Informationen der Benutzerhand an den Rechner weiterleiten so-

179

wie Head-Mounted Displays, die dem Benutzer über zwei Monitoren einen stereoskopischen Einblick in die virtuelle Welt erlauben. Dabei sollte idealerweise die Simulation sowie die Aufbereitung der Simulation für die Sinnesorgane in Echtzeit erfolgen.

Die Virtuelle Realität basiert auf drei wesentlichen Aspekten: Der Immersion, so dass der Betrachter das Gefühl hat, die Szenerie aus seiner Sicht zu erleben, der Navigation, die Möglichkeit sich in der interaktiven Welt zu bewegen sowie der Interaktion, der freien Wahl des Benutzerstandpunktes.

5.2   Web-Mining - Voraussetzung für personalisiertes Online-Marketing

Von Sonja Grabner-Kräuter und Christoph Lessiak

Einleitung und Problemstellung

Das Konzept des personalisierten Marketing zielt darauf ab, durch individuelle Informations- und Leistungsangebote die Wünsche und Bedürfnisse des Kunden bestmöglich zu befriedigen und auf dieser Basis eine langfristige und sowohl aus Unternehmens- als auch aus Kundensicht vorteilhafte Kundenbeziehung aufzubauen. Die kundenspezifische Ausrichtung von Marketingaktivitäten setzt das Vorhandensein umfangreicher Informationen über den Kunden, beispielsweise im Hinblick auf seine Präferenzen und Verhaltensweisen, voraus. Im klassischen Industriegütermarketing hat die kundenindividuelle Ansprache, die hier in erster Linie auf persönlichen Kunden-Lieferanten-Interaktionen basiert(e), bereits seit langem Tradition. Durch die Entwicklung neuer Informations- und Kommunikationstechnologien besteht die Möglichkeit, den an sich nicht neuen Gedanken personalisierter bzw. individualisierter Leistungsangebote nunmehr auch in größeren Absatzmärkten mit vertretbarem Aufwand praktisch umzusetzen. Das Medium Internet eignet sich aufgrund seiner spezifischen Eigenschaften (u.a. Interaktivität, Multimedialität, orts- und zeitunabhängige Verfügbarkeit von Informationen) besonders gut zur Realisierung von Personalisierungsstrategien, da eine Vielzahl von Kundeninformationen einfach und kostengünstig gewonnen und in Echtzeit ausgewertet werden kann und auf dieser Basis, in Kombination mit der Modularisierung von Wertschöpfungsprozessen, die Erstellung kundenspezifischer Informations- und Leistungsangebote möglich wird.

Die Diskussion über Chancen und Herausforderungen der Umsetzung von Online-Personalisierungsstrategien wird schwerpunktmäßig in zwei unterschiedlichen Forschungsbereichen geführt. In der Marketing-Literatur werden Personalisierungsfragen im Electronic Commerce in erster Linie im Zusammenhang mit Ansätzen zur Kundenbindung (One-to-One-Marketing, Customer Relationship Marketing, Marketingaspekte von Mass Customization-Konzepten) diskutiert, in denen von einem strikten Kundenfokus ausgehend Ansatzpunkte für den Aufbau und die Pflege individueller Kundenbeziehungen herausgearbeitet werden, wobei informationstechnologische Fragen meist eine sehr untergeordnete Rolle spielen[154]. Gleichzeitig findet in der Wirtschaftsinformatik-Literatur eine intensive Auseinandersetzung über Anforderungen an und Gestaltungsmöglichkeiten von Systemen und Tools zur Web-Personalisierung statt[155]. Aufgrund ihrer unterschiedlichen Ausrichtung stehen die Beiträge in den beiden verschiedenen „Lagern" allerdings weitgehend unverbunden nebeneinander. Hier setzt nun der vorliegende Beitrag an, in dem versucht wird, fundierte Marketingüberlegungen zur Internetgestützten Individualisierung von Leistungsangeboten mit informationstechnologischen Voraussetzungen und Möglichkeiten der Web-Personalisierung zu verknüpfen.

Grundlagen der Personalisierung im Internet-Marketing

Orientierung an individuellen Kundenbedürfnissen

Personalisiertes Internet-Marketing folgt den Grundgedanken „neuer" Marketing-Ansätze, die eine konsequente Ausrichtung des Marketing an den individuellen Bedürfnissen und Besonderheiten des einzelnen Kunden fordern und in Konzepten wie One-to-One-Marketing[156], Mass Customization[157] und Customer Relationship Marketing oder Management[158] ihren Niederschlag finden. Gemeinsam ist diesen Ansätzen eine Abkehr von der aggregierten Marktbetrachtung zugunsten einer kundenindividuellen Perspektive des Marketingmanagements, die in allen strategischen und operativen Marketingaktivitäten zum Ausdruck kommen soll. Die im Rahmen eines personalisierten Marketing angestrebte Individualisierung von Kundenerfahrungen lässt sich am besten in einer intensiven, „lernenden" Kundenbeziehung realisieren. Im Online-Marketing wird die Individualisierung, die sich ursprünglich in erster Linie auf die Modifikation von physischer Erscheinung und/oder Funktionsweisen von Produkten und Dienstleistungen bezogen hat, ausgeweitet auf die gesamte Erfahrung des Kunden mit einer bestimmten Leistung, die auch un-

---

[154] Vgl. z.B. Weiber/Weber 2000; Bliemel/Fassott 2000, S. 513ff.; Strauß/Schoder 1999; Hildebrand 2000; eine Ausnahme bildet beispielsweise der Beitrag von Reichwald/Piller 2000

[155] Vgl. z.B. Mobasher/Cooley/Srivastava 2000

[156] Vgl. z.B. Peppers/Rogers 1997

[157] Vgl. z.B. Reichwald/Piller 2000

[158] Vgl. z.B. Eggert 2001

terschiedliche bzw. individuell angepasste Präsentationen von Leistungsangeboten auf einer Webpage umfasst.

In einer mehr instrumentellen Sichtweise umfasst personalisiertes Internet-Marketing sämtliche Maßnahmen und Techniken, welche darauf abzielen, die Bedürfnisse der Online-Kunden möglichst differenziert zu erfassen und in weiterer Folge (ev. auch in Quasi-Echtzeit) zu antizipieren, um auf diese Weise den individuellen Wert einer Webseite und des damit zusammenhängenden Leistungsangebots zu erhöhen[159]. Diese Wertsteigerung wird durch die Zurverfügungstellung persönlich relevanter Angebote, Inhalte, Funktionalität und Navigation für jeden einzelnen Besucher erreicht und kann sich auch auf über die Webseite hinausgehende Kommunikationsinstrumente erstrecken (z.B. E-Mail oder Notify-Services). Personalisierung wird durch den Internet-Nutzer oft nicht bewusst wahrgenommen, sondern kann unmittelbar in einer besseren Befriedigung seiner Bedürfnisse bei der Nutzung von Online-Services ihren Niederschlag finden.

Das Konzept der Web-Personalisierung verspricht Vorteile für Anbieter und Nachfrager. Aus der Sicht des Web-Unternehmens bieten sich zahlreiche Chancen[160], da Personalisierung als zentraler Erfolgsfaktor für den Aufbau und die Intensivierung von Kundenbeziehungen und damit das Erreichen von Kundenbindung im Online-Marketing angesehen werden kann. Auf individuelle Bedürfnisse abgestimmte Leistungsangebote führen in der Regel zu größerer Kundenzufriedenheit und gleichzeitig zum Aufbau höherer Wechselbarrieren. Dadurch lässt sich in weiterer Folge auch eine Verbesserung der Conversion-Rate[161] erzielen, wobei parallel dazu die Akquisitions- und Betreuungskosten pro Kunden sinken, da die Personalisierung von Leistungsangeboten automatisiert und unter dem Gesichtspunkt der größtmöglichen Kundenprofitabilität durchgeführt wird. Des Weiteren können

---

[159] Vgl. Chadsey 2000, S. 1

[160] Vgl. Gerdes 1999, S. 5ff

[161] Unter Conversion ist in diesem Zusammenhang die Umwandlung vom „Besucher-Dasein" eines Surfers hin zu einem anderen Status im Rahmen der Online-Kundenentwicklung (z.B. registrierter Benutzer, Kunde, Käufer, Wiederkäufer) zu verstehen (vgl. Becher/Kohavi 2001, S. 9)

sowohl Werbemaßnahmen als auch Cross-Selling- und Up-Selling-Angebote gezielter platziert werden.

Gleichzeitig bringt die Personalisierung auch aus der Sicht des Kunden zahlreiche Vorteile, wie z.B. eine gezielte Bedürfnisbe-friedigung, Convenience und Zeitersparnis, da die gewünschten Informationen schneller und einfacher gefunden werden. Perso-nalisierung erleichtert das Lernen über neue, relevante Produkte oder Services und ermöglicht die persönliche (Wieder-) Erken-nung und Ansprache durch den Anbieter sowie die Vermeidung von irrelevanten und aufdringlichen Werbemaßnahmen durch individuell abgestimmtes „Permission Marketing". Insbesondere bei neuen und unregelmäßigen Website-Besuchern wird durch Personalisierung des Internet-Auftritts eine Reduktion des Infor-mations-Overflows erreicht.

Arten und Objekte der Web-Personalisierung

Je nach Initiative zur Kontaktaufnahme kann zwischen Inbound- und Outbound-Personalisierung differenziert werden[162]. Als In-bound-Personalisierung kann jegliche Form der Personalisierung bezeichnet werden, die erfolgt, wenn der Kunde von sich aus den Anbieter kontaktiert. Diese Form der Personalisierung bein-haltet somit alle vom Kunden mehr oder weniger bewusst als in-dividuell wahrgenommenen Anpassungen und Empfehlungen beim Kontakt mit der Webseite. Demgegenüber bezieht sich Outbound-Personalisierung auf alle maßgeschneiderten Aktivitä-ten, die vom Anbieter bei von ihm selbst initiierten Kunden-kontakten durchgeführt werden können, so z.B. personalisierte E-Mail- oder Offline-Aktionen.

Eine ähnliche Unterscheidung kann in Abhängigkeit vom Enga-gement des Nutzers bei der Internet-Kommunikation getroffen werden[163]. Im Rahmen der Internet-Kommunikation bedeutet eine Pull-Strategie, dass der Nutzer selbst bestimmen kann, wel-che Informationen er abruft, wohingegen bei einer Push-Strategie Informationen ohne aktives Zutun des Nutzers übermittelt wer-den. Im Falle einer Pull-Personalisierung stellt sich der Nutzer seine individuelle Webseite bzw. seine nachgefragte Leistung mittels Auswahlmöglichkeiten oder Präferenzabgaben selbst zu-sammen oder bestimmt aktiv, ob er durch Anklicken von Emp-

---

[162] Vgl. Grossman 2000, S. 2 sowie Gerdes 1999, S. 9f

[163] Vgl. Bange/Veth 2001, S. 14 sowie Schubert 2000b, S. 86

fehlungsoptionen ein personalisiertes Angebot in Anspruch nehmen will. Er entscheidet selbst, wie die Personalisierung erfolgen bzw. ob in die Informationssuche oder Produktwahl eingegriffen werden soll.

Bei der Push-Personalisierung werden Webseiten bzw. die Erstellung von Angeboten ohne Zutun des Online-Nutzers auf Basis von protokollierten Verhaltensweisen und Benutzerprofilen individualisiert. Die Push-Personalisierung kann dahingehend differenziert werden, ob sie – wie in den häufigsten Fällen - in Form einer personalisierten Angebotsempfehlung synchron in Echtzeit auf der Webseite oder asynchron zu einem späteren Zeitpunkt - beispielsweise via E-Mail - erfolgt. E-Mail Empfehlungen zeichnen sich dadurch aus, dass sie auch dann unterbreitet werden können, wenn der Kunde nicht mit dem Anbieter interagiert. Voraussetzung ist allerdings eine einmalige Angabe der E-Mail-Adresse.

Personalisiertes Internet-Marketing kann mit unterschiedlichen Objekten realisiert werden. In „klassischer" Marketingperspektive bieten die einzelnen Marketing-Mix-Bereiche zahlreiche Ansatzpunkte für die Personalisierung. Im Rahmen der Leistungspolitik kann Personalisierung entweder auf der Ebene des Kernprodukts erfolgen und physische, funktionale oder ästhetische Elemente zum Gegenstand haben oder Zusatzleistungen wie z.B. den Kundendienst oder besondere Bestellmöglichkeiten umfassen. Die Möglichkeit der Individualisierung im Produktbereich ist von Branche zu Branche in sehr unterschiedlichem Maße gegeben bzw. sinnvoll[164]. Ohne größeren Aufwand realisierbar ist die individuelle Gestaltung von digitalisierbaren Produkten, wo die Bündelung von auf spezifische Kundenbedürfnisse zugeschnittenen Komponenten in der Regel einfach und kostengünstig erfolgen kann (z.B. bei Informationsprodukten wie Online-Zeitungen oder Internet-Radio). Das Internet eignet sich auch gut für eine flexible oder individualisierte Preisgestaltung, wobei personalisierte Preise als spezielle Form der Preisdifferenzierung aufzufassen sind[165]. Im Rahmen der Kommunikationspolitik können beispielsweise die Inhalte von Bannerwerbung und E-Mails an die Interessen der Nutzer angepasst werden und bei der Gestaltung der Distributionspolitik kann den unterschiedlichen Kundenbe-

---

[164] Vgl. Link 2000, S. 113

[165] Vgl. Skiera/Spann 2000

dürfnissen durch zeitlich und kostenmäßig verschiedene Distributionsalternativen Rechnung getragen werden. Objekte der Personalisierung können auch danach differenziert werden, ob sie die bereits erläuterten Merkmale des Leistungsangebotes oder aber die Gestaltung des Interaktionsprozesses zwischen Kunden und Unternehmen betreffen[166]. Die Ausrichtung des Interaktionsprozesses an den spezifischen Anforderungen des einzelnen Kunden kann sich auf die angebotenen Inhalte, die Navigation, das Web-Design, die Schnelligkeit und den Verlauf des Dialoges beziehen.

In einer prozessorientierten Perspektive können die zur Realisierung von Personalisierungsstrategien erforderlichen Aktivitäten im Wesentlichen drei verschiedenen Teilschritten oder Phasen zugeordnet werden: Tracking (Datengewinnung), Profiling (Datenanalyse) und Matching (Individualisierung)[167]. Im Rahmen des Tracking kommt es zur integrierten Datengewinnung durch Protokollieren relevanter Nutzungsaktionen, durch Erfassung der direkt durch den Nutzer eingegebenen Daten sowie durch eventuellen Zukauf externer Daten. Die erhaltenen Daten werden in weiterer Folge in der Profiling-Phase aufbereitet und analysiert. Dabei werden zunächst die gewonnenen Daten mittels Filtering-Tools hinsichtlich ihrer Verwendbarkeit gefiltert und geordnet, anschließend werden mittels Profiling-Engines Kauf- und Navigationsmuster aufgedeckt und segmentierte Nutzerprofile generiert. Im Rahmen des darauffolgenden Matching kommt es dann zur Erstellung eines individualisierten Web-Angebots aufgrund vordefinierter Personalisierungsmodelle, welche angeben, für welches Nutzerprofil welche abgestimmten Inhalte eingespielt werden. Um das Matching zu erleichtern, durchlaufen die Inhalte bzw. Produktangebote selbst zuvor ebenfalls einen Profiling-Prozess, in dem sie aufgrund verschiedener Attribute gewichtet bzw. gruppiert werden. Die auf diese Weise personalisiert dargestellte Webseite wird vom Nutzer „bedient", wobei es erneut zur Protokollierung seines Nutzungsverhalten kommt. Dieser Personalisierungskreislauf wird mit jedem User neu durchlaufen, wodurch sich die Datenqualität permanent verbessert und sich eine „Learning Relationship" entwickelt.

---

[166] Vgl. Link 2000

[167] Vgl. Schlieper 2001 S. 6, sowie Bange/Veth 2001, S. 13ff

Web-Mining als Voraussetzung für personalisiertes Internet-Marketing

Web-Mining kann als Teilbereich des umfassenderen Data-Mining aufgefasst werden. Grob und Bensberg definieren Data-Mining als einen integrierten Prozess, „der durch die Anwendung von Methoden auf einen Datenbestand Muster identifiziert. Der Integrationsaspekt bedeutet, dass alle erforderlichen Schritte von der Datenbeschaffung über die Methodenanwendung bis hin zur Präsentation der Muster dem Data-Mining-Prozess zuzurechnen sind"[168]. Wenn das Internet als Datenquelle für das Data-Mining herangezogen wird, kann der Prozess als Web-Mining bezeichnet werden[169]. Synonym zum Begriff Web-Mining werden in der Literatur auch Begriffe wie „E-Mining" oder „Online Mining" verwendet[170]. Der Begriff Web-Mining kann noch weiter differenziert werden in Web-Usage-Mining, die Analyse des Navigationsverhaltens von Internet-Nutzern, Web-Structure-Mining, die Analyse der Verknüpfungen zwischen Web-Pages, sowie Web-Content-Mining, die Analyse von Inhalten auf der Web-Page[171]. Im Folgenden geht es vor allem um Web-Mining im Sinne der Analyse des Nutzungsverhaltens, wobei schwerpunktmäßig die Möglichkeiten der Datengewinnung herausgearbeitet werden.

Methoden der Datengewinnung

Die Ausrichtung von Internet-Marketingaktivitäten auf die individuellen Wünsche und Bedürfnisse jedes einzelnen Nachfragers erfordert zunächst die Gewinnung möglichst aussagekräftiger Nutzerdaten. Im Hinblick auf Benutzerinteraktion und –involvement kann unterschieden werden, ob die Angabe der Benutzer-Daten bewusst und direkt erfolgt (reaktive Methode), oder ob eine Datensammlung ohne explizite Zustimmung der Benutzer indirekt anhand von datentechnischen Verfahren durchgeführt wird (nicht-reaktive Methode)[172]. Im Idealfall können beide Arten kombiniert werden. Darüber hinaus können Nutzerdaten auch durch Zukauf externer Daten gewonnen werden.

---

[168] Grob/Bensberg 1999, S. 6

[169] Bensberg 1998, S. 8

[170] Vgl. Mena 2000, S. 381ff oder Dastani 1998, S. 233ff

[171] Vgl. Bensberg 1998, S. 3 sowie Zaïane 1999, S. 2f

[172] Vgl. Grether 2000, S.11

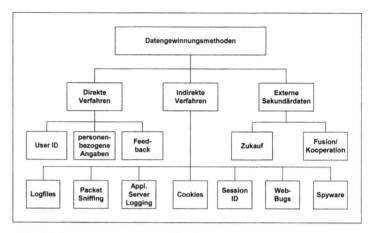

Abb. 39 Datengewinnungsmethoden

1. Ermittlung von Nutzerdaten mittels technischer Verfahren

Die indirekte Nutzerdatengenerierung durch technische Verfahren kann im Internet durch Logfiles, Cookies, URL-Rewriting, Web-Bugs und E.T.-Programme erfolgen. Logfiles sind Dateien, in denen alle Zugriffe auf eine Webseite aufgezeichnet und somit die Reaktionen auf Online-Angebote festgehalten werden. Dadurch kann die Effizienz eines Online-Auftritts bewertet sowie das Nutzerverhalten analysiert werden. Von der Server-Software eines Web-Anbieters wird dabei jeder einzelne Zugriff auf die am Server gelagerte Webseite in einem standardisierten Format protokolliert. Ein solches Format stellt beispielsweise das CLF-Format (Common Log File Format) dar, welches pro Zugriff auf den Server durch den Benutzer den Hostnamen des zugreifenden Rechners, die Benutzerkennung, das Zugriffsverfahren, Datum und Uhrzeit sowie Status und Länge des übertragenen Dokuments in Byte aufzeichnet[173]. Bei erweiterten Logfiles können darüber hinaus z.B. Informationen über den sogenannten „Referrer" (Angabe der URL der Webseite, über deren Link der Zugriff erfolgte) erhalten werden[174]. Auch können Details über den „User-Agent", gewonnen werden. Diese Informationen beinhalten die Browser-Version, die Sprachwahl und das Betriebssystem des

---

[173] Vgl. Bensberg 1998, S. 7ff

[174] Vgl. Mena 2000, S. 273f

Nutzers. Außerdem können Informationen über die Konfiguration des Rechners, z.B. Bildschirmauflösung, installierte Plug-Ins oder Akzeptanz von Cookies erhalten werden[175]. Die Einträge in Logfiles können in „Clickstreams" zu Nutzerprofilen aggregiert werden. Ein Clickstream besteht aus einer Folge von Seitenabrufen eines Webbrowsers innerhalb eines bestimmten Zeitraums[176]. Die Identifikation des Browsers wird über dessen Typ, über das Betriebssystem sowie über die IP-Adresse des Computers festgelegt[177].

Bei wiederholten Webseitenaufrufen kann die Aussagekraft von Logdateien allerdings eingeschränkt sein, wenn Webseiten-Besucher einen dazwischengeschalteten Proxy- oder Firewall-Server verwenden[178]. Da hierbei häufig nachgefragte Daten aus dem Internet zwecks schnellerer Verfügbarkeit zwischengespeichert werden, kommen die Zugriffe des Benutzers nicht mehr am Server des Web-Anbieters an, sondern es werden die Webseiten vom Proxy-Server geladen. Ebenso können Webseiten im Cache-Speicher des WWW-Browsers zwischengelagert werden. In diesem Fall erfolgt bei einem wiederholten Zugriff ebenfalls kein Kontakt zum Web-Server, sondern es wird die Webseite von der lokalen Festplatte geladen. Eine weitere Problematik stellt die IP-Adresse dar. Ist diese nicht für einen bestimmten Kunden eindeutig festgelegt, so wird die Benutzeridentifikation im Logfile erschwert.

Um dieses Problem zu umgehen, wird oft zusätzlich auf die Methode des Packet Sniffings oder auf das Application Server Logging ausgewichen[179]. Beim Packet Sniffing werden sämtliche Datenpakete, welche vom Web-Server aus zum Benutzer geschickt werden, zur Ergänzung des Log-Files herangezogen. Dadurch entsteht eine reichhaltige Informationsgrundlage zur Benutzeridentifikation, allerdings versagt diese Methode bei verschlüsselten Informationen und kann somit bei bestimmten Transaktionsvorgängen (Registrierung, Online-Bezahlung) keine Verbesserung erbringen. Auch durch das Application Server

---

[175] Vgl. Laub 1997, S. 53, sowie Köhntopp/Köhntopp 2000, S. 6

[176] Vgl. Scholz 2000a, S. 1

[177] Vgl. Laub 1997, S. 53

[178] Vgl. Bensberg 1998, S. 6

[179] Vgl. Kohavi 2001, S. 4

rung erbringen. Auch durch das Application Server Logging können zusätzliche Informationen über das Nutzungsverhalten gewonnen werden. Hierbei werden sämtliche Aktionen von jenem
Server, welcher den Content oder den Shopping-Prozess einer
Web-Page steuert, protokolliert und zur Ergänzung der Benutzerinformationen herangezogen.

Ein anderer Ansatz zur Gewinnung von Benutzerinformationen
ist der Einsatz von Cookies. Ein Cookie ist ein Datensatz, den der
Browser des Benutzers auf Anweisung des besuchten Web-
Servers auf der Festplatte des Benutzers speichert. Dieser Datensatz kann Angaben über die getätigten Transaktionen und die
Identität des Benutzers enthalten. Cookies dienen hauptsächlich
als elektronische Merkzettel für den Web-Server, der auf diese
Weise   benutzerspezifische   Angaben   permanent   festhalten
kann[180]. Hinsichtlich der Funktionsdauer von Cookies unterscheidet man Session-Cookies und permanente Cookies[181]. Erste-
re werden nach Beendigung der Browser-Session gelöscht, weshalb eine Identifikation des Nutzers nur während einer Sitzung
möglich ist. Permanente Cookies hingegen verweilen bis zu einem explizit festgelegten Datum auf der Festplatte des Users und
können somit bei Wiederkehr auf die Webseite vom Server gelesen werden. Aufgrund der Identifizierung des Computers vom
Nutzer kann auf bereits gewonnene Kenntnisse und Vereinba-
rungen zurückgegriffen werden[182].

Cookies können auch von fremden Servern auf die Festplatte des
Users   geschrieben   werden. Diese   sogenannten   „Third-Party-
Cookies" sind dadurch gekennzeichnet, dass beim Server-Zugriff
auf die jeweilige Webseite auch gleichzeitig der Server einer kooperierenden Drittpartei   (z.B. Werbeagentur) dazu veranlasst
wird, ein Cookie auf die Festplatte des Benutzers zu schreiben.
Dabei steht das Cookie nicht mehr in Zusammenhang mit der
jeweiligen Webseite, sondern lediglich mit der Drittpartei. Der
Drittpartei wird somit die Möglichkeit eröffnet, den User anhand
des Cookies auch dann wiederzuerkennen, wenn dieser eine
andere Webseite besucht, auf der die Drittpartei ebenfalls präsent ist. Große Werbebannernetzwerke, wie z.B. DoubleClick

---

[180] Vgl. Scholz 2000a, S. 1

[181] o.V. 2000a, S. 47

[182] Vgl. Köhntopp/Köhntopp 2000, S. 9

(http://www.doubleclick.com), können den User über mehrere Webseiten hinweg verfolgen und aufgrund der dabei gesammelten Informationen Profile erstellen und passende Werbebanner schalten.

Der Benutzer kann das Schreiben der Cookie-Datensätze auf die Festplatte per Einstellung im Browser unterbinden, eine Möglichkeit, von der vor allem erfahrene Internet-Nutzer häufig Gebrauch machen. Auch können Nutzer Cookie-Datensätze auf ihrer Festplatte jederzeit löschen. Diese Nachteile aus Sicht des Online-Anbieters umgeht das Verfahren des URL-Rewritings. Bei der URL-Rewriting-Methode wird dem Benutzer bei jedem Zugriff auf die Server-Webseite eine eindeutige und verschlüsselte Zusatzinformation in Form einer Session ID zugewiesen. Diese wird als Teil der URL-Adresse beim Verfolgen von Links innerhalb der Webseite mitgeführt und auch in der Anzeige der URL-Adresse im Browser zusätzlich dargestellt[183]. Bei jeder Anfrage des Web-Servers durch den Nutzer wird dieser Wert in der URL ausgelesen und neu zugewiesen. Dadurch ist eine Identifikation des Benutzers während des Webseiten-Besuches möglich, ohne dass diese durch browserspezifische Einstellungen unterbunden werden kann[184].

Weitere gebräuchliche, aber eher unorthodoxe Methoden zur Informationsgewinnung stellen Web-Bugs und Spyware-Programme dar. Web-Bugs sind kleine unsichtbare Grafiken, welche von Drittparteien auf einer Webseite platziert werden. Kommt es zu einem Aufruf dieser Webseite, wird die unsichtbare Grafik vom Drittserver geladen. Durch den Kontakt mit dem Drittserver erfolgt ein Eintrag in seine Logdatei, wobei abhängig vom Logfile-Format die oben erwähnten Informationen übertragen werden. In besonderen Fällen kann der Drittserver sogar selbständig Daten über den Nutzer ermitteln[185]. Der Unterschied zu Third-Party-Cookies liegt darin, dass der Nutzer die Einschaltung des Drittservers nicht erkennt und somit auch nur schwer unterbinden kann[186]. Das Web-Bug-Verfahren wird von einigen Unternehmen auch dazu benutzt, um E-Mails oder Dokumente

---

[183] Vgl. Köhntopp/Köhntopp 2000, S. 10

[184] Vgl. Scholz 2000b, S. 2

[185] Vgl. Bleich/Schüler 2001, S. 202

[186] Vgl. Köhntopp/Köhntopp 2000, S. 10

zu protokollieren[187]. Hier wird bei jedem Öffnen des Dokuments bzw. der E-Mail der Drittserver kontaktiert, wodurch es zur Übertragung von Nutzerdaten an diesen kommt[188].

Als E.T.-Programme bzw. Spyware werden Programme bezeichnet, welche meist in Gratisprogrammen oder Shareware-Programmen integriert sind, die online bezogen werden können bzw. als E-Mail Attachments Verbreitung finden. Neben einer mehr oder minder nützlichen vordergründigen Anwendung, z.B. PC-Performance-Messung oder animierte Weihnachtsgrüße, kommt es im Hintergrund zur Protokollierung des Nutzungsverhaltens, zur Kontaktierung eines Drittservers und zur Datenübermittlung an diesen[189]. Solche Programme werden in der Regel zur Finanzierung von Gratis-Software herangezogen, wobei die protokollierten Nutzerdaten an Werbefirmen zur weiteren Verwendung verkauft werden.

2. FREIWILLIGE SELBSTIDENTIFIKATION DER INTERNET-NUTZER

Neben den aus Datenschützersicht zum Teil bedenklichen Möglichkeiten des User-Trackings können Nutzer zur direkten und freiwilligen Angabe von Präferenzen motiviert werden. Diese Angaben stellen in der Regel eine wertvolle Informationsquelle für den Web-Site-Betreiber dar. Die Bereitschaft des Users, persönliche Daten preiszugeben kann mit einem hohen Maß an Involvement verbunden sein und erfolgt häufig in der Erwartung einer nutzenbringenden Gegenleistung durch den Webseiten-Anbieter (Value Exchange)[190].

Bei der einfachen Registrierung wird der Benutzer aufgefordert, sich mit einem Usernamen und Passwort einmalig beim System einzutragen, wodurch seine Anonymität gewahrt bleiben kann. Bei erneuten Zugriffen auf die Inhalte der Webseite wird er aufgefordert, sich beim System anzumelden. Durch Eingabe eines gültigen Usernamens und Passworts wird er vom Server identifiziert und in weiterer Folge werden seine Aktivitäten auf der Unternehmenshomepage protokolliert. Eine Registrierung mit zu-

---

[187] Vgl. dazu z.B. ItraceYou: http://www.itraceyou.com

[188] Vgl. Bleich/Schüler 2001, S. 202

[189] Vgl. Bleich/Schüler 2001, S. 201

[190] Vgl. McKinsey Marketing Practice 1999, S. 13

sätzlichen persönlichen Daten stellt für den Benutzer einen kritischen Vorgang dar, da er nicht unmittelbar überprüfen kann, ob seine dem System übergebenen Informationen auch vertraulich behandelt werden. Im Gegenzug erwartet er sich in der Regel eine besondere Gegenleistung. Für den Webseiten-Betreiber stellen kundenspezifische Angaben außerordentlich wertvolle Informationen dar, da dadurch Verhaltensweisen, Einstellungen und Präferenzen eindeutig einer Person zugeordnet werden können. Zudem können bei Einwilligung des Nutzers seine Daten auch für Offline-Marketing-Aktivitäten herangezogen werden. Allerdings kann oft nur schwer überprüft werden, ob die Angabe der Daten tatsächlich wahrheitsgemäß erfolgte.

Wichtige Ansatzpunkte für die Personalisierung ergeben sich darüber hinaus aus jeglicher Form von aktivem Kundenfeedback. Auswahlformulare mit der Möglichkeit der Angabe persönlicher Präferenzen stellen ebenso wie Feedbackformulare mit der Möglichkeit der Abgabe von Bewertungen die direkteste Art der Übermittlung von Kundeninformationen dar.

3. Datengewinnung durch Zukauf oder Outsourcing

Ergänzend zu den angeführten Datengewinnungsverfahren können die für die Entwicklung und Umsetzung von Personalisierungsstrategien erforderlichen User-Daten auch in sekundärer Form gekauft werden. Es gibt eine Vielzahl von Anbietern demographischer, Lifestyle-, Verbraucher- oder Haushaltsdaten.[191] Des Weiteren besteht die Möglichkeit eines Outsourcing von bestimmten Data-Mining-Prozessen. Hierbei werden die beim Web-Anbieter protokollierten Logfiles an einen Kooperationspartner in Echtzeit übermittelt, der sich auf bestimmte Analyseprozesse konzentriert und die Ergebnisse dieser Analysen an den Web-Anbieter zur weiteren Auswertung rückübermittelt. Beispielsweise spezialisiert sich das Unternehmen Angara (http://www.angara.com) auf die Identifizierung anonymer Web-Kunden durch Logfile-Analysen und übergibt die Resultate in Echtzeit dem Web-Anbieter zur weiteren Personalisierung der Web-Page.

Aufbereitung und Analyse der Nutzerdaten

---

[191] für eine Übersicht von Sekundärdatenanbietern siehe z.B. Mena (2000) S. 313 ff

Voraussetzung für jegliche weitere Analyse der Nutzerdaten ist die Identifikation von einzelnen Benutzern und deren Besucher-Sitzung (Session). Im Idealfall kann dadurch erfahren werden, wer die Webseite besucht hat, wie lange die Nutzungsdauer war und welche Aktionen getätigt wurden. Insbesondere bei indirekten Methoden der Datenermittlung fallen jedoch große und zum Teil unvollständige und redundante Datenströme an. Diese müssen zunächst einem Aufbereitungsprozess unterzogen werden. Erst dann können die Daten sinnvoll ausgewertet werden. Dieser Prozess lässt sich typischerweise in mehrere Aufgabenbereiche unterteilen[192].

Im Rahmen des Datencleanings werden die Daten gefiltert, um irrelevante, redundante und störende Informationen zu beseitigen. Dabei werden zum Beispiel Fehlanfragen, Anfragen nach bestimmten Skripten oder Anfragen nach Grafik- oder anderen Multimediadateien aussortiert, sofern diese nicht bei der Benutzeridentifikation hilfreich sein können. Ebenfalls müssen verfälschende Anfragen von Test-Benutzern und von Programmen, welche automatisiert eine Webseite durchlaufen (wie z.B. Suchmaschinen-Agenten, Link Checker, Shopping- bzw. Preisvergleichs-Agenten, Offline-Browser, E-Mail-Sammelprogramme(n) oder andere intelligente Agenten) eliminiert werden. Parallel dazu sollten auch Kundeninformationen im Rahmen der direkten Datenermittlung auf Konsistenz und Wahrheitsgehalt überprüft werden.

Neben dem Herausfiltern von Informationen bedarf es auch der Informationstransformation bzw. -ergänzung. Dies umfasst z.B. das Zuordnen von eindeutigen Domain-Namen zu bestimmten IP-Adressen und die Vervollständigung von durch Zwischenspeicherung (Caching) verschleierten Navigationspfaden oder Bookmark-Aufrufen des Homepage-Benutzers. Da bei dynamischen Webseiten der Inhalt der dargestellten Seite variiert, ist zusätzlich eine Inhaltsbezeichnung bei relevanten aufgerufenen Content-Elementen der dynamisch generierten Webseite notwendig, um so den dargestellten Content genau identifizieren und klassifizieren zu können. Vorraussetzung hierfür sind Struktur- und Content-Mining-Prozesse, auf welche im Rahmen dieses Beitrages nicht näher eingegangen wird.

---

[192] Vgl. Zaïane/Xin/Han 1998, S. 3, sowie Torrent 2000, S. 9 und Mobasher/Cooley/Srivastava 2000, S. 145f

Die bereinigten Daten werden in weiterer Folge herangezogen, um den einzelnen Benutzer der Webseite zu identifizieren sowie die Dauer seines Besuchs zu eruieren. Kann im Rahmen der Benutzeridentifikation auf Cookie-Unterstützung, Session-IDs oder sogar reaktiv gewonnene Daten zurückgegriffen werden, ist der einzelne User relativ leicht zu ermitteln. Stehen jedoch lediglich Log-File-Informationen zur Verfügung, so müssen verschiedene Heuristiken zur Nutzer-Identifikation herangezogen werden[193]. Wird ein und derselbe Nutzer über einen längeren Zeitraum protokolliert, so kann davon ausgegangen werden, dass er die Webseite in mehreren Sitzungen aufgerufen hat. Dieses wird im Rahmen der Session-Identifikation festgehalten. Innerhalb einer Session werden die einzelnen Benutzerhandlungen oft in transaktionsabhängige Einheiten (z.B. Datenbanksuche, Produktaufnahme in den Warenkorb, Bezahlungsvorgang) zusammengefasst. Die so aufbereiteten Zugriffsmuster werden in weiterer Folge näher untersucht (Pattern Discovery).

Zur Mustererkennung und –analyse können abhängig von den Informationsgewinnungszielen unterschiedliche Werkzeuge eingesetzt werden. Das Spektrum reicht von einfachen, zusammenfassenden Reporting- und Visualisierungs-Tools über OLAP bis hin zu komplexen Mining-Methoden und Algorithmen. Im Rahmen des OLAP (Online Analytical Processing) wird ein Extrakt aus den bereinigten Daten entnommen und in Form eines multidimensionalen Datenwürfels gebracht. Typische Dimensionen des Datenwürfels sind dabei z.B. Benutzer-Attribute, Datum- und Zeitattribute, Seitenkategorien, Produktmerkmale, Transaktionsattribute, Kaufmerkmale etc. Durch Ausführen verschiedener Operationen auf dem Datenwürfel können schnell und flexibel Relationen innerhalb der unterschiedlichen Dimensionen aufgezeigt werden. Solche Operationen können beispielsweise Analysen des Datenwürfels per Drill-down (Suche nach Vorgängern einer Ausprägung), Slice and Dice (Erweiterung oder Einschränkung der Ergebnisse durch Zerteilen bzw. Drehen des Datenwürfels) oder Roll-up (Suche nach Nachfolgern einer Ausprägung) sein[194]. OLAP und Report-Generatoren beziehen sich ausschließlich auf explizites Wissen. Zum automatisierten Aufdecken von

---

[193] Vgl. z.B. Cooley/Mobasher/Srivastava 1999, S. 12 f

[194] zur Erläuterung der einzelnen OLAP Fachbegriffe siehe o.V. (2000b) S. 1ff

implizitem Wissen, von komplexeren Mustern und zur Reduktion von großen Informationsmengen auf einige wenige Gesetzmäßigkeiten muss auf Methoden und Algorithmen zurückgegriffen werden, welche oft als Data-Mining im engeren Sinne definiert werden[195]. Beispielhaft sollen einige dieser Methoden genannt werden[196]:

- Pfadanalysen, bei welchen die Aufrufreihenfolge der Informationsangebote untersucht wird und so Aussagen über die Vorlieben des Konsumenten und die Attraktivität des Inhaltes gewonnen werden können.

- Assoziationsanalysen, welche Aussagen darüber liefern, welche Informationsangebote häufig gemeinsam abgerufen werden. Derartige Muster indizieren Verbundbeziehungen zwischen Produkten bzw. Informationsangeboten und geben Aufschluss über Cross-Selling-Potenziale und Webseiten-Gestaltungsanforderungen.

- Sequenzanalysen identifizieren Zugriffsabfolgen, welche zur Vorhersage von zukünftigen Zugriffsmustern herangezogen werden können. Daraus kann z.B. der optimale Einsatz von Werbebannern abgeleitet werden.

- Bei der Klassifikation werden einzelne Benutzer aufgrund bestimmter Regeln (z.B. Wenn-Dann-Regeln) vordefinierten Benutzerklassen zugeordnet.

- Beim Clustering werden Webseiten-Benutzer anhand ihres Surfverhaltens in Gruppen eingeteilt, wobei - im Unterschied zur Klassifikation - eine Einteilung durch das Analysesystem selbstständig ermittelt wird.

Anhand der aufgedeckten Muster können dann Vorhersagen und aussagekräftige Nutzungs- bzw. Nutzerprofile aggregiert werden, welche als Grundlage für weitere Personalisierungsschritte dienen. Beispielhaft seien folgende Profile angeführt[197].

---

[195] Vgl. Petrak 1997, S. 7

[196] Vgl. Grob/Bensberg 1999, S. 20, sowie Srivastava/Cooley/ Deshpande/Tan 2000, S. 16

[197] Vgl. Schubert 2000a, S. 3

Profilbildung	Profiltyp Eigenschaft
Identifikationsprofil	Benutzer-Name, Rolle, Kontaktinformationen, persönliche (Browser-) Einstellungen, Adresse, Zahlungsinformationen
Systemprofil	Benutzer-ID, Rechte und durchgeführte Aktivitäten (Login-Zeiten, Dateizugriffe, verbrauchte Ressourcen, etc.)
Sitzungsprofil	Zustandsinformationen während einer ununterbrochenen Sitzung (Zugriffspfad, "clickstream", Status, etc.)
Sozioökonomisches Profil	Selbstkategorisierung seitens des Kunden in vordefinierte Kategorien (Alter, Geschlecht, Hobbys, etc.)
Präferenzprofil	Selbstauswahl von angebotenen Präferenzkategorien (bei Büchern z.B. Science Fiction, Computer, Business), Ratings für vorgefertigte Skalen (z.B. Musikgeschmack: 1 für "sehr gut" bis 5 für "sehr schlecht"), Informationen dienen als Basis der Zuordnung zu einem Gemeinschaftsprofil
Interaktionsprofil	Summe der aufgezeichneten Zugriffe auf vordefinierten Kategorien, die ein vermeintliches Interesse widerspiegeln können (Politik, Computer, Weltgeschehen, Börse, etc.)
Gemeinschaftsprofil	Typisierung anhand vordefinierter Schablonen für eine Zuordnung zu Gemeinschaftsgruppen und das anschließende "Matching" von Präferenzen (Buchkategorie, Sänger, etc.)
Fallbasiertes Profil	Aufzeichnung verzweigender Abfragestrukturen, durch die der Benutzer navigiert
Transaktionsprofil	Speicherung der durchgeführten Transaktionen (z.B. Käufe, Zahlungen, Inanspruchnahme von Dienstleistungen, etc.)

Abb. 40 Beispiele von Benutzerprofilen[198]

---

[198] Vgl. Schubert 2000a, S. 3

Matching und Personalisierung

Aufgrund der gesammelten Profile kann in weiterer Folge eine spezifische Anpassung der Online-Aktivitäten getätigt werden. Diese kann sowohl im Kampagnen-Management liegen, wenn identifizierte oder prognostizierte Verhaltenscharakteristika (Response-Verhalten, Abwanderungstendenz, Lifetime-Value oder Kaufkraft des Kunden) maßgeschneiderte Marketing-Aktionen erfordern. Vor allem aber werden die gesammelten Profile zur optimierten und benutzergerechten Darstellung der Webseite und zur proaktiven personalisierten Angebotsgestaltung in Echtzeit herangezogen. Dabei konfiguriert das Personalisierungssystem anhand des aktuellen Benutzer-Verhaltens in Abgleichung mit den aggregierten Benutzerprofilen und auf Grundlage zuvor definierter „Business Rules" ein Empfehlungsbündel bestehend aus den jeweiligen Personalisierungsobjekten (Links, Werbung, Inhalt, Produkt, etc.)[199]. Diese als Matching bezeichnete Anpassung erfolgt online und muss in Echtzeit ablaufen, damit der User keine subjektive Verzögerung wahrnimmt.

Anhand der beiden Dimensionen „Komplexität der Produktattribute" und „Heterogenität der Kundenbedürfnisse" können vier verschiedenen Arten von Personalisierungssystemen unterschieden werden (siehe Abb. 41).

---

[199] Vgl. Mobasher/Cooley/Srivastava 2000, S. 149

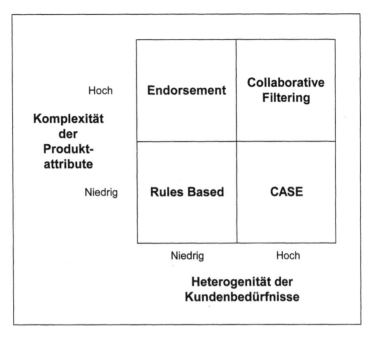

Abb. 41 Personalisierungssysteme [200]

- Rules Based Systeme

Bei regelbasierten Personalisierungssystemen wird die Gesamt-heit der Kunden in unterschiedliche Cluster aufgeteilt. Die da-durch erhaltenen Profile werden mit „Wenn-Dann"- Regelsyste-men und Entscheidungsbäumen verbunden. Die Regeln werden durch den Webseiten-Anbieter festgelegt. Dadurch kann definiert werden, welche Angebote oder Informationen in welcher Form, an welcher Stelle, und in welcher Reihenfolge dem jeweiligen Kunden auf der Webseite präsentiert werden[201]. Da regelbasier-te Verfahren lediglich auf Verhaltensbeobachtung und Regelan-wendung beruhen, sind diese vorrangig bei Produkten und Dienstleistungen mit geringem Differenzierungsrad und geringer Anzahl an Produktattributen anzuwenden[202].

---

[200] in Anlehnung an Hanson (2000), S. 207

[201] Vgl. Staudinger 2000, S. 2ff

[202] Vgl. Hanson 2000, S. 208

Ein Vorteil von regelbasierten Methoden besteht darin, dass das System im Hintergrund ohne Kundenbefragung abläuft und durch den Webseiten-Besitzer relativ einfach zu steuern ist. Ein Beispiel für eine einfache Anwendung eines Rules-Based Systems stellt Babycenter.com dar, eine Webseite, deren Zielgruppe werdende Eltern sind und die den Webseiten-Inhalt nach Eingabe der Schwangerschaftswoche bzw. der Lebenswoche des Kindes anpasst und so personalisierte Informationen zu Bereichen wie z.B. Gesundheit und Entwicklung des Kindes liefert.

Beispiel:
Wenn Lebenswoche des Kindes = 3
Und Geschlecht = Mädchen
Dann Zeige Information X

Abb. 42 Rules Based System bei Babycenter.com

- CASE-Systeme

CASE steht für „Computer Assisted Self-Explication" und beschreibt jene Vorgehensweise, bei der das Online-System den Kunden direkt nach seinen Vorlieben fragt. Ziel ist es dabei, aus einer Vielzahl von Möglichkeiten einige wenige Alternativen zu bestimmen, um dadurch das Consideration Set des Konsumenten einzuschränken. Hierzu wird der Kunde nach den für ihn wichtigsten bzw. ausgeschlossenen Produktattributen gefragt. Auf Basis seiner Antworten erfolgt die Gewichtung der in Frage kommenden Produkte, welche dem Kunden daraufhin vorgeschlagen werden. CASE-Systeme eignen sich besonders für solche Produkte, die wenige, aber eindeutig identifizierbare Attribute besitzen und die durch den Kunden einfach zu bewerten sind[203]. CASE-Systeme werden oft auch als Feature Based Filtering Systeme bezeichnet[204].

Abb. 43 CASE System bei Personallogic.com

•   Endorsement Systeme

Endorsement Systeme sind Empfehlungssysteme, die vor allem dann zur Anwendung kommen, wenn ein Produkt über sehr komplexe und qualitativ unterschiedliche Attribute verfügt, die Nachfrage nach dem Produkt aber homogen ist. Da es in diesem Fall schwierig ist, die wichtigsten Attribute zu ermitteln, erfolgt eine vereinfachte Bewertung anhand von ausgewählten Kriterien, von der eine Empfehlung für den Nutzer abgeleitet wird. Zumal von uniformen Präferenzen der Nutzer ausgegangen wird, ermöglicht das Endorsement-System die Sicherstellung einer subjektiven Mindestqualität der vorgeschlagenen Produkte für den

---

[203] Vgl. Hanson 2000, S. 210f

[204] Vgl. Runte 2000, S. 12ff

einzelnen Nachfrager[205]. Die Bewertung kann durch repräsentative Direktbefragung, durch Expertenanalysen oder durch Selbstselektion des Kunden erfolgen. So befragt z.B. Value-Star (http://www.valuestar.com) Kundensamples hinsichtlich ihrer Zufriedenheit mit bestimmten Produkten bzw. Dienstleistungen und leitet daraus eine Empfehlung für zukünftige Kundenanfragen ab.

Abb. 44 Endorsement System von ValueStar.com

•   Collaborative Filtering Systeme

Collaborative Filtering Systeme können dann eingesetzt werden, wenn Kundenbedürfnisse differenziert sind und Produktattribute in Bezug auf Qualität und Komplexität große Unterschiede aufweisen und schwer zu kommunizieren sind[206], wie dies z.B. bei Musik-CDs der Fall ist. Das kollaborative Filtersystem zeichnet sich durch den Zugriff auf bereits generiertes Gemeinschaftswissen aus, was jedoch das Vorhandensein genügend großen Datenmaterials voraussetzt. Dabei werden aus Präferenzen bestehender Kunden die persönlichen Präferenzen eines aktuellen Kunden abgeleitet. Empfehlungen werden somit vom Geschmack anderer Kunden abgeleitet und nicht wie beim Rules-based System durch starre Regeln festgelegt.

---

[205] Vgl. Hanson 2000, S. 213

[206] Vgl. Hanson 2000, S. 213

Der Vorteil dieses Systems liegt darin, dass es dem multioptionalen Konsumenten am ehesten gerecht werden kann, da zum Teil irrationale und emotionale Entscheidungen vorheriger Kunden berücksichtigt werden und in die daraus abgeleiteten Empfehlungen einfließen. Zudem brauchen die Produkteigenschaften nicht kommuniziert werden. Nachteilig ist jedoch, dass bereits eine genügend große Datenmenge vorhanden sein muss, um eine erfolgreiche Präferenzermittlung zu realisieren. Insbesondere bei exotischen Nutzerprofilen können Empfehlungen nicht immer zutreffend sein.

Das Prinzip des Collaborative Filterings auf Basis von Punktbewertungen bei Musik-CDs

Person A sucht eine neue CD. Das System untersucht, welche anderen Personen CDs, die Person A bereits bewertet hat, ähnlich eingestuft haben. In diesem Fall ähneln sich die CD-Bewertungen von Person A und Person D. Da Person D die neue CD zudem hoch bewertet hat, wird diese CD als Empfehlung abgegeben.

	Person A	Person B	Person C	Person D
CD 1	-	4	8	9
CD 2	5	3	7	6
CD 3	9	2	10	8
CD 4	2	8	9	2
CD 5	6	6	1	6
CD 6	10	7	7	-

Abb. 45 Beispiel zu Collaborative Filtering[207]

Determinanten zur Auswahl geeigneter Personalisierungssysteme

Welche Art von Personalisierung bzw. welches Personalisierungssystem für einen Online-Anbieter am besten geeignet ist, hängt wesentlich von den situativen Bedingungen ab. Dabei stel-

---

[207] in Anlehnung an Hanson (2000) S. 214

len die Komplexität der Produkteigenschaften, die Heterogenität der Kundenbedürfnisse und die Ausprägung des Kundenwerts zentrale Faktoren dar, die bei der Auswahl geeigneter Personalisierungssysteme zu berücksichtigen sind[208]. Im folgenden Flussdiagramm sind einfache Fragestellungen zu den genannten Faktoren zusammengefasst, deren Beantwortung erste Ansatzpunkte für die Bestimmung eines adäquaten Personalisierungssystems liefern kann.

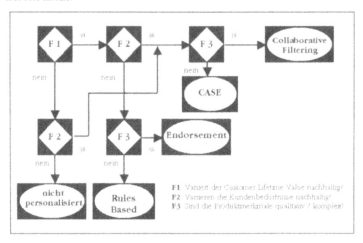

Abb. 46 Flussdiagramm zur Personalisierung[209]

Weisen Kundenwert und Kundenbedürfnisse keine großen Schwankungen auf, so erscheint eine Personalisierungsstrategie wenig profitabel, da der Kunde ebenso mit herkömmlichem Massenmarketing bearbeitet werden kann. Werden Kunden nach ihrem Wert differenziert, sind die Kundenbedürfnisse homogen und die Produktmerkmale wenig komplex, empfiehlt sich der regel-basierte Personalisierungsansatz, welcher lediglich auf Kundenbeobachtungen aufbaut. Sind Produktmerkmale komplexer und vom Kunden schwer zu verstehen, kann auf simplifizierte Empfehlungen von anderen Kunden oder von Institutionen zurückgegriffen werden (Endorsement). Herrschen differenzierte Kundenbedürfnisse bei gleichzeitig geringer Komplexität der Produkte vor, bedarf es der direkten Befragung (CASE) und dar-

---

[208] Vgl. Hanson 2000, S. 216

[209] in Anlehnung an Hanson (2000) S.215

auf aufbauender Angebotsgestaltung. Sind sowohl Kundenbedürfnisse als auch Produktattribute komplex, so muss zur wirkungsvollen Personalisierung das Kaufverhalten einer Vielzahl anderer Kunden analysiert werden. Durch Clusterverfahren können bestimmte Profile ermittelt werden, auf welchen dann das personalisierte Angebot aufbaut (Collaborative Filtering).

In der Praxis finden die genannten Personalisierungssysteme auch kombiniert Anwendung, wie das Beispiel amazon.com zeigt.

amazon.com.

Recommendation Center

1	Instant Recommendations	Collaborative Filter (taste+purchase)
2	Book Matcher	Collaborative Filter (taste)
3	Mood Matcher	CASE
4	Customer Buzz	Endorsement, Collaboration
5	If You Like This Author ...	Endorsement, Collaboration
6	Reading Group Guides	Endorsement
7	Gift Matcher	Endorsement
8	Award Winners	Endorsement

Abb. 47 Personalisierung bei amazon.com[210]

Fazit

Der Einsatz moderner Online-Personalisierungssysteme eröffnet eine Vielzahl von Möglichkeiten, Internet-Nutzer individuell nach ihren jeweiligen Vorlieben und Präferenzen anzusprechen. Angesichts der Euphorie über das technologische Leistungspotenzial von Personalisierungstools, die vor allem von den Systemanbietern geweckt wird, sollte jedoch der tatsächliche Nutzen für den Kunden auch nicht überschätzt werden[211]. Personalisierungssysteme bieten zwar im Vergleich zum herkömmlichen Katalogver-

---

[210] Hanson(2000) S.218

[211] Vgl. Diller 2001, S. 76

kauf eindeutige Vorteile, persönliche Beratungsgespräche dürften vorprogrammierten Online-Angeboten in vielen Situationen allerdings nach wie vor erheblich überlegen sein.

Da die Implementierung eines Personalisierungssystems mit großem Aufwand verbunden ist, stellt sich die grundsätzliche Frage, unter welchen Bedingungen es für einen Anbieter überhaupt sinnvoll und erfolgversprechend ist, eine Online-Personalisierungsstrategie zu verfolgen. Die Zweckdienlichkeit einer solchen Strategie hängt maßgeblich von den jeweiligen Kundenbedürfnissen, der Komplexität der Leistungsattribute und vom Kundenwert für das Unternehmen ab. Wenn ein Unternehmen hauptsächlich am Massenmarkt operiert und eine Leistungsdifferenzierung weder erwünscht noch angestrebt wird, oder sich der Anbieter auf überschaubare Kundensegmente konzentriert, erscheint eine Personalisierung mittels komplexer Web-Mining-Systeme nicht sinnvoll.

Zu hinterfragen ist des weiteren, inwieweit der Konsument tatsächlich motiviert ist, dem Web-Anbieter Präferenzen und persönliche Details mitzuteilen. Mühseliges und langwieriges Ausfüllen von Formularen zur Datengewinnung im Web-Mining führen kaum zum angestrebten Mehrwert, den eine personalisierte Webseite bieten soll. Dies gilt vor allem dann, wenn eine vergleichbare Leistung nur einen Mausklick entfernt mit geringerem Aufwand zu erhalten ist. Auch können auf Nutzerseite Bedenken hinsichtlich der Verwendung der persönlichen Daten auftreten. Eine Personalisierung scheint generell nur dann zielführend, wenn der Kunde einen subjektiven Vorteil erkennen kann.

Personalisiertes Marketing im Internet stellt demnach keine für jeden Web-Anbieter geeignete Strategie dar, kann aber unter bestimmten Bedingungen wesentlich dazu beitragen, den Kunden durch maßgeschneiderte Informations- und/oder Leistungsangebote zum wiederholten Besuch der Webseite zu motivieren und folglich einen wichtigen Beitrag zur Kundenbindung leisten. Ein abschließender Blick in die Zukunft lässt vermuten, dass der Personalisierung im Online-Marketing eine steigende Bedeutung zukommen wird, zumal persönliche mobile Internet-Geräte (internetfähige Handys und PDAs) eine immer stärkere Verbreitung finden und erst durch derartige individuelle Geräte das gesamte Personalisierungspotenzial ausgeschöpft werden kann.

5.3   Management personalisierter E-Mail-Marketing-Kampagnen

Von Marius Dannenberg

Einleitung   Weltweit nutzen derzeit etwa 230 Millionen Menschen das Internet.[212] In Deutschland sind es mit 27,6 Millionen fast 43 Prozent der Gesamtbevölkerung [213]. Laut einer Studie von ARD-Online nutzen 78 Prozent das Internet hauptsächlich zum Senden und Empfangen von E-Mails.[214] Damit ist die E-Mail die am meisten genutzte Anwendung im Internet. Nach Darstellung des Deutschen Direktmarketing Verbandes (DDV) e.V. ist die E-Mail nicht nur der meistgenutzte Internet-Dienst, sondern übertrifft mittlerweile auch herkömmliche Informations- und Kommunikationsmedien, wie beispielsweise Telefon und Fax.

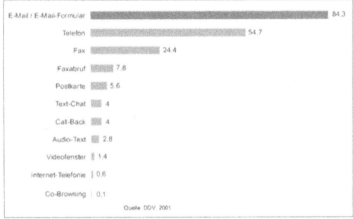

Abb. 48 Nutzung verschiedener Informations- und Kommunikationsmedien in Prozent

---

[212] Vgl. Bundesministerium für Wirtschaft und Technologie/NFO WorldGroup (Hrsg.), Monitoring Informationswirtschaft, München, 2001, S. 23.

[213] Vgl. Bundesministerium für Wirtschaft und Technologie/NFO WorldGroup (Hrsg.), Monitoring Informationswirtschaft, München, 2001, S. 17.

[214] Vgl. http://www.das-erste.de/studie/

Für die Zukunft prognostiziert Forrester Research[215] eine Steigerung der E-Mail-Flut um jährlich 300 Prozent, ausgelöst unter anderem durch die mobile Integration diverser Internet-Dienste. Auch eine aktuelle Studie des Marktforschungsinstituts Jupiter MMXI[216] zeigt das enorme Wachstumspotential des E-Mail-Marketings auf. Demnach wird der kommerzielle E-Mail-Markt in den nächsten Jahren rasant anwachsen und im Jahre 2005 ein Volumen von ca. 7,3 Milliarden US-Dollar aufweisen. E-Mail-Marketing soll damit einen Anteil von 13 Prozent an Direct-Mail-Aktivitäten erreichen. Doch diese Entwicklung hat auch eine Kehrseite. Mit dem steigenden Volumen werden vor allem die Konsumenten zu kämpfen haben. So soll nach Schätzungen von Forrester Research[217] die Zahl der kommerziellen E-Mails, die ein Online-Käufer im Jahr erhält, von 40 im Jahre 1999 auf 1.600 im Jahre 2005 steigen. Die Zahl der personalisierten E-Mails soll sich dabei von 1.750 auf 4.000 etwas mehr als verdoppeln. Trotz dieser problematischen Entwicklung ist E-Mail-Marketing gegenwärtig eines der effektivsten Informations- und Kommunikationsmedien. Hierfür sind nach Darstellung der Agnitas AG vor allem die folgenden neun Gründe verantwortlich:[218]

1) **Günstige Kosten:** Die Kosten für ein E-Mailing betragen in der Regel nur 10 bis 20 Prozent der Kosten für ein Post-Mailing mit vergleichbarer Auflage (ohne Kreativleistungen und Produktion der Inhalte). Es fallen keinerlei Papier- und Druckkosten an, denn E-Mails sind immateriell. Die Distributionskosten bei dem Medium E-Mail sind sehr gering und liegen mit 0,5 bis 5 Cent pro Aussendung deutlich unter den Portokosten für Post-Mailings oder den Telekommunikationsgebühren für Fax-Mailings.

2) **Hohe Aktualität:** Die E-Mails einer E-Marketing-Kampagne sind, abhängig von dessen Auflage, innerhalb von wenigen Minuten bis Stunden verschickt und gehen in der Regel nur Sekunden nach dem Versand bei den Empfängern in deren Postfächern ein, sodass diese (weltweit) extrem schnell informiert werden können. Erfahrungsgemäß treffen innerhalb

---

[215] Vgl. http://www.forrester.com/

[216] Vgl. http://de.jupitermmxi.com/xp/de/home.xml

[217] Vgl. http://www.forrester.com/

[218] Vgl. http://www.agnitas.de/content/gruende.htm

der ersten 48 bis 72 Stunden nach dem Versandtermin eines E-Mailings 80 Pozent der Rückläufe (Link-Klicks und E-Mail-Antworten) beim Versender ein, sodass das Feedback schnell vorliegt.

3) **Gezielte Ansprache:** Über die personalisierte Ansprache mit dem Namen des E-Mail-Empfängers hinaus lässt sich der Inhalt eines E-Mailings mit Hilfe von alternativen und optionalen Textbausteinen dem individuellen Profil des jeweiligen Empfängers anpassen, sodass dieser ganz gezielt angesprochen wird. So kann Interessenten beispielsweise ein Einstiegsangebot offeriert werden, Wiederholungskäufer bekommen einen Treuerabatt und Stammkunden mit besonders hohen Umsätzen erhalten ein exklusives Spezialangebot. Damit bietet E-Mail-Marketing das Potenzial für Mikro- und One-to-One-Marketing.

4) **Hohe Response:** Abgesehen von den variablen Inhalten, die sich natürlich Rücklauf-steigernd auswirken, weisen E-Mails von Haus aus eine höhere Rücklaufquote als vergleichbare klassische Papier- oder Fax-Mailings auf, weil das Antworten viel einfacher und bequemer ist. Anstatt eine Postkarte auszufüllen, diese mit einer Briefmarke zu versehen und zum Briefkasten zu bringen oder ein Faxformular auszufüllen, dieses in das Faxgerät einzulegen und die Empfängernummer anzuwählen, braucht der Empfänger bei einer E-Mail nur auf den Antwort-Button zu klicken und ein paar Zeilen zu tippen oder - noch einfacher - in der Checkbox eines HTML-Mail-Formulars ein Häkchen anzuklicken. Mit einem weiteren Klick auf „Senden" schickt er seine Antwort auf den Weg - mit der Gewissheit, dass diese innerhalb weniger Sekunden beim Empfänger ankommt. Alternativ lassen sich per Mausklick auf Links in einer E-Mail weiterführende Informationen auf der referenzierten Website aufrufen.

5) **Perfekte Messbarkeit:** Der Erfolg eines E-Mailings lässt sich aufgrund seiner elektronischen Natur einfach, präzise und schnell messen, denn der Rücklauf landet wieder in einem Computer und kann dadurch unmittelbar elektronisch erfasst und automatisch ausgewertet werden. Es lässt sich messen, wer eine E-Mail tatsächlich erhalten hat, wer sie geöffnet hat und wer wann und wie oft auf welche Links in der E-Mail geklickt hat. Dadurch wird es sehr einfach, nachfolgende E-

Mail-Marketing-Aktionen oder Kampagnen-Stufen auf Basis des vorliegenden Feedbacks zu optimieren.

6) **Unbegrenzte Inhalte:** E-Mails können im Prinzip beliebig lang sein. Im Gegensatz zu alternativen Werbeformen wie TV-Spots, Print-Anzeigen oder Werbebannern, die sich zeitlich oder räumlich beschränken müssen, ist die Länge einer E-Mail unlimitiert, sodass die Kommunikation mit dem Empfänger wesentlich entspannter ablaufen kann.

7) **Interaktive Inhalte:** E-Mailings im HTML- oder Flash-Format können interaktive Elemente wie Web-Formulare oder klickbare Bereiche enthalten, die direkt auf die Mausklicks des E-Mail-Empfängers reagieren, um unmittelbar ein Ergebnis zu produzieren. Dadurch lassen sich E-Mails aktiver und eindringlicher gestalten.

8) **Multimediale Inhalte:** E-Mailings im HTML- oder Flash-Format können formatierte Texte, Farben, Icons, Tabellen, Diagramme, Grafiken, Fotos, Sounds, Animationen und interaktive Elemente enthalten, um beim Empfänger eine höhere Aufmerksamkeit zu erzielen.

9) **Digitale Qualität:** E-Mails sind digital und lassen sich dadurch beliebig oft reproduzieren und weiterleiten, ohne an Qualität zu verlieren, sowie sich mit Software (beispielsweise mit einem Textverarbeitungsprogramm) weiterverarbeiten oder neu formatieren und ausdrucken.

Aufgrund dieser Vorteile beginnen immer mehr Marketingfachleute vieler Unternehmen, auf E-Mail-Marketing zu setzen, um ihre Produkte, Services oder Marken noch stärker ins Bewusstsein ihrer Verbraucher zu rücken. Diese Entwicklung bestätigt auch eine vom DDV durchgeführte Umfrage, deren Ergebnisse in der nachstehenden Abbildung wiedergegeben sind.

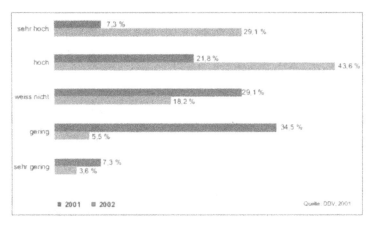

Abb. 49 Bedeutung von E-Mail-Marketing: Einschätzung von Marketingleitern in Deutschland

Wie bei jeder Marketingstrategie gibt es, auch für das Management personalisierter E-Mail-Kampagnen, bestimmte Grundsätze, die für eine erfolgreiche Durchführung zu beachten sind. Welche konkreten Stufen in diesem Zusammenhang notwendig sind soll , dieser Beitrag aufzeigen.

Zielsetzungen von E-Mail-Marketing

Eine grundlegende Voraussetzung für den Erfolg jeder Marketingaktion ist die detaillierte Formulierung ihrer Hauptzielsetzungen. Nach Darstellung des DDV lassen sich die nachfolgend aufgeführten acht Hauptziele unterscheiden, die mit einer Marketingaktion verfolgt werden können:[219]

- Neukundengewinnung

- Kundenbindung

- Branding

- Produktverkauf

- Marktforschung

- Service

- Vertriebsunterstützung

- Kostenreduktion

---

[219] Vgl. Deutschen Direktmarketing Verbandes (DDV) e.V. (Hrsg.), e-Mail-Marketing: Dialog Pur, Best Practice Guide Nr. 4, Wiesbaden, 2002.

Diese acht Hauptziele des E-Mail-Marketings werden hier nun näher erläutert, natürlich können mit einer Marketingaktion auch mehrere der angegebenen Ziele gleichzeitig verfolgt werden.

Neukundengewinnung

Kaum ein anderes Marketingziel ist heute so wichtig wie die Neukundengewinnung. In fast alle Märkte treten immer mehr Wettbewerber ein, die Anzahl der Kunden bleibt aber in den meisten Fällen konstant. Die Folge ist, dass es immer schwieriger und teurer wird einen neuen Kunden zu gewinnen. Aus diesem Grund setzen heute bereits viele Unternehmen E-Mail-Kampagnen zur Gewinnung von Neukunden ein. Dies bestätigt eine aktuelle Untersuchung des Online-Magazins „Opt-in News". Demnach planen 35 % aller Werbetreibenden ihre E-Mail-Kampagnen in erster Linie um neue Kunden zu gewinnen, weitere 23 % beabsichtigen den Absatz von spezifischen Dienstleistungen zu verbessern.[220] 18 % wollen den Produktabsatz steigern[221] und bei 16 % steht die Steigerung der Markenbekanntheit im Vordergrund.[222] Um den Kunden den Weg zum eigenen Webangebot schmackhafter zu machen, beinhalten 53 % aller E-Mail-Kampagnen ein so genanntes „Incentive" als Response-Verstärker.

Kundenbindung

E-Mail-Marketing mit der Zielsetzung Kundenbindung ist meist darauf angelegt, Kunden einen Zusatznutzen zu bieten. Beispielsweise kann ein Newsletter über neue Produkte informieren oder Anwendungsempfehlungen enthalten. Kunden werden damit nicht nur zur intensiven Nutzung eines Produktes, sondern auch zu weiteren Käufen motiviert. Die Kosten, einen Bestandskunden zu binden, sind im Mittel wesentlich geringer als die Kosten, einen neuen Kunden zu gewinnen. Personalisierte und individualisierte E-Mails können die Kundenzufriedenheit deutlich erhöhen und die Kosten der Kundenbetreuung senken. So

---

[220] Vgl hierzu auch die Ausführungen in den Abschnitten Kundenbindung, Service und Vertriebsunterstützung

[221] Vgl. hierzu auch die Ausführungen in den Abschnitten Produktverkauf

[222] Vgl. hierzu auch die Ausführungen in den Abschnitten Branding

wird es möglich, Gewinn bringend eine größere Anzahl von Kunden besser als zuvor zu betreuen.

Branding

E-Mail-Marketingaktionen können – sowohl losgelöst von, als auch in Kombination mit den vorgenannten Zielen – die Bekanntheit einer Marke, eines Unternehmens- oder Produktnamens steigern. E-Mail ist die mit Abstand meistgenutzte Internetanwendung und immer mehr Menschen verbringen immer mehr Zeit damit, E-Mails zu lesen. Um diese Menschen optimal zu erreichen, eignen sich insbesondere das Sponsoring und die Anzeigenschaltung in reichweitenstarken Newslettern.

Produktverkauf

Produkte direkt zu verkaufen, ist ein klassisches Ziel im Direktmarketing, das immer wieder durch Katalogversendung, Mailings mit Lager-Restposten und Sonderpreisen verfolgt wird. Das Medium E-Mail erlaubt es, verkaufsorientierte Aktionen sehr zeitnah durchzuführen. Innerhalb weniger Stunden kann über E-Mail gezielt und wirkungsvoll der Verkauf bestimmter Produkte gefördert werden. Zudem lässt sich über individualisierte Angebote und mehrstufige E-Mail-Kampagnen der Response einfacher als je zuvor maximieren. Da Druckkosten und Mindestauflagen entfallen, können beispielsweise Kataloge noch stärker auf die Bedürfnisse einzelner Kunden ausgerichtet werden, was sich unmittelbar in besseren Verkaufszahlen widerspiegelt.

Marktforschung

E-Mails eignen sich für Umfragen etwa zur Wirkung von Marketingaktionen oder zum Bekanntheitsgrad einer Marke in definierten Zielgruppen. Ebenso lassen sich die Reaktionen unterschiedlicher Zielgruppen auf die Art der Ansprache oder die Details eines Angebots testen. Hierbei spielt die individuelle Zusammenstellung von E-Mail-Fragebögen eine ganz besondere Rolle, da sie – abgesehen vom wesentlich teureren Interview – die individuellste Art darstellt, eine Zielgruppenperson zu befragen.

Über E-Mail versandte elektronische Fragebögen entsprechen inhaltlich Papier-Fragebögen, sofern keine neueren E-Mail-Technologien wie HTML-E-Mails verwendet werden. Im Gegensatz zu rein textbasierten E-Mails können HTML-E-Mails alle interaktiven Elemente übertragen. Dazu gehören z. B. Checkboxen, die die Markierung mehrerer Antworten ermöglichen, Radiobuttons, die nur eine Antwortmöglichkeit zulassen, Textfelder und Drop-down-Menüs. Generell können die Rückantworten per Post, Fax oder E-Mail versandt werden. Die Rücksendung per E-Mail sollte aufgrund der Kosten- und Zeitvorteile vorgezogen werden. So liegen die durchschnittlichen Kosten einer E-Mail-Befragung bei ca. 5 bis 20 Prozent der Kosten einer Befragung mittels Papierfragebogen. Die zeitlichen Vorteile resultieren aus dem Vergleich der durchschnittlichen Rücklaufzeiten von E-Mail und Post. Sheehan/McMillian bestätigten dies durch eine Untersuchung im Jahr 1999.[223] Im Rahmen dieser Studie brauchten die postalischen Rückantworten 11,8 Tage, während die Beantwortung per E-Mail in lediglich 7,6 Tagen erfolgte. Zusätzlich zur Zeitersparnis besteht ein weiterer Vorteil in der Möglichkeit die E-Mail vom Zeitpunkt der Öffnung bis hin zur Rücksendung durch den Befragten zu verfolgen. Ebenso ist eine automatische Auswertung der Antworten möglich. E-Mails können außerdem – genau wie Papierfragebögen – an einzelne Personen adressiert werden, wodurch eine gezielte Auswahl der Auskunftspersonen möglich wird.

Da es für E-Mail-Adressen kein offizielles Verzeichnis gibt, müssen die Adressen mit einem teilweise beträchtlichem Arbeitsaufwand erst gesammelt werden. Zudem existieren rechtliche Restriktionen, wonach zur Zusendung einer E-Mail eine Einwilligung der Auskunftsperson notwendig ist. Man spricht in diesem Zusammenhang auch von „Permission-Marketing". Außerdem können E-Mails nur eingeschränkt gestaltet werden, zum einen, da viele E-Mail-Programme derzeit HTML-E-Mails (noch) nicht interpretieren können, und zum anderen, um eine Kompatibilität zwischen den verschiedenen E-Mail-Programmen sicherzustellen, solange keine ausreichende Standardisierung gegeben ist. Ein weiteres Problem besteht in der Rücklaufquote, die bedeutendste Größe bei allen Befragungen, die nach ersten E-Mail-Untersuchungen in den USA seit dem Jahr 1986 tendenziell abnimmt.

Während die Anzahl der akademischen Untersuchungen in den vergangenen 15 Jahren zunahm, scheint, nach Sheehan[224], die

---

[223] Vgl. Sheehan, K. B./McMillian, S. J., Response variation in e-Mail surveys: An exploration, in: Journal of Advertising Research, No. 39 (4), 1999, S. 45-54.

[224] Sheehan, K.B., email Survey Response Rates: A. Review, in Journal of Computer Mediated Communication, Volume 6, Issue 4, 2001, S.7

durchschnittliche Rücklaufquote abzunehmen: Betrug sie 1995/96 noch 46 Prozent, so liegt sie 1998/99 nur noch bei 31 Prozent.

Die Abnahme der Rücklaufquote kann durch unterschiedliche Faktoren ausgelöst worden sein. So besteht die Möglichkeit, dass die zunehmende Diffusion des Internets in der Gesellschaft die Nutzerstruktur des Internets verändert. Wurde das Internet anfangs vor allem durch Universitäten, Wirtschaft, große Organisationen und von Käufern von Computerkomponenten genutzt, nutzt heute ein breiter Querschnitt der Bevölkerung das Internet. Die Affinität zur Forschung, einhergehend mit einem höheren Interesse an der Technologie, sinkt dadurch. Die Befragungsthemen bekommen ein höheres Gewicht bei der Entscheidung zur Teilnahme. Ein anderer Faktor kann die Zunahme der unaufgeforderten E-Mail-Befragungen in den USA sein. Studien haben gezeigt, dass einige Internetnutzer am Arbeitsplatz mehr als 39 unaufgeforderte E-Mail-Befragungen pro Tag erhielten.[225] Diese Informationsflut führt bei den Betroffenen zu einer Abstumpfung und zunehmender Abneigung gegenüber E-Mail-Befragungen.

Vor dem Hintergrund der Vorteile einer E-Mail-Befragung gegenüber der Post oder dem Fax müssen Wege gefunden werden, wie die Rücklaufquote wieder erhöht werden kann. Angefangen bei der Erhöhung der Aufmerksamkeit durch entsprechende Betreffzeilen, Absenderadressen oder Vorankündigungen über die Gestaltung und den Einsatz von multimedialen Komponenten bis hin zu Anreizen wie Gewinnspielen oder anderen Vergünstigungen (Incentives). Weitere Möglichkeiten der Steigerung der Rücklaufquoten können im Abschnitt über Teilnehmermotivation nachgelesen werden.

Service

Das Ziel dem Kunden einen besseren Service zu bieten als der Wettbewerb, führt zu einer nachhaltigen Steigerung des Kundenvertrauens und im Bedarfsfall zur Wiederholung einer Kaufentscheidung. E-Mails eignen sich in diesem Rahmen besonders gut dazu, Kunden schnell und individuell über Neuerungen zu informieren und sie beispielsweise mit unterstützenden Gebrauchsanleitungen zu versorgen. Es sind aber vor allem auch vom Kunden via E-Mail gestellte Anfragen, die es schnell und präzise zu beantworten gilt. Doch die steigende Nutzung der e-

---

[225] Vgl. http://www.nua.ie/surveys/?f=VS&art_id=905355873&rel-=true.

lektronischen Post führt nicht zwangsläufig zu einem besserem Kundenservice. So hat das Marktforschungsinstitut Datamonitor[226] herausgefunden, dass US-amerikanische Unternehmen jährlich bis zu sechs Milliarden US-Dollar ihrer Einnahmen durch schlechten Kundenservice im Internet verlieren. Gleiches lässt sich auch aus Deutschland berichten. „Die E-Mail als Service"[227] – so heißt eine Studie der addyourservice GbR.[228], die das Handling von mittels E-Mail gestellten Kundenanfragen in der Versicherungsbranche untersucht. 48 Versicherungen wurden in die Studie einbezogen, vier Online-Versicherungsmakler bilden die Vergleichsgruppe. Die Studie zeigt, dass E-Mail-Technologien in dieser Branche, gerade unter Service-Gesichtspunkten, überwiegend mangelhaft implementiert sind. So wurden nur 55 Prozent der Kundenanfragen, die via E-Mail eintrafen, überhaupt beantwortet. Ein Servicelevel von unter 18 Stunden wird dabei nur von vier Versicherungen und einem Online-Versicherungsbroker erreicht. Dass Antworten völlig ausbleiben, war keine Ausnahme. So ließen sechs Versicherungen und ein Online-Versicherungsmakler die Anfragen im digitalen Nichts verschwinden. Was jede komplett unbeantwortete Anfrage für Kundenzufriedenheit und das Unternehmensimage bedeutet, muss hier nicht weiter erläutert werden. Die erhobenen Ergebnisse sind nach Darstellung der addyourservice GbR zum großen Teil auch auf andere Branchen übertragbar, woraus resultiert, dass die meisten Unternehmen derzeit noch schlecht oder gar nicht auf E-Mail-Kommunikation mit ihren Kunden eingerichtet seien.[229]

Vertriebsunterstützung

Abhängig von Produkt- und Kundenstruktur ist der klassische Vertrieb aus Kostengründen oftmals nicht mehr in der Lage, einzelne Kunden persönlich anzusprechen. Personalisierungs- und Individualisierungstools von E-Mail-Marketing-Lösungen ermögli-

---

[226] Vgl. http://www.datamonitor.com/

[227] Vgl. http://www.addyourservice.de/download/emailstudie_auszug_versicherungen.pdf und http://www.addyourservice.de/download/addyourservices_callcenterprofi.pdf

[228] Vgl. http://www.addyourservice.de/

[229] Vgl. http://www.addyourservice.de/download/addyourservices_callcenterprofi.pdf

chen Vertriebsmitarbeitern, dieses zu leisten. E-Mails bieten beispielsweise gegenüber Telefonanrufen den Vorteil, dass der Kunde die Information nicht nur schriftlich (und damit nachprüfbar) erhält, sondern auch selbst entscheidet, wann er eine E-Mail liest und reagiert.

Kostenreduktion

E-Mail-Marketing bietet zudem die Möglichkeit, dass Angebote für die verschiedenen Zielgruppen variabel gestaltet werden können. Anders als breit gestreute Werbeformen auf Internetseiten, im Fernsehen oder Radio, können E-Mailings spezielle Angebote und Botschaften für die unterschiedlichen Zielgruppen beinhalten. Da bei E-Mails Druckkosten vollständig entfallen und Versandkosten nur einen Bruchteil der gängigen Portokosten ausmachen, sind sie wesentlich kostengünstiger als Mailings per Post. Je nach Akzeptanz innerhalb der Kundengruppe kann sogar ein Print-Katalog vollständig ersetzt werden.

Direkt-Marketing-Richtlinie für elektronische Werbeformen

Stehen die Ziele fest, die mit einer E-Marketing-Aktion verfolgt werden sollen, geht es im nächsten Schritt darum, sich mit den Richtlinien vertraut zu machen, die es zu beachten gilt. Der Verband der deutschen Internetwirtschaft, eco Electronic Commerce Forum e.V.,[230] hat hierzu im Jahr 2001 eine Richtlinie für Online-Direkt-Marketing Aktivitäten verabschiedet.[231] Ziel ist es hier, die steigende Flut an unerwünschter Werbung, die per E-Mail, Fax und SMS immer mehr Verbraucher belästigt, einzudämmen. Der Leitfaden legt hierzu verbindliche Regeln fest, nach denen Unternehmen digitales Marketing per E-Mail, Fax oder SMS durchführen sollten. Der Kern der eco-Richtlinie kann folgendermaßen zusammengefasst werden: Der Verbraucher erhält nur dann und nur solche Werbeinformationen, die er selbst ausdrücklich angefordert hat (Permission- bzw. Erlaubnis-Marketing[232]).

---

[230] Vgl. http://www.eco.de/

[231] Vgl. eco Electronic Commerce Forum e.V. Verband der deutschen Internetwirtschaft (Hrsg.), Richtlinien für erwünschtes Online-Direktmarketing – Version 1.10, Köln, 13. November 2001.

[232] Der Begriff und das Konzept des Permission Marketings geht auf den Autor Seth Godin zurück, der 1999 ein Buch mit dem Titel "Permission Marketing: Turning strangers into friends, and friends into customers" veröffentlicht hat.

Die Notwendigkeit hierzu ergibt sich schon allein daraus, dass der Versand von werblichen E-Mails, Faxen und SMS ohne Zustimmung des Empfängers in Deutschland rechtswidrig ist. Um mehr Vertrauen für das Permission-Marketing zu schaffen, sollen sich Unternehmen der Richtlinie gemäß zu einer klaren, verständlichen Sprache verpflichten, damit das Vertrauen nicht durch Missverständnisse belastet wird, die bei deutlicherer Erläuterung vermeidbar gewesen wären. Interessenten sollen selbst bestimmen, über welches Ausgabemedium (E-Mail, SMS, Telefon, Fax) sie Informationen erhalten möchten. Wo angeboten, sollen die sie auch jederzeit Inhalt und Frequenz dieser kommerziellen Kommunikation selbst bestimmen können.

Die Verwendung der von Interessenten angegebenen Adresse soll ausschließlich zu dem Zweck erfolgen, der den Interessenten vorab mitgeteilt wurde. Beispielsweise soll niemand telefonische Produktangebote erhalten, wenn vorher die Telefonnummer ausdrücklich nur für den Fall von Rückfragen im Zusammenhang mit einer Bestellung gegeben wurde. Gleiches solle für E-Mail-Adressen gelten, die nur angegeben wurden, um über den Lieferstatus zu informieren.

Die Empfänger sollen zudem jederzeit den Informationsservice abbestellen können und schnellstmöglich keine weiteren Informationen mehr zugesandt bekommen. Die Abbestellfunktion sollte möglichst bequem realisierbar sein und keine vermeidbare Hemmschwelle darstellen. Um die Entscheidung zum temporären Bezug von Botschaften möglichst leicht zu machen, sollte dieser Bezug jederzeit bequem wieder zu beenden sein.

Die eventuelle Weitergabe von Kundenadressen sollte nur auf ausdrücklichen Wunsch von Interessenten stattfinden. Die Erlaubnis hierzu solle durch eine eindeutige Handlung der Interessenten zu erteilen sein und muss auch deutlich kommuniziert werden. Das Unternehmen sollte außerdem eine verständlich formulierte Datenschutzrichtlinie erarbeiten und diese den Interessenten und Kunden offen kommunizieren.

Die Richtlinie des eco-Verbandes beinhaltet neben den vorstehend aufgeführten Punkten auch eine umfassende Empfehlung zur technischen Umsetzung der Richtlinien.[233]

---

[233] Die komplette Dokumentation der Richtlinie kann kostenlos durch eine E-Mail an info@eco.de angefordert werden.

Definition der relevanten Zielgruppe und des Medienmix

Neben der Definition der Marketingziele und dem Beachten entsprechender Richtlinien sind zu Beginn einer Kampagne die Zielgruppe(n) und der Medienmix festzulegen.[234]

Zielgruppendefinition

Je genauer die Zielgruppe definiert wird, desto besser kann eine Online-Marketing-Kampagne geplant und durchgeführt werden und so erfolgreicher wird sie sein. Zunächst muss ein detailliertes Profil erstellt werden, wen ein Produkt oder eine Dienstleistung ansprechen kann. Danach ist zu untersuchen, welche Profilmerkmale auf welche Zielgruppen zutreffen. Entsprechend muss eine Online-Marketing-Aktion für verschiedene Zielgruppen unterschiedlich gestaltet werden (z.B. verschiedene Aussageschwerpunkte zum beworbenen Produkt, einkommensabhängiger Methodenmix). Gerade per E-Mail lassen sich problemlos mehrere Zielgruppen individuell bewerben, ohne dass dabei hohe Mehrkosten entstehen.

Medienmix und Anzahl der Kampagnenstufen

Oft ist der Einsatz mehrerer Medien sinnvoll. Beispielsweise können Kunden per E-Mail benachrichtigt werden, dass ihnen auf dem Postwege ein umfangreiches Sortiment mit Produktproben zu einem aktuellen Sonderangebot zugesandt wird. Derartige integrierte Kampagnen nutzen die Stärken der verschiedenen Medien für eine optimale Zielgruppenansprache. E-Mails bieten in integrierten Kampagnen den Vorteil, dass die Angebote für die verschiedenen Zielgruppen variabel gestaltet werden können. Anders als breit gestreute Werbeformen auf Internetseiten, im Fernsehen oder Radio, können E-Mail-Kampagnen spezielle Angebote und Botschaften für die unterschiedlichen Zielgruppen beinhalten. So kommt ein Stammkunde in den Genuss eines „Treueangebotes", während Neukunden vom „Begrüßungsangebot" profitieren.

Wege zur Zielgruppe

Mit E-Mail-Marketing können sowohl bestehende Kunden und Interessenten angesprochen, als auch neue Interessenten gewonnen werden. Grundsätzlich unterschieden werden hierbei eigene Adressen und Fremdadressen, für die jeweils unterschiedliche Punkte zu beachten sind.

Eigene Adressen

---

[234] Vgl. Deutschen Direktmarketing Verbandes (DDV) e.V. (Hrsg.), e-Mail-Marketing: Dialog Pur, Best Practice Guide Nr. 4, Wiesbaden, 2002.

Der Aufbau einer eigenen E-Mail-Adressdatenbank ermöglicht es Unternehmen, Bestandskunden und Interessenten zeitnah und kostengünstig zu betreuen und mit Informationen zu versorgen. Aufbau und Pflege sollten strukturiert erfolgen und in andere Datenerhebungsprozesse (z. B. bei der Gewinnung von Interessenten oder Neukunden) integriert sein. Zielvorgaben wie die Zahl der zu erreichenden Adressen oder die Kosten pro Adresse helfen, die Effizienz dieses Instrumentes zu kontrollieren und zu verbessern. Das Einholen der Erlaubnis zum Versand von Newslettern oder E-Mailings kann über alle Kommunikationsschnittstellen zum Kunden erfolgen:

- Webseiten

- Kundenrundschreiben

- Vertrieb

- Call-Center

- Kundenzeitschriften

- Formulare wie Rechnungen etc.

- Point-of-Sale

- Messen und Veranstaltungen

- Empfehlungen durch Partner

So sollte es beispielsweise auf jeder Webseite eines Unternehmens einen Verweis zu einer Anmeldeseite geben, über den die Seitenbesucher Newsletter oder Informationen per E-Mail anfordern können. Typischerweise melden sich überdurchschnittlich viele Besucher an, wenn sie kostenlose aber exklusive Informationen angeboten bekommen, die sie auch jederzeit wieder abbestellen können. Auch der Hinweis auf streng vertrauliche Behandlung der Daten sollte nicht fehlen. Der Anmeldeprozess sollte kurz und einfach gehalten sein, um die Zahl der Abbrecher gering zu halten. Zwingend notwendig ist die E-Mail-Adresse. Die meisten User geben auch ihre Interessengebiete gerne an, weil sie so selbst steuern können, über welche Themen sie informiert werden. Zur Personalisierung sollten darüber hinaus Basisdaten (Anrede, Titel, Vor- und Nachname) abgefragt werden. Es gilt allerdings zu beachten, dass je mehr Daten erfragt werden, desto geringer die Zahl der Anmeldungen sein wird. Die

Auslobung eines Gewinnspiels[235] mit attraktiven Preisen kann den Anreiz erhöhen, weitere Daten wie Wohnort oder Alter anzugeben. Weitere Daten können aber auch später in E-Mail-Umfragen erhoben werden. Adressdaten können unterstützend auch an anderer Stelle gewonnen werden, wie beispielsweise über:

- Postalische Mailing-Aktionen

- Print- und Rundfunkwerbung mit Responsemöglichkeit

- Anzeigen in zielgruppenaffinen Newslettern

- Affiliate-Programme zur Adressengenerierung[236]

- Weiterempfehlungen und Zielgruppen-Sharing

- mit Partnern

- Aktionsbezogene Adressanmietung (vgl. Fremdadressen)

Je konsequenter ein Unternehmen die gesamten Maßnahmen der Zielgruppenkommunikation auch für die Generierung von E-Mail-Adressen nutzt, desto schneller und erfolgreicher können eigene Datenbestände aufgebaut werden. Der Aufwand lohnt sich, denn der Einsatzbereich eines eigenen Adressbestandes ist nahezu unbegrenzt und kostengünstig.

Fremdadressen

Der Einsatz von Fremdadressen eignet sich vor allem zur Neukundenakquise und zur Absatzsteigerung von Produkten und Dienstleistungen. Auch Unternehmen, die nicht die nötigen Ressourcen zum Aufbau und zur Pflege einer eigenen E-Mail-

---

[235] Informationen zu den rechtlichen Aspekten von Gewinnspielen bietet die Broschüre „Gewinnspiele im Direktmarketing", die kostenlos beim DDV unter www.ddv.de oder info@ddv.de zu beziehen ist.

[236] Anbieter von Affiliate-Programmen vermitteln zwischen Unternehmen, die Werbung schalten wollen, und Betreibern von Webseiten, die ihre Werbekapazitäten verkaufen möchten. Bei Affiliate-Anbietern können Creatives hinterlegt werden, die dann von Programmteilnehmern heruntergeladen und zum Werben von Abonnenten genutzt werden. Die Programmbetreiber erhalten typischerweise einen bestimmten Betrag pro neu gewonnener Adresse. Davon behalten sie eine Provision ein und geben den Rest an die Werbungtreibenden weiter.

Datenbank besitzen, werden auf diesem Wege in die Lage versetzt, mittels E-Mail zu werben.

Diverse Anbieter, in der Regel sogenannte „Adress-Broker", haben E-Mail-Adressen gesammelt und bieten hierüber Werbemöglichkeiten an. Zuallererst gilt es für einen Werbetreibenden, die Seriosität des Anbieters zu überprüfen. Die Empfänger einer E-Mail-Nachricht, in welche die eigene Werbung eingebunden ist, dürfen sich davon auf keinen Fall belästigt fühlen. Es muss also sichergestellt sein, dass die Adress-Broker nicht die E-Mail-Adressen von uninformierten Kunden zum Kauf oder zur Miete anbieten.

Die Folge des Versands an Kunden, die ihre Zustimmung für eine Zusendung vorher nicht gegeben haben, ist nicht nur, dass der Versender sich als so genannter „Spammer" äußerst unbeliebt macht. Es muss auch mit wettbewerbsrechtlichen Konsequenzen wie z.B. Abmahnungen wegen Zusendung unverlangter E-Mails gerechnet werden. So gut wie kaum bekannt ist außerdem, dass solch ungewolltes Spamming auch einen Eintrag in der Mail Abuse Prevention System - Realtime Blackhole List (MAPS RBL)[237] nach sich ziehen kann, was für ein Unternehmen fatale Folgen hat, da die Abfrage dieser Anti-Spammer-Datenbank mittlerweile ein Standard-Feature vieler Mailserver geworden ist. Wenn nun die IP-Adresse eines Spammers in der MAPS RBL gelistet ist, nimmt der Mailserver beim Internetprovider E-Mails mit dieser Adresse nicht mehr an. Zudem setzen viele große Freemail-Anbieter wie AOL, HotMail und Yahoo die RBL-Datenbank zur Filterung von Spam-Mails ein. Weiterhin zählen weltweit ca. 22.000 Systemadministratoren zu den zahlenden Nutzern dieser Datenbank. Die Listung einer IP-Adresse in der RBL hat damit die für die Unternehmenskommunikation fatale Folge, dass dadurch die gesamte E-Mail-Firmenkommunikation zum Stillstand kommen kann. Eine noch relativ unbekannte Begleiterscheinung ist, dass es für den beliebten Apache-Webserver zwischenzeitlich auch ein Modul gibt, welches die RBL-Datenbank abfragt. Hosts, die in der RBL gelistet sind, erhalten dann keinen Zugriff mehr auf bestimmte WWW-Sites. Auf diesem Wege soll verhindert werden, dass automatische Adressensammler, so genannte Spambots, von den so blockierten Webseiten E-Mail-Adressen „einsammeln" können.

---

237 Vgl. http://www.mail-abuse.org/rbl/

Hat man sich schließlich von der Seriosität seines Adress-Brokers überzeugt und ist bereit, Adressen fremd zu beziehen, ist zu beachten, dass die Nutzung von Fremdadressen üblicherweise in Tausender-Kontakt-Preisen (TKP) abgerechnet wird. Darin ist meist auch die Versendung der E-Mails – also auch der Werbebotschaft – enthalten. Der Preis für 1.000 Kontakte variiert je nach Zielgruppengenauigkeit, die über Selektionskriterien wie Interessen, Alter, Geschlecht usw. festgelegt wird. Die Wahl des Anbieters der Fremdadressen kann sich auch auf das Format und die Gestaltung der Werbebotschaft auswirken. Im Bereich des E-Mail-Marketings haben sich derzeit noch keine Standardformate durchgesetzt. Es gibt somit keine anbieterübergreifenden Größenvorgaben. Ob eine Werbebotschaft als Text, in HTML oder in Flash versendet wird, hängt meist von den angeschriebenen Adressaten ab.

Generell lassen sich zwei Formen des Einsatzes von Fremdadressen unterscheiden. Zum einem können in Newslettern neben anderen (z. B. redaktionellen) Inhalten Anzeigen geschaltet werden, zum anderen kann die E-Mail auch ausschließlich aus der Werbebotschaft bestehen. Wenn reine Werbebotschaften an Fremdadressen versendet werden, so ist im Unterschied zu Anzeigen in Newslettern verstärkt auf die Relevanz des beworbenen Angebotes für einzelne Empfänger Rücksicht zu nehmen. Das Angebot sollte so dargestellt werden, dass der Empfänger erkennen kann, dass es auf seine Interessenlage und Bedürfnisse ausgerichtet wurde.

Auch muss dem Empfänger deutlich werden, über welchen Anbieter der Werbetreibende seine Adresse bezogen hat. Nur so ist es dem Empfänger möglich, seine Erlaubnis für die Werbezusendung zu widerrufen. Im Idealfall ist die Werbebotschaft in eine Vorlage des Anbieters eingebettet, der in einer solchen Konstellation meist auch den Versand der Werbebotschaft übernimmt.

Arten des E-Mail-Marketing

Folgt man dem Deutschen Direktmarketing Verbandes (DDV) e.V., dann bietet das Medium E-Mail vier verschiedene Hauptformen, mit denen die weiter oben beschriebenen Marketingziele erreicht werden können:[238]

- Eigener Newsletter

---

[238] Deutscher Direktmarketing Verbandes (DDV) e.V. (Hrsg.), eMail-Marketing: Dialog Pur, Best Practice Guide Nr. 4, Wiesbaden, 2002.

- Anzeigenschaltung und Sponsoring in fremden Newslettern

- E-Mailings

- E-Mail-Abruf

Diese drei Formen des E-Mail-Marketings sollen nun näher erläutert werden.

Unternehmenseigener Newsletter

Newsletter sind periodisch versendete E-Mails an eine mehr oder weniger gleichbleibende Gruppe von Adressaten. Unternehmenseigene Newsletter besitzen je nach Zielsetzungen und Zielgruppe unterschiedliche inhaltliche Schwerpunkte, die von vorwiegend redaktionellen Inhalten über Mischformen bis hin zu rein werblichen Angeboten reichen können. Unternehmenseigene Newsletter beinhalten meist kurze Beiträge zu bestimmten Themen und verweisen auf Webseiten, von denen Detailinformationen abgerufen werden können. In ihnen werden meist auch direkte Ansprechpartner mit E-Mail-Adresse und Telefonnummer benannt, um den Dialog mit Kunden zu fördern. Da es sehr einfach ist, sich für einen Newsletter anzumelden, lassen sich über Newsletter sehr effizient Kunden gewinnen und binden. In welcher Frequenz (täglich, wöchentlich, monatlich usw.) ein Newsletter versendet wird, hängt im Wesentlichen von den jeweiligen Inhalten ab.

Anzeigenschaltung und Sponsoring in fremden Newslettern

In vielen Newslettern können Werbetreibende Anzeigen schalten. Wie auch in anderen Medien sind für die Anzeigenschaltung Auflage, Inhalt und Zielgruppe des Newsletters entscheidende Auswahlkriterien. Aus den Themen eines Newsletters lassen sich sehr einfach Affinitätsmuster zu bestimmten Angeboten herleiten. Zahlreiche Anbieter verfügen zudem über demographische Daten ihrer Leser, die sich mit den eigenen Zielgruppen abgleichen lassen. Tests und die Auswertung der Responsezahlen ermöglichen bei wiederholten Aktionen eine weitere Optimierung. Falls möglich, ist eine Nähe der Werbeinhalte zu verwandten redaktionellen Inhalten zu empfehlen. Das passende Umfeld eines per Anzeige beworbenen Angebotes hat bedeutenden Einfluss auf den Response. Weniger stark ist die Bedeutung des Umfeldes für die Akzeptanz seitens der Empfänger, so lange die eigentlichen

Inhalte der E-Mail für sie relevant sind und eine Werbung nicht als unpassend empfunden wird.

Eine Textanzeige sollte einen Link zur zugehörigen Angebotsseite – der so genannten Landing Page – und eventuell eine E-Mail-Adresse oder Telefonnummer beinhalten. Der Gestaltung der Landing Page kommt daher für den Kampagnenerfolg eine besondere Bedeutung zu. Sie entscheidet, ob ein Interessent zum Käufer umgewandelt werden kann oder nicht. Newsletteranzeigen werden, da sie sehr kostengünstig sind, zunehmend als Reichweiteninstrument eingesetzt. In diesem Zusammenhang gewinnt auch das Sponsoring an Bedeutung. Ziel des Sponsoring ist es, ein Unternehmen mit bestimmten Themen oder einem positiven Image zu verbinden. Beim Sponsoring wird weniger Wert auf unmittelbare Kundenreaktionen gelegt, der Fokus liegt auf Image und Branding.

Die Firma mediaoffice.net[239] legte in 2001 erstmals grundsätzliche Ergebnisse einer Marktübersicht zu E-Mail-Newslettern in Deutschland vor. Sie registrierten insgesamt 266 professionelle Internet-Newsletter mit einer durchschnittlichen Abonnentenzahl von ca. 24.000.

Der Studie zufolge liegt das Hauptinteresse der Abonnenten im Finanz- und Börsenbereich, gefolgt von Internet- und Computerthemen. 60 Prozent der untersuchten E-Mail-Newsletter werden wöchentlich versandt, 18 Prozent alle zwei Wochen und 14 Prozent täglich. Ein Viertel der elektronischen Nachrichtendienste ist als HTML-Version zu haben. Viele Dienste seien erst in den letzten beiden Jahren entstanden. Der älteste Newsletter ist „Cybernews" mit fünf Jahren.[240] Der sehr junge E-Mail-Markt wird dabei von mediaoffice.net als qualitativ hochwertig und zur Zeit noch sehr günstig bewertet, da Werbetreibende derzeit für knapp 100.000 Euro rund 3,3 Millionen Sichtkontakte erzielen können.

Eine Speedfacts-Studie entkräftet das Vorurteil der ungenutzten Newsletter-Abonnements weitgehend.[241] Die Marktforscher von Speedfacts hatten im Auftrag des Werbe-Fachmagazins W&V 3.000 repräsentative Web-Nutzer befragt. Demnach legen nur 1,4 Prozent der User ihre elektronische Info-Briefe ungelesen ab.

---

[239] Vgl. http://www.mediaoffice.net

[240] Vgl. http://www.cybernews.de

[241] Vgl. http://www.speedfacts.com

38,7 Prozent öffnen grundsätzlich jeden Newsletter und 28,3 Prozent immerhin noch jeden zweiten. Außerdem wurde festgestellt, dass rund zwei Drittel der Nutzer ihre Newsletter ausschließlich aus privaten Gründen beziehen. Nur gut 12 Prozent abonnieren mindestens jeden zweiten E-Mail-Dienst aus beruflichem Interesse. Mit einem einzigen Abo geben sich nur wenige User zufrieden. Jeder Vierte erhält wöchentlich bis zu drei Newsletter, 16,9 Prozent sogar zweimal täglich, 28,4 Prozent drei bis fünf und 7,7 Prozent bis zu zehn pro Tag.

Um sich im Bereich der fremden Newsletter zurechtfinden zu können, bietet Mediaoffice.net eine ständig aktualisierte Marketing-Datenbank mit professionellen, deutschsprachigen Newslettern. Vollständig erfasst sind derzeit 266 E-Mail-Newsletter mit allen marktrelevanten Informationen, beispielsweise Name, Thema, Zielgruppen, Gründungsjahr, Erscheinungsweise, Reichweite, Anzeigenschluss, Redaktions- und Anzeigenformate, Preise (Tausenderkontaktpreis, Pauschalen), Leserqualität, Rabatte und Kontaktadressen. In der Basic-Version kann man kostenfrei recherchieren.[242] Die kostenpflichtige Profi-Version enthält zusätzliche Informationen und ist im Abonnement per E-Mail erhältlich[243].

E-Mailings

E-Mailings sind das elektronische Pendant zu den traditionellen Direct-Mailings. Die kostengünstige Alternative bietet sehr gute Möglichkeiten der Response-Messung. Im Gegensatz zu Newslettern werden E-Mailings nicht periodisch, sondern aktionsbezogen versendet. Meist sind sie stärker werblich orientiert.

Aktionsbezogene E-Mailings können bei zielgenauer Ansprache außergewöhnlich hohe Klick- und Konversionsraten erreichen. Sie eignen sich insbesondere zur Förderung von Verkaufszielen. Eine entscheidende Rolle spielt dabei vor allem die Gestaltung der Nachricht, die möglichst viele Links zum Angebot enthalten sollte, ohne thematisch den Fokus zu verlieren. So können beispielsweise Versicherungen ihren Kunden per E-Mailing eine Erweiterung des bestehenden Versicherungsschutzes anbieten. Sachliche Informationen über die Vorteile einer solchen Erweiterung, verbunden mit einem Angebot wie „Sie sind ab sofort versichert, zahlen aber erst ab dem nächsten Halbjahr", erzielen bei

---

[242] Vgl. http://www.telemat.de/publikationen/

[243] Vgl. http://www.telemat.de/publikationen/

der Auswertung nach „Kauf per Klick aus der E-Mail" überdurchschnittlich gute Ergebnisse. Bei E-Mailings können die Empfänger im Unterschied zum periodischen Newsletter nicht schon am Versanddatum und dem gewohnten Erscheinungsbild (Absender, Betreff, Layout) erkennen, von wem sie gerade elektronische Post erhalten. Deshalb sollte besonderer Wert darauf gelegt werden, dass deutlich wird, von wem die Nachricht versendet wird.

Insbesondere bei der Nutzung von Fremdadressen sollte aus der Nachricht zudem klar hervorgehen, wem gegenüber die Erlaubnis zur Zusendung des E-Mailings gegeben wurde und wo sie gegebenenfalls widerrufen werden kann. Entsprechende Informationen lassen sich beispielsweise in farblich abgesetzte Rahmen einbetten oder bei reinen Textnachrichten in einem einleitenden Header voranstellen.

E-Mail Abruf

Beim E-Mail-Abruf geht die Initiative zum Bezug von Werbung oder Informationen vom Kunden aus. Dieser sendet eine E-Mail an eine bestimmte Adresse und erhält innerhalb weniger Minuten automatisch eine dort hinterlegte Nachricht als Antwort. Als kostengünstige Alternative zu Telefon oder Faxabruf bietet der E-Mail-Abruf Kunden und Interessenten die Möglichkeit, sich völlig unverbindlich über ein Thema zu informieren. Wie auch beim Faxabruf, z. B. in Verbrauchersendungen, kann der Kunde Zeitpunkt und Inhalte der Information selbst bestimmen. Alle relevanten Informationen stehen ihm rund um die Uhr zur Verfügung. Mittels der zugehörigen Abruf-Zahlen kann die Nachfrage nach diesem Service leicht überprüft werden und gibt somit einem Unternehmen die Möglichkeit, sein Informationsangebot zu optimieren.

Personalisierung des E-Mail Marketings

Was bei vielen Internetangeboten wie z.B. Yahoo, Amazon, Wallstreet Journal oder Handelsblatt heute bereits zu beobachten ist, hält zunehmend auch Einzug in den Versand von E-Mails und Newslettern. Die moderne Form von E-Mails und Newslettern spricht den Empfänger persönlich an und enthält speziell auf den Empfänger zugeschnittene Informationen. Man spricht dabei von Personalisierung, Individualisierung bzw. Profilierung. Aus Zeit- oder Kostengründen ist es natürlich nicht möglich, an jeden Einzelnen persönlich zu schreiben. Es gibt jedoch einige Dinge, die Massenbotschaften zu einem persönlichen Schreiben werden lassen, wodurch der Empfänger meinen könnte, es wäre einzig nur an ihn gerichtet. Hierzu nun einige wenige Praxistipps:

- **Personalisieren der Absenderangaben:** Mitteilung sollten von einer konkreten Person und nicht allgemein von einem Unternehmen kommen. Der direkte Absender löst beim Empfänger das Gefühl aus, dass er sich an einen wirklichen Menschen wenden kann, statt nur einem unnahbaren Unternehmen antworten zu können.

- **Personalisieren der Inhalte:** Durch Hinzufügen des Abonnenten-Namens in der Anrede des Newsletters und Verwendung persönlicher Anrede (Personalpronomina: Sie, Ihre) im Newsletter selbst, empfindet der Leser, dass einzig nur zu ihm gesprochen wird. Die Verwendung der Wörter „Ich" und „mir" bestätigen ihm noch einmal, dass er eine Mitteilung erhält, die von einer ihn betreuenden Person kommt, statt von einem gedankenlosen Apparat.

- **Generierung von relevantem Content:** Content ist entscheidend. Die sicherste Methode, Kunden zu behalten ist, für Content zu sorgen, der interessant und relevant ist.

- **Personalisieren des Feedbacks:** Leser sollten zum Feedback auf eine E-Mail oder einen Newsletter eingeladen werden. Hierfür ist möglichst die gleiche persönliche E-Mail-Adresse zu nennen, die in der „from"-Zeile der Absenderangaben zu sehen ist. Auf diesem Weg findet der Angesprochene Gehör. Dazu gehört auch, dass seine Kommentare oder Fragen, wann immer es sinnvoll erscheint, beantwortet werden.

Ganz bequem kann eine derartige Personalisierung mit Softwareprodukten von bestimmten Anbietern geschehen. Beispielsweise kann man mit solch einem Softwareprogramm relativ einfach eine personalisierte E-Mail-Vorlage erstellen. Diese Vorlage enthält dann Platzhalter für personalisierbare Daten, wie zum Beispiel Vorname und Hobbies. Die nachstehende Abbildung verdeutlicht die Funktionsweise dieser Platzhalter.

Freiburg, [%date] [%time]

[%IF Geschlecht="w"]
Sehr geehrte Frau [last-name],
[%ELSE]
Sehr geehrter Herr [last-name],
[%ENDIF]

für [Beruf] und alle mit Interesse an [Hobby] habe ich ein ganz besonderes Angebot. Schauen Sie doch mal das Attachment an!

Viel Erfolg,
- Hans Mustermann

[@impressum]

Abb. 50 Beispiel für eine E-Mail-Vorlage mit Platzhaltern[244]

Beim Versenden werden von den Softwarelösungen dann automatisch die spezifischen Daten des jeweiligen Empfängers eingesetzt. Als Ergebnis erhält dann jeder Empfänger eine automatisch erstellte und dennoch personalisierte E-Mail bzw. einen Newsletter. Ein Beispiel für eine derart erstellte E-Mail zeigt die folgende Abbildung.

Freiburg, 03.05.2001 10:56

Sehr geehrter Herr Müller,

für Diplom-Grafiker und alle mit Interesse an Fußball habe ich ein ganz besonderes Angebot. Schauen Sie doch mal das Attachment an!

Viel Erfolg,

---

[244] http://www.inxmail.de/produkt/personalisierung.html

> - Hans Mustermann
>
> Inxnet GmbH - intelligent software solutions
> info@inxnet.de
> http://www.inxnet.de

Abb. 51 Automatisch erzeugte, personalisierte E-Mail[245]

Die Personalisierung von E-Mails hört bei den meisten Produkten in der Regel nicht bei der individuellen Anrede des Empfängers auf. Man kann vielmehr beliebige Informationen personalisieren, wie z.B. Kundennummern und Werbetexte. Vordefinierte E-Mail-Vorlagen, die die meisten Programme beinhalten, helfen zudem bei der schnellen Erstellung von Texten. Scheut man sich vor dem Kauf derartiger Software oder möchte man den gesamten Bereich des E-Marketing-Kampagnen Managements nicht selbst abwickeln, so gibt es Anbieter, die diesen gesamten Bereich als Dienstleister übernehmen. Die nachfolgende Abbildung listet eine Auswahl von Anbietern von Softwareprogrammen für professionelles E-Marketing-Handling, als auch von entsprechenden Outsourcing-Dienstleistungen auf.

---

[245] http://www.inxmail.de/produkt/personalisierung.html

Name der Firma

	Agnitas	E-Circle AG, Domeus.com	E-Mail Vision	Inxmail GmbH	LLynch Meta Medien GmbH	Speedink GmbH, Mailinglisten	Message Media GmbH	Mission E-Relations AG
URL	www.agnitas.de	www.domeus.com www.interessenmarketing.de	www.emailvision.com	www.inxmail.de	www.llynch.de	www.speedlink.de www.kbx. de www.kbx7.de	www.messagemedi a. com	www.mission-one.de
Bezeichnung Produkt- oder Service-angebot	E-Mail-Marketing-Manager	Interessenmarketing, eine Form des E-Mail-Marketings	E-Mail Marketing Solutions	Inxmail Easy Edi., Inxmail Professional Edi., Inxmail Enterprise Edi.	diverse Tools & Services	KBX.DE Mailinglisten-Hosting	Unity Mail Unity Mail Express, Outsourcing	Mission <control> E-Relations Suite
Software-lösung u./o. Out-sourcing	Beides	k.A.	Outsourcing	Beides	Beides	Mailing-Listen	k.A.	beides
ASP-Lösung	Ja	ASP-Modell für Newsletter-Versand	ASP-Lösung mit Service	ASP-Lösung mit Service	Optional	ja	k.A.	ja
Weitere Angebote	HTML-Design, Aufbau und Betrieb der Kundenprofil-Datenbanken, Ad-ressbereinigung	E-Mail-Werbung, E-Mail-Newsletter-Vermarktung	Newsletter & Promotions, SMS-mobil, Marketing Viral List rental, Streaming Audio Video	Werkzeug für E-Mail- und Permission Marketing	Rückkaufbearbeitung, Datenbankanbindung, SMS-Versand, Qualitätskontrolle	Personifizierungs-funktionen, Volltextarchiv, Failsafe Unsubscribing, Spam-Schutz	Consulting und Hilfe bei der Implemen-tierung, Workshops, Strate-gie-entwicklung	Consulting, Redaktion, Content, Anzeigenver-marktung, Design, Adress-management, Response Center

Abb. 52 E-Mail-Marketing-Anbieter auf einen Blick[246]

[246] In Anlehnung an http://www.emar.de/

Zusammenfas-
sung   Wie aus den vorstehenden Ausführungen ersichtlich wird, beginnt eine E-Mail-Marketing-Kampagne zunächst mit dem Definieren von Zielen, die hierdurch erreicht werden sollen. Im nächsten Schritt geht es darum, die entsprechenden Richtlinien zu beachten, um nicht durch die Verärgerung von potentiellen Adressaten unnötigerweise den Erfolg der ganzen Aktion zu gefährden. Anschließend sollte die Definition der relevanten Zielgruppe, die durch die Marketing-Maßnahme angesprochen werden soll, sowie die Festlegung des entsprechenden Medienmixes erfolgen. Eng damit zusammen hängt dann die Entscheidung, ob mit der E-Marketing-Kampagne nur bestehende Kunden oder auch neue Interessenten angesprochen werden sollen. In diesem Zusammenhang ist zu klären, ob hierbei eigene Adressen und/oder Fremdadressen verwendet werden sollen. Danach erfolgt die Auswahl der erfolgsversprechendsten E-Marketing-Formen. Im letzten Schritt geht es dann um das Erstellen der Kampagne und deren zielgruppenadäquate Personalisierung. Als Resultat einer solchen Vorgehensweise sollte eine Win-Win-Situation entstehen: Die Kunden lassen sich gezielt adressieren und erhalten nur E-Mails oder Newsletter mit Inhalten, die sie auch interessieren.

Virus-Marketing

Die Eigenschaften des Internets kombiniert mit dem menschlichen Bedürfnis nach Kommunikation, ergeben unter der Nutzung von verschiedensten Instrumentarien der Online-Kommunikation das Virus-Marketing.

Die folgenden Praxisbeiträge erläutern die Vorgehensweise des Virus-Marketings und bringen dem Leser dessen Instrumente näher. Es werden in diesem Kapitel sowohl positive als auch negative Auswirkungen dieser Marketingstrategie erläutert. In diesem Zusammenhang wird ein spezielles Instrument hervorgehoben: Das von Amazon.com entwickelte Partnerprogramm. Dieser Beitrag aus der Praxis gibt zunächst einen Überblick über die möglichen Formen dieses Partnerprogramms und weist im Anschluss auf die Mehrwerte hin, von denen die beteiligten Parteien profitieren können.

Wie bereits in den vorherigen Kapiteln ausgiebig erläutert, gewinnt auch bei dieser Strategie der crossmediale Ansatz immer mehr an Bedeutung. Während anfänglich das Virus-Marketing sich nur auf das Medium Internet beschränkt hat, finden derzeit immer größere Anstrengungen statt, die On- und Offline-Welt miteinander zu verknüpften, um so einen ganzeinheitlichen Ansatz zu finden. So empfiehlt es sich z.B. durch das Cross-Media-Marketing, der Ausbreitung des Virus eine ausreichende Anfangsgeschwindigkeit zu geben.

Auf welche Weise ein Marketer nun die positiven Eigenschaften eines Virus für sich nutzen kann, lesen Sie im Folgenden.

6.1   Virus-Marketing im E-Commerce – von den Erfolgreichen lernen

Von Bernd Frey

Erzählen Sie es keinem weiter!!

Eine erfolgreiche e-Commerce-Site betreiben und das in Zeiten knapper Werbebudgets. Im ersten Moment eine scheinbar unlösbare Aufgabe für den Betreiber einer Web-Site. Virus-Marketing kann Ihnen helfen, ihr Werbebudget in Grenzen zu halten und trotzdem erfolgreich Ihre Site bekannt zu machen.

„Beziehungsmarketing", „Flüster-Propaganda" „Mund zu Mund Propaganda" oder aber „Bedürfnisgenerierung" sind Begrifflichkeiten aus dem klassischen Marketing. Virus-Marketing ist keine neue Erfindung sondern die Transformation bekannter Marketing Techniken auf ein neues Medium, das Internet. Der Begriff Virus-Marketing (Viral-Marketing; V-Marketing) war bereits 1998 das Buzzword der amerikanischen Internetgemeinde, als sich die Bekanntheit einiger Software-Programme und Websites virusartig verbreitete und erhöhte. Eine Auseinandersetzung mit dem Phänomen fand bis heute in der deutschen Marketingliteratur weder online noch offline kaum statt.

Definition   Man definiert einen Virus als besonders kleinen Krankheitserreger, der sich mit Hilfe von Wirtszellen vermehrt. Hierbei kann die Wirtszelle zur ungehemmten Teilung angeregt werden, oder aber das Erbmaterial des Virus wird in das Erbmaterial der Zelle eingebaut und bei Teilung weitervererbt. Eine sofortige krankhafte Wirkung tritt nicht immer auf.

Virus-Marketing beschreibt Strategien, die es Einzelpersonen erlaubt, Marketing-Meldungen weit zu verbreiten. Ähnlich der Beschreibung eines Softwarevirus: „Es lebt im Geheimen, bis es sich so zahlreich vermehrt hat, dass es durch seine Verbreitung an Bedeutung gewinnt. Es benutzt Rechner und deren Betriebssystem, um sich zu vermehren. Im idealen Klima wächst es exponentiell, es vermehrt sich bis ins Unendliche." Virus-Marketing besitzt das Potential, eine Meldung exponentiell anwachsen zu lassen.

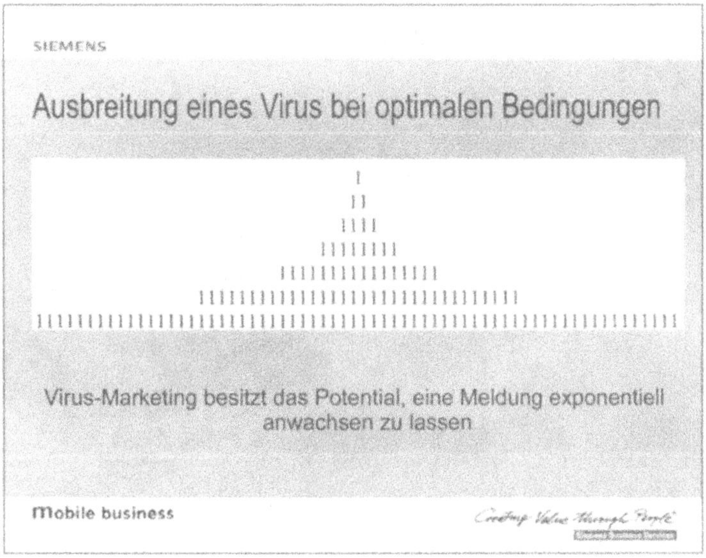

Abb. 53 Ausbreitung eines Virus

Im Gegensatz zum klassischen Marketing werden beim Virus-Marketing aber keine Massenbotschaften versandt, sondern Prozesse initiiert, durch die die Kommunikation der Kunden untereinander angeregt wird.

Was aber sind die Mechanismen und treibenden Faktoren, die diese virusartige Verbreitung einer Information ermöglichen:

Die von einem Website Betreiber für eine Zielgruppe zur Verfügung gestellten Inhalte lassen sich grob in drei Klassen einteilen:

Basis-Inhalte: Hierzu zählt alles, was vom Angebot einer Site standardmäßig erwartet und auch von den Mitbewerbern angeboten wird.

Inhalte mit Mehrwert: Zusätzliche Informationen oder Angebote, die das Angebot des Website-Betreibers erweitern. Üblicherweise Hintergrundinformationen zum Themengebiet. Diese Inhalte findet man nur bei einigen Mitbewerbern.

Inhalte mit Begeisterungsfaktor: Angebote mit Alleinstellungsmerkmalen. Hierbei handelt es sich um Inhalte, die die Bedürfnisse einer Zielgruppe ausgesprochen gut treffen und nur von einem Anbieter in dieser Qualität angeboten werden.

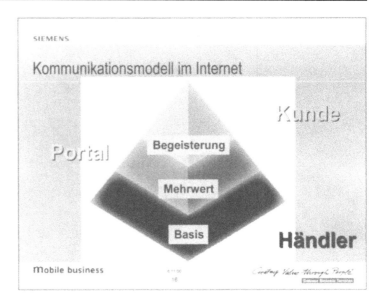

Abb. 54 Kommunikationsmodell im Internet

Schaffen Sie Begeisterungsfaktoren! Begeisterungsfaktoren sind ein wichtiger Vervielfachungsfaktor für ein Thema. In jedem Fall müssen Virus-Marketing-Aktionen sowohl dem Absender als auch dem Empfänger der Information einen gewissen Nutzen bieten. Niemand wird einen Bekannten mit einer nutzlosen Information behelligen wollen. Wenn Sie von etwas begeistert sind, so werden Sie es kommunizieren.

Derjenige, der den Tipp von Ihnen erhält erzählt es auch weiter und hiermit ist die Basis für eine virusartige Verbreitung geschaffen. Ein Trend wird geschaffen.

Cleveres Virus-Marketing nutzt das menschliche Bedürfnis vieler Menschen, sich mitzuteilen. Warum verbreitete sich das einfache Computer-Spiel „Moorhuhn" so rasend schnell. Es war einfach „In" und erfüllte viele der typischen Elemente einer Virus-Marketing Strategie:

Das Produkt gibt es kostenlos.

Das Spiel gibt es umsonst. Der Spieler sieht lediglich bei jedem Start des Spiels eine kurze Werbebotschaft einer bekannten Marke.

Die meisten Virus-Marketing-Programme bieten wertvolle Produkte oder Dienstleistungen an, um Aufmerksamkeit zu erreichen. Sie ermöglichen kostenlose E-Mail, kostenlose Information oder kostenlose Software, die zwar leistungsfähig ist, aber nicht dem vollen Umfang des Produktes ausnutzt oder aber, wie in diesem Fall werbefinanziert ist.

Das Produkt ist einfach zu vervielfältigen

Sie erhalten das Spiel als eine Datei, die sich bei einem Doppelklick einfach installiert und die Sie einfach per E-Mail an Freunde schicken können. Das Spielprinzip ist einfach. Sie müssen als Jäger Moorhühner schießen, möglichst viele in einer bestimmten Zeit. Dies kann man, ohne lange eine Bedienungsanleitung lesen zu müssen. Und das Spiel hat Charme, da die Moorhühner einen Charakter haben.

Für Ihre Marketing-Kampagne gilt: Das Medium, das Ihre Marketing-Meldung überträgt, muss leicht zu bedienen sein. Gestalten Sie Ihre Marketing-Botschaft möglichst einfach, sodass Sie einfach übertragen werden kann.

Die Verteilung des Produkts ist einfach zu skalieren.

Das Moorhuhn Spiel fand man zu Anfang zunächst als „illegale" Kopie auf einigen Universitäts-Servern. Webmaster sorgten aber dafür, dass es als Download bald auf allen attraktiven Downloadservern zur Verfügung gestellt wurde, sodass der folgende Ansturm nicht dazu führte, dass die Server zusammenbrachen.

Bauen Sie auch für Ihre Angebote ein skalierbares „Virenmodell" auf.

Das Produkt nutzt bestehende Kommunikationsnetze.

Das Moorhuhn wurde bekannt, weil das Spiel Thema im sozialen Netzwerk von Interessensgruppen wurde. Der persönlich erreichte Highscore im Spiel wurde eine Messmarke und somit Kommunikationsfaktor.

Jede Person besitzt ein soziales Umfeld von 8 bis 12 Personen allein im Bereich von Familien und Freunden. Zusätzliche soziale Netzwerke entstehen durch Beruf, Hobby und auch im Internet. Das weitere Umfeld einer Person kann daher aus Hunderten von Menschen bestehen.

Lernen Sie möglichst schnell, Ihre Informationen in vorhandene Kommunikationsstrukturen einzubinden und sie dadurch zu vervielfältigen.

Das Produkt profitiert von fremden Ressourcen.

Berichte über das Moorhuhn fand man in Hunderten von Publikationen oder Websites. Andere sorgten für Verbreitung der Marketing-Botschaft.

Sorgen Sie dafür, dass andere über Ihr Produkt berichten. Sorgen Sie dafür, dass Ihre Texte und Grafiken mit anderen Websites einfach zu verknüpfen sind.

Aufgrund der Funktionsmuster wird Virus-Marketing vor allen Dingen in Branchen mit einem breit gefächerten, kommunikativen und internetbegeisterten Publikum eine höhere Wirksamkeit erzielen. Das heißt aber auch, dass insbesondere der B2C-Bereich geeignet ist. Im B2B-Bereich wird die Zielgruppe, innerhalb deren die Botschaft kommuniziert wird, kleinern sein. Es kann nicht mit einer vergleichbaren weitreichenden Verbreitung gerechnet werden.

Virus-Marketing in der Praxis: Wie aber können Sie die beschriebenen Techniken für Ihre Website einsetzen? Im Folgenden ein paar praktische Tipps für die direkte Umsetzung:

- Sorgen Sie für Links, die auf Ihre Seite verweisen.

- Verfassen Sie z.B. Artikel, die Sie zur kostenlosen Veröffentlichung und Weiterverteilung anbieten.

- Starten Sie ein Partnerprogramm, das zu einer Verlinkung auf Ihre Produkte ermutigt.

- Verschicken Sie Mitteilungen, in denen Sie auf die kostenlosen Angebote Ihrer Website verweisen.

- Regen Sie die Mund-zu-Mund-Propaganda an.

- Richten Sie eine „Diese Website weiterempfehlen" – Funktion ein.

- Erleichtern Sie es, Texte Ihrer Website Freunden zu mailen.

- Ermutigen Sie Ihre Abonnenten dazu, Ihren Newsletter an Freunde weiterzuschicken.

- Bieten Sie brauchbare Produkte und Dienstleistungen an, die Ihre Werbebotschaften weit verbreiten.

- Schaffen Sie individuelle Produkte („nur wo Heinz draufsteht, ist auch Heinz drin")

Ein Beispiel, dass viele der aufgeführten Methoden einsetzt, ist das Kinderportal http://www.kidstation.de. Kidstation richtet sich an Kinder im Alter von 7-13 Jahren in zwei unterschiedlichen Navigationsbereichen, die auf die jeweilige Altersgruppe abgestimmt sind.

Als Weihnachtsaktion wurde eine „Adventskalender-Verschenk-Aktion" gestartet.

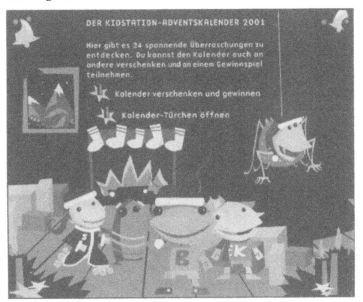

Abb. 55 Adventskalender-Verschenk-Aktion

Die Kinder können zunächst ihren eigenen Kalender jeden Tag ein Türchen mit einer Überraschung öffnen. Dies führt mit einer hohen Wahrscheinlichkeit zu täglichen Besuchen. Der Kalender konnte aber auch an Freunde verschenkt werden. Als Anreiz hierzu lockte die Teilnahme an einer Verlosung mit interessanten Preisen.

Abb. 56 Kidstation-Adventskalender

So wurde das Interesse von Schulfreundinnen und –freunden auf das Kinderportal gelenkt und neue Fans gewonnen, die auch wieder ihrerseits neue Kalender verschenken konnten.

Eine weitere interessante Komponente in diesem Portal ist der K-Munikator. Es handelt sich hierbei um eine kindgerechte Version eines Messengers. Bekannt sind ICQ, AOL bzw. Microsoft-Messenger. Ein Messenger stellt fest, ob Freunde auch online sind, die in einem persönlichen Adressbuch eingetragen sind. Ist das der Fall, wird dies durch den K-Munikator angezeigt und ich kann, wie in einem Chat, Nachrichten mit meinen Freunden austauschen.

Um aber sehen zu können, ob die Freunde online sind, müssen diese natürlich auch bei dem System angemeldet sein. So entwickelt sich die Nutzerliste wie bei einem Schneeballsystem weiter.

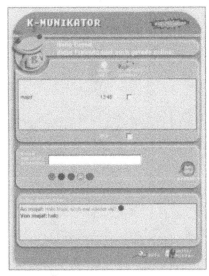

Abb. 57 Der K-Munikator

Nachteile des Virusmarketing: Der Einsatz von Virus-Marketing-Mechanismen ist eine Gradwanderung. Auch hier bewirkt ein „Zuviel" eher zu negativen Auswirkungen.

In der letzten Zeit wurde Virus-Marketing immer populärer. Viele Anbieter motivieren jetzt Ihre Kunden, Empfehlungen weiterzuleiten. Damit tragen alle auch zum Anwachsen der schon vorhandenen E-Mail-Flut bei. Gerade wenn die Virus-Marketing-Absichten des Urhebers zu offensichtlich sind, kann dies auch in ein negatives Image umschlagen.

Nach einer Studie des Verbandes der deutschen Internetwirtschaft, eco Electronic Commerce Forum e.V., fühlen sich 93 Prozent der Verbraucher durch elektronisch übermittelte Werbung belästigt. Der Studie zufolge werfen 77 Prozent digitale Werbesendungen ungeöffnet in den elektronischen Papierkorb. 16 Prozent lesen die Werbebotschaften mit Verärgerung. Die Absender der unerwünscht zugesandten Werbungen werden von mehr als 85 Prozent der Verbraucher als „unangenehm" empfunden. Hier sind ständig neue Ideen und Formen des Virus-Marketings gefragt, damit die Attraktivität nicht verloren geht.

Abb. 58 Viral Markeingkomponente „Noogees™"

Der vorher genannte Verband rät der deutschen Internetwirtschaft den Wechsel zum Erlaubnismarketing (Permission-Marketing). Hierbei erhält der Verbraucher nur Werbung, die er selbst anfordert. Typische Beispiele sind themenspezifische Newsletter, witzige Cartoons und aktuelle Infomails, die im kostenlosen Abonnement angeboten werden. Umfragen zufolge stehen etwa 79 Prozent der Verbraucher den von Ihnen selbst gewünschten E-Mails und Faxen positiv gegenüber.

Dass manchmal auch die Grenzen im klassischen „offline" Virus- oder Guerilla-Marketing überschritten werden, zeigt der folgende Fall:

Ein großes internationales IT-Technologie-Unternehmen startete im April 2001 eine millionenschwere Werbekampagne für Linux. Nach einer Nacht- und Nebelaktion zierten die Straßen von San Francisco lauter Graffiti. Überall prangten Pinguine, Herzen und Friedenszeichen. Viele Menschen hat die Werbeaktion belustigt und dadurch wohl auch ihren Zweck erfüllt, doch für die Stadtväter handelte es sich bei den Logos lediglich um profane Sachbeschädigung. Die Marketingexperten des Initiators waren irrtümlicherweise davon ausgegangen, dass die verwendete Farbe abwaschbar sei. Auch nach Monaten waren die Zeichen jedoch noch zu sehen. Das Unternehmen musste die Reinigungskosten in Höhe von 23.000 EURO übernehmen und zusätzlich eine Geldstrafe von 114.000 EURO zahlen.

6.2   **Die Bedeutung von Partnerprogrammen im Online-Buchhandel – das Beispiel amazon.de**

Von Christian Dyck

Das Amazon.de Partnerprogramm ist ein Marketinginstrument, welches zur Geschäftsentwicklung von Amazon.de beiträgt. Es wurde am 27. April 1999 gestartet und beruht auf dem Vorbild des Amazon.com Associates Programm, welches bereits seit Juli 1996 existiert. Amazon.com hat das Konzept des Partnerprogramms entwickelt und sich dieses patentieren lassen.[247]

Das Konzept wurde von vielen Unternehmen übernommen. Derzeit gibt es eine große Zahl hauseigener Partnerprogramme[248] unterschiedlicher Websites sowie Dienstleister, die Abwicklung eines Partnerprogramms für Ihre Kunden übernehmen.

In diesem Aufsatz wird das Amazon.de Partnerprogramm vorgestellt und der Prozess von der Online-Anmeldung eines Partners bis hin zur Produktpräsentation auf der Partnerseite kurz beschrieben. Anschließend werden die Ziele sowie die Strategien des Amazon.de Partnerprogramms umrissen und die Motivation der Teilnehmer dargestellt. Folgend werden die Online-Instrumente erklärt, welche die Kommunikation mit dem Partner gewährleisten und so einen reibungslosen Ablauf des Programms sicherstellen. Vor einer abschließenden Zusammenfassung soll die Bedeutung der Website des Amazon.de Partnerprogramms (PartnerNet) als unmittelbare Kommunikationsplattform mit Partnen sowie mittelbare Kommunikationsplattform mit den Kunden beschrieben werden.

Wie funktioniert das Partnerprogramm? Das Amazon.de Partnerprogramm richtet sich in erster Ebene an Inhaber gewerblicher Websites. Diese werben mittels Hyperlink[249] für Amazon.de. Im Rahmen der Kooperation kann der Partner auf seiner Website einen Produktbereich einrichten und

---

[247] Am 22. Februar 2000 wurde Amazon.com in den USA das Patent # 6,029,141 zuerkannt. Das Patent wurde am 27. Juni 1997 beantragt. Es bezieht sich auf Partnerwerbung über Hyperlinks in Form des Amazon.com Associates Program. Amazon.com übt das Patent derzeit nicht aus.

[248] Oft werden für diese Kooperationsform die Begriffe „Associates Program" oder „Affiliate Program" benutzt.

[249] Hyperlink - im Folgenden „Link" genannt

seinen Besuchern ausgesuchte Artikel zum Kauf anbieten. Der Partner kann auch auf die Darstellung einzelner Produkte verzichten und sich auf Werbung in Form eines Amazon.de Logos oder Banners beschränken. Mittels Link wird der Besucher zu Amazon.de geleitet und kann hier dann einkaufen. Es ist vorrangiges Ziel des Partnerprogramms, den Teilnehmern einen bestmöglichen Service zu bieten und die Attraktivität des Programms zu steigern.

In zweiter Ebene richtet sich das Programm an den Kunden selber. Die unmittelbare Kommunikation mit dem Kunden wird weitgehend dem Partner überlassen, der seine Website eigenständig gestaltet und dadurch selber entscheidet, in welcher Form und in welchem Umfang er für Amazon.de wirbt.

Da der Partner für die Gestaltung dieses Bereiches seiner Website auf bestimmte Instrumente zugreift, wie zum Beispiel Grafiken, Logos, Rezensionen (relevanter Inhalt) und Linkformat (Technik), die ihm von Amazon.de vorgeschlagen werden, hat Amazon.de mittelbaren Einfluss auf die Kommunikation zwischen dem Partner und den Besuchern seiner Website.

Unternehmen, die sich zur Teilnahme am Amazon.de Partnerprogramm entschließen, finden unter http://www.amazon.de/partner eine Beschreibung wesentlicher Vorzüge des Programms. Diese werden im Folgenden detailliert dargestellt. Mittels einer Online- Anmeldung übergibt der neue Partner alle notwendigen Informationen direkt in eine Datenbank. Unmittelbar danach kann sich dieser zu einem geschlossenen Bereich (PartnerNet) einwählen. Er kann nun Produkte auf der eigenen Website darzustellen und mittels Link mit der Amazon.de Website verknüpfen. Auf diese Weise erscheinen zielgruppenspezifische Produktempfehlungen bereits auf seiner Website. Wenn ein Besucher nun ein Produkt anklickt, gelangt dieser zu Amazon.de und kann hier eine Bestellung aufgeben.

Wie bereits erwähnt, hat der Partner bei der Gestaltung eines Produktbereiches freie Hand. Der Teilnehmer entscheidet selber, in welcher Form und in welchem Umfang er Produkte darstellen und Links zu Amazon.de installieren möchte. Beispielhaft seien hier die drei häufigste Varianten genannt:

a) Der Partner richtet einen „Shop" ein. In diesem Shopping-Bereich werden gut gegliedert zielgruppenspezifische Produkte dargestellt, welche mittels Link mit jener

Amazon.de-Seite verknüpft sind, auf welcher das spezifische Produkt gekauft werden kann.

b) Artikel werden aus dem redaktionellen Zusammenhang heraus dargestellt und ebenfalls mit dem spezifischen Produkt bei Amazon.de verknüpft.

c) Der Partner bewirbt die Amazon.de Website mit Bannern oder anderen Grafiken und installiert einen Link zur Homepage oder auf beliebige Seiten innerhalb der Amazon.de Website.

Amazon.de bietet dem Partner zur Bereicherung seines Website-Inhalts die Verwendung von Amazon.de –Rezensionen an sowie bis zu 100 Coverscans, die der Partner direkt von der Amazon.de-Website kopieren und nach belieben verwenden und austauschen kann. Eine große Auswahl an produktspezifischen und allgemeinen Buttons, Bannern, Illustrationen und Logos stehen dem Partner zur freien Verfügung. Auch kann der Partner direkt auf Bestseller-Listen oder andere Seiten bei Amazon.de verweisen. Dem Partner steht der HTML-Code für ein Suchfeld zur Verfügung, sodass ein Besucher bereits auf der Partner - Website den Amazon.de-Katalog gezielt durchsuchen kann. Auch Links, die zu einem vom Partner definierten Suchergebnis führen, sind möglich (Programmierter Suchergebnis-Link). Es steht dem Partner frei, alle gebotenen Möglichkeiten auszuschöpfen oder sich auf bestimmte, zum Beispiel der Verwendung eines Amazon.de - Banners, zu beschränken. Jeder Partner weist auf seine Kooperation mit Amazon.de hin, indem er das Amazon.de Logo in seine Seite integriert.

Beispiel: Eine Online-Direktbank entschließt sich zur Teilnahme am Partnerprogramm. Man integriert einen Buchbereich mit individuell ausgesuchten Büchern zu den Themen Aktien, Day Trading, Investment Fonds, Börsenpsychologie, etc. Bei dem Klick auf eine Produktabbildung oder den daneben befindlichen „Bestellen"-Button gelangt man zu dem entsprechenden Buch im Amazon.de-Katalog (Einzeltitel-Link). Darüber hinaus werden Links zu umfangreichen Amazon.de-Buchlisten zu diesen Themen integriert (Redirect-Link). Dem Besucher steht ein Suchfeld zur Verfügung (Suchfeld-Link). Ein weiterer Link führt den Besucher zu einer speziellen Amazon.de-Seite, wo weitere Unterkategorien des Bereichs „Börse und Finanzen" durchstöbert werden können. Ein Amazon.de-Logo weist die Website als Kooperationspartner aus. Die Online-Direktbank hat den Buchbereich mit allen Links zu Amazon.de unter „Community" im Bereich „Marketplace" untergebracht.

Alle Links zu Amazon.de beinhalten eine individuelle Partnerkennung (Partner-ID), so dass Klicks und Käufe gemessen werden können. Wenn ein Besucher über einen Partner-Link zu Amazon.de gelangt und während seines Aufenthalts bei Amazon.de einen Artikel kauft, erhält der Partner eine Werbekostenerstattung[250] von bis zu 15% des Netto-Preises eines jeden Artikels.

Im PartnerNet wählt der Partner per Mausklick die von ihm gewünschten Linkformate aus. Die Website erstellt ihm daraufhin die spezifischen HTML-Codes. Diese fügt der Partner in den Quellcode seiner Website ein, damit der gewünschte Link erscheint. Geringe HTML-Kenntnisse reichen aus, um am Partnerprogramm teilzunehmen.

Amazon.de gibt in Form verschiedener Berichte und Statistiken Auskunft über Klicks und Käufe, die über die Links des Partners generiert werden. So kann der Partner seine Links zu Amazon.de laufend evaluieren. Nach Ablauf eines jeden Kalenderquartals zahlt Amazon.de mittels Gutschrift die generierte Werbekostenerstattung aus.

Den Teilnehmern wird ein Online-Newsletter mit Marketing-Tipps, speziellen Produktempfehlungen und Vorschläge zur Verbesserung von Klickraten und Käufen sowie einen umfangreichen Frage- und Antwort-Katalog (FAQ) geboten. Bei Fragen können sich Partner per Telefon oder E-Mail an ein Serviceteam wenden und mit Mitarbeitern von Amazon.de direkt sprechen.

Unternehmensziele Wie eingangs erwähnt, ist das Amazon.de Partnerprogramm ein Marketing-Instrument, welches zur Geschäftsentwicklung von Amazon.de beiträgt. Im Folgenden wird die Bedeutung des Programms anhand der Unternehmensziele dargestellt.

Das Amazon.de Partnerprogramm spricht Altkunden an, die mit dem Serviceangebot bereits vertraut sind und aufgrund ihrer Erfahrung schneller zu einer weiteren Bestellung neigen, wenn sie

---

[250] Werbekostenerstattung - Der Teilnehmer am Amazon.de Partnerprogramm ist ein Werbepartner, der die Amazon.de-Website und die dort verfügbaren Produkte mittels Links auf seiner Website bewirbt. Die Vergütung, die der Partner für jeden Kauf über seine Links erhält, heißt daher Werbekostenerstattung.

auf anderen Websites auf relevante Amazon.de-Produkte stoßen. Sie werden an die Marke gebunden.

Darüber hinaus dient das Programm der Akquise von Neukunden, welche durch die Produktpräsentation auf der Partner-Website erstmals zu einem Kauf angeregt werden.

Partner-Websites haben eine große Bandbreite an Themen und Erscheinungsformen. Amazon.de profitiert von deren Bandbreite, da so unterschiedlichste Käuferschichten erreicht werden; selbst jene, die vielleicht niemals unvermittelt zu Amazon.de gekommen wären. Sehr spezifische Interessengruppen (z.B. Fliegenfischer) sind so erreichbar.

Das Partnerprogramm ist ein Instrument der Online-Werbung, mit welchem der Bekanntheitsgrad der Marke bei Internet-Usern gesteigert wird. Da alle Amazon.de Partner ein Amazon.de-Logo in ihre Website integrieren, wird die Marke „Amazon.de" vielfältig verbreitet. Partner, die nicht mit ausgesuchten Produkten werben, da sich ihre Zielgruppe dafür nicht eng genug eingrenzen lässt, sprechen Ihre Besucher oftmals mit einem Amazon.de Banner an und verbreiten so ebenfalls die Marke.

Durch die Verbreitung der Produkte von Amazon.de über das Amazon.de Partnerprogramm wird das Verkaufsgeschäft von Amazon.de gefördert. Da viele Partner Produkte unterschiedlicher Kategorien anbieten, wird Cross-Selling betrieben.

Daneben steigt die Wahrnehmung der Marke und Produkte. Dies trägt zur mündlichen Weitergabe des Markennamens und der mit einem Kauf verbundenen Erfahrung durch den Besucher/Kunden bei.

Es wird deutlich, dass die oben geschilderten Ziele des Partnerprogramms zur allgemeinen Geschäftsentwicklung von Amazon.de beitragen. Amazon.de sieht im Partnerprogramm daher ein geeignetes Marketing-Instrument.

Art der Partner Websites

Wie soeben erwähnt, ist die Bandbreite der Partner-Website sehr groß. Teilnehmen können alle gewerblichen Websites. Ein Mindestumsatz wird nicht erwartet. Größe (Anzahl von PageImpressions) ist kein Kriterium für die Teilnahme. Dementsprechend nehmen Websites aller Größenordnungen teil; von sehr kleinen Websites mit außerordentlich spezifischen Interessengebieten bis sehr großen Websites wie Internet Portale, Online-Broker, Suchmaschinen oder auch Websites bekannter Zeitungen und Zeitschriften. Der Teilnehmerkreis spiegelt die Vielfältigkeit der gewerblichen, deutschen Websites im World Wide Web wider.

Gewaltdarstellung, sexuell eindeutige Inhalte, diskriminierende oder beleidigende oder verleumderische Aussagen oder diskriminierende Darstellungen hinsichtlich Rasse, Geschlecht, Religion, Nationalität, Behinderung, sexueller Neigung oder Alter dürfen auf einer Partner-Website nicht erscheinen. Anderenfalls wird die Website von der Teilnahme ausgeschlossen.

Dem Partner stehen für seine Produktpräsentation alle Artikel der Rubriken Bücher, Musik, Video, DVD, Software, Computer- und Videospiele sowie Elektronik & Foto zur Verfügung. Bücher gibt es zu jedem Thema und werden daher am häufigsten benutzt, um eine Website zu bereichern. Oft werden Produktpräsentationen unterschiedlicher Rubriken kombiniert angeboten: Bücher über Musik-Interpreten in Kombination mit entsprechenden CDs, Computerspiele mit Lösungsbüchern, Software mit Handbüchern zur Software, Videos mit Filmmusik und dem Buch zum Film. Es wird deutlich, dass unterschiedliche Produktgruppen für Partner relevant sind. Cross-Selling ist dadurch über das Partnerprogramm möglich.

Der Partner entscheidet selber, wie viel Arbeit er in die Pflege seiner Links investiert. Je größer das Unternehmen, desto häufiger werden die Links in der Regel überarbeitet. Unternehmen mit tagesaktuellen Themen aktualisieren Links zu Amazon.de sehr häufig und stellen überwiegend Neuerscheinungen und Bestseller dar. Produktangebote sind somit populär und für eine breite Zielgruppe geeignet. Im Gegensatz dazu aktualisieren Websites mit einer kleinen Zielgruppe ihre Produktpräsentation meist weniger häufig und ergänzen lediglich Neuerscheinungen zum Thema. Einige Websites beschränken sich darauf, nicht mehr lieferbare Titel aus der Produktpräsentationen zu entfernen, lassen ansonsten den Produktbereich unverändert. Je besser die Produktpräsentation gepflegt wird, desto besser ist ClickThrough [251] und Conversion[252] der Partner-Links.

---

[251] ClickThrough – Beispiel: Eine Website generiert 30.000 Aufrufe einer spezifischen Werbung in einem spezifischen Zeitraum und verzeichnet in dieser Zeit 500 Clicks auf dieses Werbeangebot. Der ClickThrough beträgt dann 1,66%

[252] Conversion – Ein Beispiel: 500 Besucher gelangen in einem spezifischen Zeitraum über einen bestimmten Link zu Amazon.de. Davon kaufen 25 Besucher

Der Stellenwert der Partnerprogramm-Links für den Partner ist unterschiedlich. Große Websites sehen den Vorteil der Teilnahme vor allem im kostenlos hinzugewonnen, relevanten Inhalt. Bei anderen Partnern ist die Werbekostenerstattung Hauptmotivation für die Teilnahme. Dementsprechend unterschiedlich ist die Prominenz der Links zu Amazon.de. Bei manchen Partnern befinden sich die Links zu Amazon.de mehr als zwei Klicks von der Startseite entfernt, während andere bereits direkt auf der Startseite auf Amazon.de verweisen oder ihren Produktbereich erwähnen. Der Erfolg der Links zu Amazon.de kann durch die Anzahl der PageImpressions gesteuert werden, die im eigentlichen Produktbereich des Partners generiert werden. Je mehr PageImpressions der Produktbereich aufweist, desto besser ist der ClickThrough. In der Regel hat eine Startseite die größte Anzahl von PageImpressions.

Unternehmens-strategie

Alle oben genannten Unternehmensziele des Amazon.de Partnerprogramms werden vor allem aufgrund einer großen Bandbreite und Masse der am Partnerprogramm teilnehmenden Websites generiert. Daher steht das Partnerprogramm allen gewerblichen Websites offen.[253] Durch die Verbreitung der bei Amazon.de erhältlichen Produkte sowie der Marke auf möglichst vielen Websites gelingt es, Internet-Benutzer auf jenen Websites anzusprechen, die dieser aufgrund seines spezifischen Interesses am Inhalt eben diese Seite aufsucht. Das Erreichen verschiedener Interessengruppen unterschiedlicher Größe ist so möglich.

Um die zur Erreichung der gesetzten Ziele notwendige Masse der Teilnehmer zu erlangen und gleichzeitig sowohl kleine als auch große Websites (Bandbreite) anzusprechen, muss das Amazon.de Partnerprogramm einen monetäre und inhaltlichen Mehrwert bieten.

Die Integration eines eigenen Produktbereiches stellt für alle teilnehmenden Websites den wichtigsten Mehrwert dar. Dem Besucher eröffnet sich eine Kaufmöglichkeit, die nur einen einzigen Mausklick von der ursprünglichen Website entfernt ist. Da das eigentliche Kaufgeschäft zwischen dem Kunden und Amazon.de zustande kommt, ist die Partner-Website von allen damit zusammenhängenden Prozessen befreit. Amazon.de übernimmt die Bestellaufnahme, Abwicklung, Versand und Kundendienst. Die zur

---

einen Artikel ein. Die Conversion des Links beträgt in diesem Beispiel 5%.

[253] siehe die oben genannten Ausschlusskriterien.

Verfügung gestellten Produktabbildungen, Grafiken und Banner sowie vor allem auch die Amazon.de-Rezensionen stellen einen weiteren inhaltlichen Mehrwert für die Partner-Website dar. Da Amazon.de-Rezensionen von Redakteuren verfasst werden, die von der Amazon.de-Marketing-Abeilung unabhängig sind, wird dieser Mehrwert gerne angenommen. Die Partner-Website erhält die Rezensionen kostenlos und erspart sich so den Einkauf oder Produktion entsprechender Inhalte. Der Partner hat darüber hinaus die Möglichkeit, sich bei Amazon.de über Bestseller zu informieren oder im PartnerNet[254] auf dem Bereich „Newsletter" zuzugreifen. Hier werden tagesaktuelle Produkte vorgestellt. Eine eigene Produktrecherche erübrigt sich für ihn.

Ein monetärer Mehrwert für die Partner-Website ist die Werbekostenerstattung, die Amazon.de für jeden über einen Partnerlink generierten Einkauf zahlt.

Der Hinweis auf die Partnerschaft mit Amazon.de und damit verbunden die Verwendung des Amazon.de-Logos stellt vor allem für kleinere Websites einen beachtlichen Imagegewinn und somit einen realen Mehrwert dar. Als Marktführer im E-Commerce hat Amazon.de einen hervorragenden Ruf, der durch die Kooperation im Rahmen des Partnerprogramms auch auf die Partner-Website abstrahlt.

Diese Mehrwerte reichen allerdings nicht aus, um ein Unternehmen für das Programm zu gewinnen. Eine Kooperation im Rahmen des Partnerprogramms ist für den Partner nur dann interessant, wenn dadurch seine eigenen Unternehmensziele nicht beeinträchtigt werden. Amazon.de hat das Partnerprogramm daher sehr frei gestaltet und verzichtet auf wesentliche Einschränkungen oder Bedingungen wie zum Beispiel Exklusivität. Darüber hinaus nimmt Amazon.de keinen Einfluss auf die Gestaltung eines Produktbereiches auf der Partner-Website. Der Partner kann seine gesamte Website einschließlich seiner Produktpräsentation im eigenen „Look and Feel" gestalten. So ist eine individuelle Lösung für jede Website realisierbar. Die Offenheit des Partnerprogramms ermöglicht es dem Partner, stets seine eigene Zielgruppe im Auge zu behalten. Es steht ihm frei, ausschließlich jene Produkte zu bewerben, die seiner Zielgruppe entsprechen. Der Partner büßt seine Individualität nicht ein und braucht keine

---

[254] PartnerNet – siehe unten

Kompromisse zu schließen. Zusätzlich zu den oben geschilderten Mehrwerten, ist diese Freiheit ein entscheidendes Teilnahmekriterium für viele Partner.

Wichtig für die Erreichung der Unternehmensziele des Partnerprogramms ist darüber hinaus die Online-Plattform „PartnerNet". Da hier die unmittelbare Kommunikation mit dem Partner stattfindet -und dadurch mittelbar der Kunde erreicht wird- soll auf das PartnerNet und die hier zur Verfügung stehenden Online-Instrument später detailliert eingegangen werden. Es sei jedoch an dieser Stelle schon bemerkt, dass für die Erreichung der gesetzten Ziele eine komfortable Gestaltung der Website wichtig ist. Je einfacher die Teilnahme am Partnerprogramm ist, desto größer ist der Mehrwert für den Partner, da er mit wenig Aufwand und Kosten seine Website mit relevanten Inhalten bereichern kann. Daher werden im PartnerNet alle Möglichkeiten übersichtlich und verständlich kommuniziert; Links zu Amazon.de sind einfach und schnell zu implementieren und zu pflegen, und ein umfangreiches Reporting ermöglicht dem Partner die laufende Evaluation seiner Links.

Die Strategie des Amazon.de Partnerprogramms besteht darin, auf die Bedürfnisse und die Motivation der Partner so weit wie möglich einzugehen. Nur wenn gewährleistet ist, dass das Amazon.de Partnerprogramm für möglichst viele Website interessant ist, kann das nötige Volumen erreicht werden, um die oben formulierten Ziele zu erreichen.[255]

Motivation der Teilnehmer

Die Hauptmotivation des Partners ist darin zu sehen, den oben geschilderten Mehrwert über die Teilnahme am Partnerprogramm zu generieren. Nur sehr wenige Websites verzichten beispielsweise auf die Implementation zielgruppenspezifischer Produkte und installieren ausschließlich Werbebanner. Die Mehrzahl der Partner-Websites nutzen die Möglichkeiten im Rahmen des Programms, um:

a) einen bereits vorhandenen Inhalt der Website durch Produktpräsentationen und Rezensionen zu erweitern oder um

---

[255] Der Begriff „Volumen" bezeichnet hier nicht nur eine möglichst große Menge an Partnern sondern, damit einhergehend, die Anzahl von Ad-Views (Abruf einer Seite, auf welcher sich ein Link zu Amazon.de befindet), die im Rahmen des Partnerprogramms generiert werden.

b) einen neuen Bereich mit relevanten Inhalten aufzubauen. In beiden Fällen werden in der Regel zielgruppenspezifische Produkte dargestellt werden. Die Website wird dadurch für den Besucher interessanter. Dieser kehrt häufiger zur Partner-Website zurück, um Neuigkeiten zum Thema zu erfahren und sich über neue Angebote aus seinem Interessengebiet zu informieren.

Der Partner sieht in der freien Wahl der Produkte und vor allem im breit gefächerten Sortiment von Amazon.de einen Vorteil. Da das Produktangebot neben Büchern, CDs, Videos, DVDs, Software, Computer und Videospiele sogar Artikel aus dem Bereich Foto- und Elektronik umfasst, kann der Partner auf eine große Produktpalette zugreifen oder sich wahlweise auf eine bestimmte Produktkategorie oder auch auf einzelne Produkte beschränken.

Aufgrund dessen erübrigt es sich, weitere Anbieter neben Amazon.de in die Website zu integrieren. Das erleichtert nicht nur die Kommunikation mit dem Besucher, sondern auch die Pflege des Produktbereiches sowie seine Evaluation. Durch die zur Verfügung stehende Produktvielfalt können andere Shopping-Plattformen ihr eigenes Angebot im Rahmen des Partnerprogramms ergänzen.

Wie bereits erwähnt, legt nicht jeder Partner Wert auf die große Auswahl. Um das Bild abzurunden, seien auch andere Beispiele genannt. So nutzen Autoren die Möglichkeit, ihr eigenes Buch auf ihrer Website darzustellen und den Kauf bei Amazon.de zu ermöglichen. Sie verzichten in der Regel auf die Darstellung weiterer Artikel. Plattenlabels oder Verlage können Ihre Produkte auf der eigene Website anbieten, ohne sich mit der aufwendigen Verkaufsabwicklung befassen zu müssen. Sie beschränken sich auf die Präsentation von Artikeln aus eigener Produktion. Für viele Websites ist es nicht rentabel, einen eigenen Warenkorb einzurichten und Verkauf und Versand selber zu übernehmen. Für diese Unternehmen stellt das Amazon.de Partnerprogramm eine wichtige Ergänzung zum Konzept Ihrer Website dar.

Jeder Teilnehmer kann auf eben jene Produkte, Produktlinien oder Marken zugreifen, die seinem Konzept entsprechen. Diese Flexibilität wird oft als ein wichtiger Faktor für die Teilnahme gesehen.

Dies gilt auch für die gewünschte Kooperationsdauer. Einige Partner wünschen sich eine zeitlich befristete Kooperation, da ein bestimmtes Produkt während einer bestimmten Werbeaktion auf einer Website dargestellt werden soll, welche im Anschluss an die Aktion eingestellt wird. Auch diese kurzfristigen Modelle sind im Rahmen des Partnerprogramms zu verwirklichen, da die Teilnahme schnell und unkompliziert begonnen und ebenso schnell mittels eines formlosen Kündigungsschreibens per Brief oder E-Mail beendet werden kann.[256] Natürlich sieht aber die überwiegende Anzahl der Partner den Vorteil darin, dass Amazon.de als Veteran des E-Commerce sich für eine solide und langfristige Kooperation eignet.

Ein entscheidender Faktor für die Wahl von Amazon.de als Kooperationspartner ist die Kundenzufriedenheit, um die sich Amazon.de bemüht. Die Bestellabgabe ist einfach, die Lieferung erfolgt schnell und reibungslos und Kundendienstmitarbeiter stehen für Fragen sowohl telefonisch als auch per E-Mail zur Verfügung. Bei einer Bestellung bei Amazon.de sind keine Komplikationen zu erwarten. Diese Serviceleistungen werfen auch ein gutes Licht auf den Partner.

Gewinne durch die Akkumulation von Werbekostenerstattung sind darüber hinaus ein weiterer Motivationsfaktor. In der Regel erhält der Partner eine Werbekostenerstattung von 5% des Netto-Produktpreises für alle unmittelbar über sein Links verkauften Artikel. Da die Werbekostenerstattung bei der Verwendung eines Einzeltitel-Links, der den Besucher direkt zu einem bestimmten Buch führt, sogar 15 Prozent betragen kann, ist ein interessanter monetärer Reiz gegeben, am Amazon.de Partnerprogramm teilzunehmen. Je mehr Verkäufe über die Links eines Partners zustande kommen, desto höher sind auch seine finanziellen Gewinne. Eine maximale Auszahlungsgrenze gibt es nicht. Manche Partner konzentrieren sich daher auf das Angebot von Produkten und verzichten dafür auf andere Inhalte. Für einige Partner ist die Teilnahme am Amazon.de Partnerprogramm der einzige Grund für das Betreiben ihrer Website.

Übersichtliche Berichte und Statistiken, ein verlässliches und nachvollziehbares Verfolgen der Link-Aktivitäten sowie Betreuung der Partner von Mitarbeitern des Amazon.de Partnerteams werden darüber hinaus als Gründe für die Entscheidung genannt, am Amazon.de Partnerprogramm teilzunehmen.

---

[256] Die Kündigungsfrist beträgt lediglich 7 Tage.

Online-
Instrumente

Das gesamte Partnerprogramm wird online abgewickelt. Aus diesem Grund ist die Gestaltung der Partnerprogramm-Website und der zur Verfügung stehenden Instrumente sehr wichtig.

Besucher der Amazon.de Website werden bereits auf der Startseite auf das Amazon.de Partnerprogramm hingewiesen. Eine spezielle Partnerprogramm- Informationsseite gibt dem interessierten Besucher Auskunft über die Vorzüge und Möglichkeiten. Auszugsweise werden einzelne Bereiche des PartnerNet vorgestellt. Screenshots geben dem Besucher einen ersten Eindruck der ihm zur Verfügung stehenden Hilfsmittel. Außerdem wird auf die umfangreiche Produktauswahl, kostenlosen Teilnahme, kompetente Starthilfe, individuelle Linkformate, Werbekostenerstattung, Berichte und Statistiken sowie Marketing-Tipps hingewiesen.

Nach dem Bestätigen der Teilnahmebedingungen und dem Ausfüllen und Absenden eines Anmeldeformulars hat der Besucher nun Zugang zum PartnerNet. Die Anmeldung wird von Amazon.de überprüft und in der Regel per E-Mail bestätigt. Das Anmeldeformular kann über einen Link erreicht werden, der sich oben links auf jeder Partnerprogramm-Informationsseite befindet. Hier ist auch der Link zum PartnerNet, zu welchem sich Partner rund um die Uhr mittels E-Mail-Adresse und Passwort einwählen können. Beide Links werden auffällig kommuniziert und sind leicht zu finden.

Nach dem Einwählen in das PartnerNet über eine sichere HTML-Verbindung, gelangt der Partner auf eine Begrüßungsseite und kann auf die im Folgenden dargestellten Bereiche zugreifen.

Newsletter und Produktempfehlungen: Hier findet der Partner Hinweise über neue Bereiche im Amazon.de-Katalog, wie zum Beispiel dem „Harry-Potter-Shop" oder der Amazon.de „Fitnesswelt" und weiteren Marketing-Tipps, die regelmäßig erneuert werden. Per Mausklick steht ein HTML-Code zur Verfügung, mit welchem der Partner einen entsprechenden Link installieren kann. Amazon.de wählt regelmäßig einen Partner des Monats aus. Dieser wird hier ebenfalls dargestellt. Seine Website ist über einen Link erreichbar. Der Partner des Monats hat in der Regel die ihm zur Verfügung stehenden Möglichkeiten beispielhaft umgesetzt. Alle empfohlenen Produktvorschläge sind nach Rubriken untergliedert und kommen aus den Amazon.de Redaktionen.

Link-Generator: Der Partner bewirbt Amazon.de mittels HTML-Links. Nicht jeder Partner verfügt über umfangreiche Programmierkenntnisse. Da ein bestimmtes Link-Format eingehalten werden muss, damit die Aktivitäten des Partner-Links verfolgt werden können, erstellt eine Software dem Partner den gewünschten Link per Mausklick. Der Partner braucht lediglich den so generierten HTML-Code zu kopieren und in den Quelltext seiner Website einfügen, damit der Link auf seiner Seite erscheint.

Aufgrund von Erfahrungswerten werden dem Partner besonders gut konvertierende Linkformate speziell empfohlen, so zum Beispiel der Link zur Amazon.de Homepage, sowie das Amazon.de Suchfeld, welches in verschiedenen Varianten zur Verfügung steht. Darüber hinaus können Links zu den einzelnen Produkt-Homepages (Buch, Musik, Video etc.), Bestseller-Listen und einzelnen Produkten installiert werden. Weitere Links in den Amazon.de-Katalog sind ebenfalls möglich. Jeder HTML-Code enthält in der darin enthaltenen URL die spezifische Partner-ID, sodass keine Veränderung des Codes notwendig ist. Alle Grafiken kann der Partner mit dem Klick auf die rechte Maustaste kopieren und verwenden. Über den Bereich „Links auf beliebige Seiten" können alle nicht extra erwähnten Links zu Amazon.de generiert werden. Der Link-Generator garantiert für ein einfaches und schnelles Erstellen von HTML-Codes und nimmt dem Partner die Programmierleistung ab.

Durch diese Empfehlungen bestimmter Linkformate, wie zum Beispiel dem Link zur Homepage oder dem Amazon.de-Suchfeld wird bis zu einem gewissen Grad Einfluss darauf genommen, welche Links später auf der Seite des Partners erscheinen.

Berichte und Statistiken: Hier erhält der Partner einen Werbekostenerstattungen–Kurzbericht sowie einen Traffic–Kurzbericht über das laufende Quartal. Darüber hinaus stehen dem Partner sechs weitere Berichte zur Verfügung. Werbekostenerstattung lassen sich nach gekauften Produkten gliedern oder als Gesamtsumme darstellen. Traffic-Auswertungen lassen sich nach Datum, nach Produktbestellungen, nach Klicks auf Produkte oder auch nach Link-Art untergliedern. Alle Berichte stehen als Download zur Verfügung und sind für einen beliebigen Untersuchungszeitraum abzufragen.

Partnerdaten aktualisieren: Der Partner hat stets Zugriff auf alle Daten, die er bei seiner Anmeldung hinterlegt hat und kann diese selbst ändern. Dadurch wird sichergestellt, dass alle Partnerdaten stets aktuell sind. Sollte sich beispielsweise die Postanschrift,

E-Mail-Adresse, Kontonummer oder URL ändern, aktualisiert der Partner seinen Datensatz online. Die Kontaktaufnahme mit Amazon.de bleibt oder wird erspart. Darüber hinaus kann der Partner weiteren Personen Zugriff auf sein Partnerkonto einräumen.

Auszahlungsdaten: Amazon.de zahlt die Werbekostenerstattung an Partner mit Wohnsitz in Deutschland mittels Banküberweisung aus. Ausländische Partner erhalten einen Scheck zugestellt. Alternativ dazu kann die Werbekostenerstattung auch in Form eines Einkaufsgutscheins bezogen werden. In diesem Bereich kann der Partner seine Auszahlungsart oder seine Bankdaten aktualisieren und alle bisher getätigten Auszahlungen einsehen.

FAQ: Im Fragen- und Antworten-Katalog werden alle gelegentlich auftretenden Fragen beantwortet. Für darüber hinaus gehende Anliegen wendet sich der Partner per E-Mail oder Telefon an das Service- Team. So wird eine effektive und effiziente Betreuung seitens Amazon.de sichergestellt, was zur Zufriedenheit der Partner beiträgt.

Der einfache und kurze Anmeldevorgang zum Partnerprogramm macht spontane Anmeldungen wahrscheinlicher. Der Umfang an Self-Service Angeboten sowie die Gestaltung einer übersichtlichen und informativen Website trägt zur Zufriedenheit der Partner maßgeblich bei. Das PartnerNet hat aufgrund seiner zahlreichen Funktionen einen interaktiven Charakter. So werden Partner zur aktiven Teilnahme angeregt und aktualisieren häufiger Ihre Links.

Es wird deutlich, dass sich dem Partner viele Möglichkeiten im Rahmen des Partnerprogramms öffnen. Die Implementation eines Produktbereichs ist einfach, schnell und kostengünstig zu realisieren. Die Partner- Website gewinnt dadurch an relevanten Inhalten. Die vielen verschiedenen Linkmethoden sind ein Garant für eine zielgruppenspezifische Ansprache der Besucher. Im Idealfall gestaltet der Partner seine Website in einer Weise, die ein Besucher die Kaufentscheidung bereits hier treffen lässt. Die umfangreichen Möglichkeiten zur Evaluation der Links trägt darüber hinaus zur kontinuierlichen Verbesserung des Click-Throughs bei.

Viele Fragen, die eventuell auftauchen können, werden bereits im PartnerNet beantwortet. Daten aktualisiert der Partner selbst. Eine Kontaktaufnahme mit dem Serviceteam ist daher meistens gar nicht notwendig. So wird ein schlanker und einfacher Kommunikationsweg zwischen dem Partner und Amazon.de gewähr-leistet. Das trägt zur Zufriedenheit der Partner bei und erleichtert die Teilnahme am Partnerprogramm sehr.

Blick in die Zu-kunft

Weitere Verbesserungen und Vereinfachungen der Online-Plattform PartnerNet können die Aktivität der Partner steigern. So wären zum Beispiel ein weiteres Self-Service Angebot denkbar, welches dem Partner die Produktrecherche im Amazon.de-Katalog nach zielgruppenspezifischen Artikeln erleichtern und ihm gleichzeitig Programmierleistung abnehmen könnte, die er für das Austauschen und Aktualisieren seiner Links aufwenden muss.

Bei Amazon.com wurde zu diesem Zweck der Service Amazon Recomments ™ entwickelt. Hierbei handelt es sich um ein neu-es Link-Format. Der Partner stellt eine genau definierte Fläche (z.B. 125x275 Pixel) auf seiner Website zur Verfügung. Hier wer-den zielgruppenspezifische Produkte dargestellt, die direkt von Amazon.com geliefert werden und welche auf dem Thema und der Verkaufsgeschichte der Partner-Website basieren.

Dieses neue Format garantiert, dass die Produktpräsentation des Partners tagesaktuell und zielgruppenspezifisch ist. Dadurch wird die Wahrscheinlichkeit größer, dass bereits auf der Seite des Partners der Entschluss zum Kauf eines Artikels fällt.

Nach der einmaligen Installation des neuen Linkformats Amazon Recomments ™ braucht der Partner keine Arbeit mehr in die Pflege dieses Bereiches zu investieren, da der Inhalt direkt von Amazon.com geliefert wird. Das senkt die Betriebskosten des Partners.

Außerdem wird die Kommunikation mit dem Kunden automati-siert. Amazon.de gewinnt unmittelbaren Einfluss auf den Inhalt der Partner-Website, da die angebotenen Produkte auf der Seite des Partners direkt von Amazon.de kommen.

Zusammen-fassung

Über die allgemein zugänglichen Partnerprogramm-Informationsseiten werden zahlreiche Anmeldungen zum Part-nerprogramm generiert. Diese Seiten sind eine wichtige Plattform für die Kommunikation mit potentiellen Partnern.

Das exklusive PartnerNet, zu dem nur Partner einen Zugang ha-ben, stellt eine komfortable Teilnahme am Programm sicher. Der Umfang des Amazon.de–Katalogs sowie die individuellen Gestal-tungsmöglichkeiten eines eigenen Produktbereichs machen das Programm attraktiv.

Die Verdienstmöglichkeiten (Werbekostenerstattung), kostenlos zur Verfügung gestellte Rezensionen, der Verzicht auf Exklusivität seitens Amazon.de, kurze Kündigungsfristen und eine Betreuung per E-Mail und Telefon sind weitere Reize für die Teilnahme. Websites unterschiedlichster Größe und Ausrichtung werden angesprochen und nehmen teil.

Die Kommunikation mit dem Partner wird vorwiegend online abgewickelt, wodurch das Programm an Effizienz und Effektivität gewinnt. Dieser schlanke Kommunikationsweg erleichtert darüber hinaus dem Partner die Teilnahme. Die graphische und inhaltliche Gestaltung des PartnerNet und der hier angebotenen Instrumente sind wichtigste Kommunikationsmittel im Umgang mit den Partnern.

Die mittelbare Kommunikation mit dem Kunden wird zwar bis zu einem gewissen Maße durch die im PartnerNet angebotenen Instrumente beeinflusst. Da allerdings der Partner seine Website sowie seine Besucher und deren Verhalten in der Regel sehr gut kennt, wird ihm die detaillierte Gestaltung der Kundenansprache auf seiner Website selber überlassen. So stellt Amazon.de sicher, dass die Form der Kundenansprache durch Links und Produktdarstellungen der spezifischen Zielgruppen der Partner-Website entspricht.

Durch die Verbreitung des Amazon.de-Logos sowie der Amazon.de-Produkte auf zahlreichen Websites, werden Altkunden zum Wiederholungskauf angeregt, Neukunden gewonnen und der Verkauf von Produkten gefördert. Der Bekanntheitsgrad der Marke wird gesteigert und Besucher der Amazon.de-Website gewonnen. Im Idealfall gestaltet der Partner seine Website in einer Weise, dass die Kaufentscheidung bereits auf seiner Seite getroffen wird. Die Möglichkeiten dazu werden im PartnerNet kommuniziert.

Durch die im Rahmen des Partnerprogramms zur Verfügung gestellten Serviceleistungen gelingt es, Altkunden, Neukunden und Besucher schon auf der Seite des Partners anzusprechen und zum Kauf bei Amazon.de zu motivieren. Durch Grafiken, Logos, Banner, Rezensionen und Linkformate, auf die der Partner zugreift, nimmt das Amazon.de Partnerprogramm Einfluss auf die Kundenansprache durch den Partner. Das Amazon.de Partnerprogramm ist daher ein geeignetes Mittel zur Geschäftsentwicklung von Amazon.de.

Autorenverzeichnis

Wolfgang Bscheid Jahrgang 1966, Gesch äftsführer der Plan.Net media GmbH, München, Studium Kommunikationswissenschaften, von 1986-1989 Kundenberater Werbefox Werbeagentur, danach Etatdirektor der Werbeagentur Images; von 1989 bis 1992 Etatdirektor Kujawa & Partner, von 1995 bis 1997 Leitung Marketing Vertrieb interpersonal computing GmbH, von 1997 bis 1999 Gründungsmitglied Plan.Net (ein Unternehmen der ServicePlan Gruppe) seit 1999 Geschäftsführung **Plan.Net media GmbH**. w.bscheid@plan-net.de

Prof. Dr. Marius Dannenberg, Jahrgang 1969, CEO der **Think4You AG**, Frankfurt am Main. Studium der Wirtschaftswissenschaften an der Universität Gesamthochschule Kassel, Promotion der Wirtschafts- und Sozialwissenschaften (Dr. rer. pol.) im Fachbereich Wirtschaftswissenschaften. Integrationsspezialist und Unternehmensberater mit mehrjähriger Praxiserfahrung zum Thema E-Business. Verfasser mehrerer wissenschaftlicher Publikationen und Professor für den Fachbereich E-Business an der Steinbeis-Hochschule Berlin. Daneben ist Herr Dannenberg als Lehrbeauftragter für die Bereiche E-Commerce und E-Business an der Universität Gesamthochschule Kassel tätig, wo er unter der Gesamtverantwortung von Univ.-Prof. Dr. Rainer Stöttner die Forschungsgruppe E-Commerce initiierte, die er auch heute noch leitet.

Christian Dyck, Jahrgang 1969, seit 1999 Leiter des Amazon.de Partnerprogramms **Amazon.de GmbH** München und Product Manager Business Development, 1998 Examen zum Magister Artium an der Universität Hannover, Fächer: Anglistik und Soziologie. Im Jahr 1999 tätig bei Amazon.com Seattle als Customer Service Representative. cdyck@amazon.de

Bernd Frey, Jahrgang 1955, Principal im Bereich Electronic Commerce bei der **Siemens Business Services GmbH & Co OHG**, Paderborn, mit den Verantwortungsbereichen Portale und Marktplätze. Studium der Elektrotechnik mit Fachrichtung Nachrichtentechnik an der RWTH Aachen. Von 1984 bis 1998 Ingenieur in der Qualitätssicherung bei der Nixdorf Informationssysteme AG mit leitenden Aufgaben in den Bereichen: Qualitätssicherung, Marktbeobachtung, Entwicklung, Marketing, Innovationsmanagement. Herr Frey besitzt Projekterfahrung in den Bereichen Start-Up Begleitung, Electronic Business, Beratung und Realisierung von Marktplätzen, Visionsentwicklung im Bereich Electronic Business und Entwicklung von e-Business Szenarien. bernd.frey@siemens.com

Prof. Dr. Dirk Frosch-Wilke, Jahrgang 1964, Direktor am Institut für Wirtschaftsinformatik an der **Fachhochschule Kiel**. Studium der Mathematik und Wirtschaftswissenschaften, Promotion in Informatik. Als Abteilungsleiter bei der Deutschen Bank AG zuständig für die Software-Entwicklung der Bank 24 AG. Seit 1997 Professor für Allgemeine Betriebswirtschaftslehre und Wirtschaftsinformatik an der FH Kiel mit den Schwerpunkten Software-Entwicklung und E-Commerce. Referent bei zahlreichen Kongressen und E-Commerce-Seminaren und Unternehmensberater für E-Commerce- und CRM-Projekte.

Ao.Univ.Prof.Mag.Dr. Sonja Grabner-Kräuter, Jahrgang 1961, Studium der Betriebswirtschaftslehre und Wirtschaftspädagogik an der Universität Graz; anschließend mehrjährige Praxiserfahrung, u.a. Auslandsabteilung der Raiffeisen Zentralbank in Wien; Auslandsstipendium der Exportakademie der Bundeswirtschaftskammer - Dissertationsprojekt in New York; seit September 1990 Mitarbeiterin der Abteilung Marketing und Internationales Management; Habilitation im April 1998; seit April 2001 Projektleiterin Customer Relationship Management am **Industriestiftungsinstitut eBusiness**. Forschungsschwerpunkte: Internet-Marketing, Unternehmensethik, Internationales Marketing, Risikomanagement im internationalen Geschäft. sonja.grabner@uni-klu.ac.at

Arndt Groth, Jahrgang 1965, Vorstandsvorsitzender der **Interactive Media CCSP AG,** Hamburg. Studium der Betriebswirtschaft in Münster. Nach dem Studium übernahm Groth die Leitung der Filialorganisation von Hutchison Telecom GmbH, Münster, und wechselte 1992 als Assistent der Geschäftsführung zur Verlagsgruppe Holtzbrinck. Ab 1995 war Herr Groth für den Aufbau und die Leitung der GWP online marketing innerhalb der Anzeigenverkaufsorganisation der Verlagsgruppe Handelsblatt verantwortlich. Von 1998 leitete Herr Groth als Geschäftsführer die DoubleClick GmbH Deutschland und war von 2000 bis 2001 zusätzlich als Vice President International Media für die nordeuropäischen Aktivitäten von DoubleClick verantwortlich.

Kai Hiemstra, Jahrgang 1938, 1958 Studium der Volkswirtschaften, 1963 bis 1967 bei Lintas Werbeagentur GWA, Hamburg, 1967 bis 1970 Media-Direktor Doyle Dane Bernbach, Düsseldorf, 1970 bis 1971 Media-Direktor McCann, Prankflirt, 1972-1993 Gründung der HMS MEDIA SERVICE GMBH und Geschäftsführender Gesellschafter, 1994 bis 2001 Vorsitzender der Geschäftsleitung der HMS CARAT Firmengruppe Deutschland/Mitteleuropa, 1994 bis 1999 Executive Direktor der AEGIS-Group, London, seit 1995 Chairman GWA Media-Board, seit 1999 Vorstands-Mitglied OMG (Organisation Mediaagenturen im GWA), 1996 bis 2000 Vorstandsmitglied GWA für Media, 2001 Gründung der CBC, **COMMUNICATION BRAINPOOL CONSULTING GmbH**, Wiesbaden, Geschäftsführender Gesellschafter.

Mag. Christoph Lessiak, Jahrgang 1973, Studium der Betriebswirtschaftslehre an der Universität Klagenfurt, mehrjährige Praxiserfahrung bei Internetprojekten in den Bereichen Projektberatung, Marketing und Programmierung; Projektmitarbeiter am Marketing Institut der University of West Florida (USA) sowie am Institut für Wirtschaftswissenschaften der Universität Klagenfurt; Forschungs- und Projektassistent am Industriestiftungsinstitut eBusiness der Universität Klagenfurt. Seit Februar 2002 SAP-Berater bei **Siemens Business Services** Wien mit Fokus auf Customer Relationship Management. christoph.lessiak@-siemens.com

Yvonne Mannan, Jahrgang 1972, Gruppenleiterin Research bei **Plan.Net media GmbH**, 1999 Studium der Volkswirtschaftslehre an der Rheinische Friedrich-Wilhelms-Universität Bonn, 2000 Project Manager Research bei Plan.Net media GmbH. Seit 2001 Grouphead Research bei Plan.Net media GmbH, Erstellung unterschiedlicher Studien und Tätigkeiten in der Produktentwicklung. y.mannan@plan-net.de

Volker Martens, Jahrgang 1963, seit 1995 einer der Vorstände der Hamburger PR- und Werbeagentur **Faktor 3 AG**. Nach dem Studium des Wirtschaftsingenieurwesens an der TU Hamburg Harburg 1990 Trainee und bis 1995 Übernahme von Projektleiter-Aufgaben in der DV-Organisation des Cigaretten-Konzerns Reemtsma, 1995 Gründung der Faktor 3 GmbH zusammen mit Sabine Richter und Stefan Schraps. Umfirmierung der PR- und Werbeagentur 2000 zur AG Gemeinsam mit Hamburger IT-Journalisten Gründung des Hamburger High-Tech Presseclub (www.hhpc.de) 1998. Seit 2000 ist Herr Martens Vorstandsmitglied im Förderkreis Multimedia (www.hamburg-newmedia.net).

V.Martens@faktor3.de

Nicole Prior, Jahrgang 1969, Studium der Rechtswissenschaften: 1989-1996, Universität Osnabrück 1995 Musikverlag, Köln und Osnabrück 1995-1996 Booking- und Management-Agentur, Osnabrück. 1996-1997 Management- und Public-Relations-Agentur, Osnabrück 1997-1999 Referendariat in Osnabrück 1999 und Zulassung zur Rechtsanwaltschaft seit 1999 Online-Rechtsberaterin im Musikvertragsrecht für die Kölner Musikzeitschrift "INTRO". Zusätzlich Beraterin von Bands / Studios und seit 2000 Mitbegründerin des Interessenverbandes zum Schutz interessengerechter Bestimmungen innerhalb von Vertragswerken der Musik-, Medien- und Werbeindustrie (Culttour). Seit Anfang 2002 tätig bei der Rechtsanwaltskanzlei Grote, Terwiesche, Würfele in Düsseldorf. culttour@aol.com

Christian Raith, Jahrgang 1973, Bankkaufmann und Studium der Betriebswirtschaftslehre mit Schwerpunkt Wirtschaftsinformatik, war bereits während des Studiums Leiter von E-Commerce-Projekten und ist seit 2001 Unternehmensberater für die Bereiche E-Business, E-Government und CRM bei der **MaK DATA SYSTEM GmbH**, Kiel. christianraih@gmx.de

Stefan Wattendorff, Jahrgang 1963, Geschäftsführer, **IP NEW-MEDIA GmbH**, Köln, zuständig sowohl für die Vermarktung aller Online- und Teletext-Angebote der RTL-Gruppe in Deutschland als auch für den Auf- und Ausbau der konvergenten Vermarktung (TV, Teletext, Internet) der RTL Gruppe. Studium der Betriebswirtschaftslehre an der Friedrich–Alexander-Universität Erlangen-Nürnberg. Von 1990 bis 1997 Aufbau und Leitung von „GfK Digi*Base" der GfK Marktforschung GmbH, Nürnberg und weitere unterschiedliche Aufgabenbereiche (GfK Shop Trend, Plakatforschung, Produktforschung). Von 1997 bis 1998 Consultant der icon RAC, Nürnberg, zuständig für die Neuentwicklung und Aufbau eines digitalen Full-Service-Angebots zur Integration von Werbestatistik, Werbedokumentation, Werbewirkungsforschung. Des Weiteren Aufbau einer Konkurrenz-Werbestatistik zu AC Nielsen in Zusammenarbeit mit icontrol, Hamburg. Von 1998 bis 2000 Geschäftsführer von Interadsales Network GmbH, Nürnberg. Hier Aufbau und Leitung der Vermarktungsaktivitäten in Deutschland. Nach Änderung der Gesellschafterstruktur Geschäftsführer und Director Central Europe ad pepper media GmbH, Gesamtverantwortlichkeit für Deutschland, Schweiz und Österreich. stefan.wattendorff@ip-newmedia.de

Tobias Wegmann, Jahrgang 1965, seit 1999 als technischer Leiter bei **PLAN.NET media GmbH**, München, für die praktische Umsetzung und Weiterentwicklung von Erfolgsmessungsmethoden. Daneben ist er für die Entwicklungsteuerung des PLAN.NET Media Systems, des ersten und bisher einzigen integrierten Online-Planungstools, verantwortlich.

Anhang

Literaturhinweise des Beitrags: 5.2

Web-Mining - Voraussetzung für personalisiertes Online-Marketing

Bange, C.; Veth, C. (2001): Dem Kunden ein Gesicht geben, in: eCRM, Zeitschrift für das Management von Kundenbeziehungen, 6 + 7/2001, S. 12-20

Becher, J.; Kohavi, R. (2001): Tutorial on E-Commerce and Clickstream Mining, SIAM International Conference on Data Mining, elektronische Veröffentlichung, http://robotics.stanford.edu/users/ronnyk/miningTutorialSlides.pdf

Bensberg, F. (1998): Web Log Mining als Analyseinstrument des Electronic Commerce, elektronische Veröffentlichung, http://www-wi.uni-muenster.de/aw/mitarbei/awfrbe/wlm.pdf

Bleich, H.; Schüler, P. (2001): Digitale Fußspuren – Was Surfer so alles über sich preisgeben, in: c't – magazin für Computer Technik, Nr. 8, 2001, S. 200–209

Bliemel, F.; Fassott, G. (2000): Produktpolitik im Electronic Business, in: Weiber, R. (Hrsg.) (2000): Handbuch Electronic Business, Informationstechnologien - Electronic Commerce – Geschäftsprozesse, Wiesbaden 2000, S. 505-521

Chadsey, M. (2000): The Positive Aspects of Personalization, elektronische Veröffentlichung, http://www.digitrends.net/marketing/13637_10900.html

Cooley, R.; Mobahser, B.; Srivastava, J. (1999): Data Preperation for Mining World Wide Web Browsing Patterns, in: Journal of Knowledge and Information Systems, Vol. 1, No. 1, 1999, elektronische Veröffentlichung, http://maya.cs.depaul.edu/~mobasher/papers/webminer-kais.ps

Dastani, P. (1998): Online Mining, in: Link, J. (1998): Wettbewerbsvorteil durch Online-Marketing. Die strategischen Perspektiven elektronischer Märkte, Berlin 1998, S. 220-241

Diller, H. (2001): Die Erfolgsaussichten des Beziehungsmarketing im Internet, in: Eggert, A.; Fassott, G. (Hrsg.): Electronic Customer Relationship Management, Stuttgart 2001, S. 65-85

Eggert, A. (2001): Konzeptionelle Grundlagen des elektronischen Kundenbeziehungs-managements, in: Eggert, A.; Fassott, G. (Hrsg.): Electronic Customer Relationship Management, Stuttgart 2001, S. 87-106

Gerdes, L. (1999): The Personalization-Centric Enterprise, elektronische Veröffentlichung, http://www.ewareinteractive.co.uk/ Assets/Documents/Personalisation%20White%20Paper.PDF

Grether, M. (2000): Building Customer Relations on the Internet, elektronische Veröffentlichung, http://www.competence-site.de /marketing.nsf/25B4472A261B0185C125698300546C3B/$File/ building%20customer%20relations%20over%20the%20internet.pdf

Grob, H. L.; Bensberg, F. (1999): Das Data-Mining Konzept, elektronische Veröffentlichung, http://www-wi.uni-muenster.de/ aw/cc/ab8/data-mining-konzept.pdf

Grossmann, R. (2000): Profiles, Personalization and Privacy an all That: Some Questions and Answers, elektronische Veröffentlichung, http://www.twocultures.net/epapers/ip-qa-v2.htm

Hanson, W. (2000): Principles of Internet Marketing, Cincinnati, 2000

Hildebrand, V. (2000): Kundenbindung im Online Marketing, in: Link, J. (Hrsg.): Wettbewerbsvorteile durch Online Marketing. Die strategischen Perspektiven elektronischer Märkte, 2. Auflage, Berlin 2000, S. 55-75

Kohavi, R. (2001): Mining E-Commerce Data: The Good, the Bad, and the Ugly, KDD2001 Industrial Track, elektronische Veröffentlichung, http://robotics.stanford.edu/users/ronnyk/good BadUglyKDDItrack.pdf

Köhntop, M.; Köhntop, K. (2000): Datenspuren im Internet, elektronische Veröffentlichung, http://www.koehntopp.de/kris/ artikel/datenspuren/CR_Datenspuren_im_Internet.pdf

Laub, J.-T. (1997): Analyse der Web-Server-Nutzung; Kriterien, Protokolldateien und Auswertungssoftware, Diplomarbeit, Universität Hamburg, elektronische Veröffentlichung, http://www. sts.tu-harburg.de/papers/1997/Laub97/da.pdf

Link, J. (2000): Database Marketing, in: Bliemel, F.; Fassott, G.; Theobald, A. (Hrsg.): Electronic Commerce. Herausforderungen - Anwendungen - Perspektiven, 3. Auflage, Wiesbaden 2000, S. 105-121

Link, J. (Hrsg.) (2000): Wettbewerbsvorteile durch Online Marketing. Die strategischen Perspektiven elektronischer Märkte, 2. Auflage, Berlin 2000

McKinsey Marketing Practice (1999): Superior marketing in the next era of e-commere, elektronische Veröffentlichung, http://marketing.mckinsey.com/white_papers/E-Marketing.pdf

Mena, J. (2000): Data-Mining im E-Commerce – Wie Sie Ihre On-line-Kunden besser kennen lernen und gezielter ansprechen, Symposion Publishing, Düsseldorf, 2000

Mobasher, B.; Cooley, R.; Srivastava, J. (2000): Automatic Personalization based on Web Usage Mining, in: Communications of ACM, 8/2000, Vol. 43, S. 142-152, elektronische Veröffetnlichung, http://www.acm.org/pubs/citations/journals/cacm/2000-43-8/p142-mobasher/

o.V. (2000a): Wie funktionieren Cookies?, in: Internet World, Nr. 5, 2000, S. 47

o.V. (2000b): Glossar - Begriffe und Abkürzungen für Lösungen zur Marketing- und Vertriebsunterstützung, Call Center, Kundendienst, Datenanalyse und OLAP, elektronische Veröffentlichung, http://www.call-center-referenz.de/download/applix/glossar.pdf

Peppers, D.; Rogers, M. (1997): Enterprise One to One. Tools for Competing in the Interactive Age, New York 1997

Petrak, J (1997): Data Mining - Methoden und Anwendungen. Technischer Report OEFAI-TR-97-15, Österreichisches Forschungsinstitut für Artificial Intelligence, 1997, elektronische Veröffentlichung, http://www.ai.univie.ac.at/oefai/ml/kdd/kddrep.zip

Reichwald, R.; Piller, F.T. (2000): Mass Customization-Konzepte im Electronic Business, in: Weiber, R. (Hrsg.): Handbuch Electronic Business, Informationstechnologien - Electronic Commerce – Geschäftsprozesse, Gabler Verlag, Wiesbaden, 2000, S. 359-381

Runte, M. (2000): Personalisierung im Internet – Individualisierte Angebote mit Collaborative Filtering, elektronische Veröffentlichung, http://linxx.bwl.uni-kiel.de/publications/runte/personalisierung_im_internet.pdf

Schlieper, J. (2001): Personalisierung, eCRM, elektronische Veröffentlichung, http://www.ita.hsr.ch/seb/10-ecrm.pdf

Scholz, M. (2000a): Monitoring von EC-Anwendungen, elektr. Veröffentlichung, http://www.competence-site.de/C125695100 55DAD6/0/7B2B8273F2035EC5C125696A00807B87?Open&Highlig ht=2,clickstream)

Scholz, M. (2000b): Technologien zur Realisierung von transaktions-resistenten Speicherungen bei Electronic Commerce-Systemen, elektronische Veröffentlichung, http://www.competence-site.de/C12569510055DAD6/0/D9566C39901AB1FDC125696A007965AF?Open&Highlight=2,cookies

Schubert, P. (2000a): Foliensatz E-Business – Konzept und Anwendungen, elektronische Veröffentlichung, URL: http://iab.fhbb.ch/eb/ebinteraktiv.nsf/ab0feafbcb3c71bec 125697b005bb445/119f5f4c24f32c37c12569b200459189/$FILE/Schubert_2000.pdf

Schubert, P. (2000b): eBusiness, eGovernment und Cyber Space, in: Gisler.M.; Spahni, D. (2000): eGovernment – Eine Standortbestimmung, Verlag Paul Haupt, Bern, 2000, S. 75-97, elektronische Veröffentlichung, http://e-business.fhbb.ch/eb/publications.nsf/b27866afe4a76cb3c1256a0b00649f3d/991a5fdb04c55753c12569a1006a8c71/$FILE/Schubert.pdf

Skiera, B.; Spann, M. (2000): Flexible Preisgestaltung im Electronic Business, in: Weiber, R. (Hrsg.): Handbuch Electronic Business, Informationstechnologien - Electronic Commerce – Geschäftsprozesse, Gabler Verlag, Wiesbaden, 2000, S. 539-557

Srivastava, J.; Cooley, R.; Deshpande M.; Tan, P.N.(2000): Web Usage Mining: Discovery and Applications of Usage Patterns from Web Data, in: SIGKDD Explorations, Vol. 1, Issue 2, elektronische Veröffentlichung, http://www.cs.umn.edu/research/websift/papers/sigkdd00.ps

Staudinger, B. (2000): Personalisierung durch regelbasierte Systeme, elektronische Veröffentlichung, http://www.ecommerce.wiwi.uni-frankfurt.de/lehre/00ws/seminar/Seminararbeiten/11_becker-staudinger.pdf

Strauß, R.E.; Schoder, D. (1999): Wie werden die Produkte den Kunden angepaßt? – Massenhafte Individualisierung, in: Albers, S. et al. (Hrsg.): eCommerce. Einstieg, Strategie und Umsetzung im Unternehmen, Frankfurt a.M. 1999, S. 109-119

Torrent (2000): Driving e-Commerce Profitability From Online and Offline Data; A Torrent Systems White Paper, elektronische Veröffentlichung, http://www.torrent.com/pages/products/wpform.html

Weiber, R.; Weber, M.R. (2000): Customer Lifetime Value als Entscheidungsgröße im Customer Relationship Marketing, in: Weiber, R. (Hrsg.): Handbuch Electronic Business, Informationstechnologien - Electronic Commerce – Geschäftsprozesse, Wiesbanden 2000, S. 473-503

Zaïane, O.R. (1999): Principles of Knowledge Discovery in Databases. Chapter 9. Web-Mining, elektronische Veröffentlichung, http://www.cs.ualberta.ca/~zaiane/courses/cmput690/slides/ch9s pdf

Zaïane, O.R.; Xin, M.; Han, J. (1998): Discovering Web Access Patterns and Trends by Applying OLAP and Data Mining Technology on Web Logs, elektronische Veröffentlichung, http://www.cs.ualberta.ca/~zaiane/postscript/weblog98.pdf

Schlagwortverzeichnis

Weitere Titel aus dem Programm

Caroline Prenn/Paul van Marcke
Projektkompass eLogistik
Effiziente B2B-Lösungen: Konzeption, Implementierung, Realisierung
2002. XIV, 308 S. mit 35 Abb. Geb. € 49,90   ISBN 3-528-05789-0
Inhalt: Grundlagen (Definition, Umfeld, Marktpotential) - Optimierungs-
potentiale in der Praxis (perfekte Bestellung, Kreditwürdigkeit, Kontakt-
aufwand, Break-even) - Tragfähige Konzepte (Wissensverwaltung,
Planung/Nutzen von Kundenbindung, Kundenzufriedenheit, IT und
MIS) - Wege der Effizienzsteigerung (Automatisierung der Auftrags-
abwicklung, Online-Marketing, VPN, Projektmanagement) - Projektmanagement (Vorgehensmodell, Fallbeispiele)

Hajo Hippner/Melanie Merzenich/Klaus D. Wilde (Hrsg.)
Handbuch Web Mining im Marketing (Arbeitstitel)
Konzepte, Systeme, Fallstudien
2002. ca. 500 S. Geb. ca. € 99,00   ISBN 3-528-05794-7
Inhalt: Grundlagen des Web Mining - Datengrundlage bei Web-Daten -
Der Prozess des Web Mining - Einsatzpotentiale des Web Mining - Web
Mining-Systeme - Web Mining-Projekte

Matthias Meyer (Hrsg.)
CRM-Systeme mit EAI (Arbeitstitel)
Konzeption, Implementierung und Evaluation
2002. ca. 250 S. Geb. ca. € 49,90   ISBN 3-528-05795-5
Inhalt: Customer Relationship Management (CRM) - e-CRM - Informati-
on Networking - e-Intelligence - Enterprise Application Integration (EAI)

vieweg
Abraham-Lincoln-Straße 46
65189 Wiesbaden
Fax 0611.7878-400
www.vieweg.de

Stand 15.3.2002. Änderungen vorbehalten.
Erhältlich im Buchhandel oder im Verlag.

Weitere Titel aus dem Programm

Andreas Heck
Projektkompass Knowledge Management (Arbeitstitel)
Implementierung, Beispiele und Tools für eine erfolgreiche Praxis
2002. ca. 300 S. mit 82 Abb. Geb. ca. € 49,90   ISBN 3-528-05764-5
Inhalt: IT-unterstütztes Knowledge Management im Kontext Technik,
Organisation, Mensch - Phasenmodell einer KM-Implementierung
(Problemidentifikation und Zieldefinition, Situationsanalyse und
Bestandsaufnahme, Konzeption und Umsetzungsplanung, Umsetzung
und Projektmanagement, Monitoring und Review) - Methoden,
Praktiken, Checklisten, Anforderungskataloge - Unternehmensinterne
Helpdesks - Referenzprojekte - Vergleich ausgewählter Knowledge
Management-Tools

Rolf Franken/Andreas Gadatsch (Hrsg.)
Integriertes Knowledge-Management (Arbeitstitel)
Konzepte, Methoden, Instrumente und Fallbeispiele
2002. ca. XIV, 280 S. mit 74 Abb. Geb. ca. € 49,90 ISBN 3-528-05779-3
Inhalt: Knowledge-Management - Wissens-Management - Workflow-
Management - Portale - Data-Mining - Agenten - Data-Warehousing -
Ontologien - Customer-Relationship-Management (CRM) - Supplier-
Relationship-Management (SRM)

Hans Jochen Koop/K. Konrad Jäckel/Anja L van Offern
Erfolgsfaktor Content Management
Vom Web Content bis zum Knowledge Management
2001. XVI, 289 S. mit 17 Abb. (Zielorientiertes Business Computing,
hrsg. von Fedtke, Stephen) Geb. € 49,00   ISBN 3-528-05769-6

vieweg

Stand 15.3.2001. Änderungen vorbehalten.
Erhältlich im Buchhandel oder im Verlag.

GPSR Compliance
The European Union's (EU) General Product Safety Regulation (GPSR) is a set
of rules that requires consumer products to be safe and our obligations to
ensure this.

If you have any concerns about our products, you can contact us on

ProductSafety@springernature.com

In case Publisher is established outside the EU, the EU authorized
representative is:

Springer Nature Customer Service Center GmbH
Europaplatz 3
69115 Heidelberg, Germany